Marine Fishes of Zhejiang and the DNA Barcode (Volume One)

朱文斌　高天翔　王业辉　赵宸枫　陈　健　著

浙江
海洋鱼类图鉴
及其DNA条形码

（上册）

中国农业出版社
北　京

图书在版编目 (CIP)数据

浙江海洋鱼类图鉴及其DNA条形码. 上册／朱文斌等
著. —北京：中国农业出版社，2022.5
ISBN 978-7-109-29396-0

Ⅰ.①浙…　Ⅱ.①朱…　Ⅲ.①海产鱼类－浙江－图集
Ⅳ.①Q959.408-64

中国版本图书馆CIP数据核字 (2022) 第082414号

浙江海洋鱼类图鉴及其 DNA 条形码（上册）
ZHEJIANG HAIYANG YULEI TUJIAN JIQI DNA TIAOXINGMA (SHANGCE)

中国农业出版社出版
地址：北京市朝阳区麦子店街18号楼
邮编：100125
责任编辑：杨晓改　　文字编辑：蔺雅婷
版式设计：王　晨　　责任校对：沙凯霖
印刷：北京中科印刷有限公司
版次：2022年5月第1版
印次：2022年5月北京第1次印刷
发行：新华书店北京发行所
开本：880 mm×1230 mm 1/16
印张：10.25
字数：410千字
定价：198.00 元

内容简介

浙江海洋鱼类图鉴及其DNA条形码（上册）

本书依据浙江沿海采集的鱼类标本编撰而成，记述了浙江海洋鱼类139种，隶属19目、63科、107属。采用最新分类系统，记述每种鱼的形态特征、地理分布、生态习性，并配有彩色实拍照片和DNA条形码。为方便广大读者使用和检索，还附有中文学名索引和拉丁学名索引。

本书图文并茂，通俗易懂，可供国内外从事鱼类学、海洋生态学和水产科学等领域研究的教学、科研人员使用。

前言 FOREWORD

  浙江海域南起苍南县的虎头鼻，北至平湖市的金丝娘桥 (27°12′—31°31′N)，包括专属经济区和大陆架，总面积 26 万 km²。区域内面积大于 500 m² 的海岛有 3 061 个，面积超过 1 km² 的有 100 余个。从南至北分布有温台、温外、鱼山、鱼外、舟山、舟外以及部分长江口和江外等传统渔场，鱼类资源丰富 (赵盛龙等，2012、2016)。

  20 世纪 60 年代初，由江苏、浙江、福建和上海等省份有关单位组建的东海区水产资源调查委员会，在 27°30′—31°30′N 禁渔区线以西的海域开展了为期 2 年的调查，形成的《浙江近海渔业资源调查报告》中记载鱼类 220 种，其中软骨鱼类 40 种、硬骨鱼类 180 种。此后朱元鼎等 (1963) 在《东海鱼类志》中记载产于浙江海域的鱼类为 368 种。80 年代初，浙江省海洋水产研究所主持了 " 浙江省大陆架渔业自然资源调查和渔业区划 "，形成的《海洋鱼类资源调查报告》及《浙江省大陆架渔业自然资源调查综合报告》中记载的鱼类有 365 种，隶属于 32 目 138 科，其中软骨鱼类 49 种、硬骨鱼类 316 种。90 年代初，浙江省水产局承担 " 浙江省海岛游泳生物调查 " 任务，在编撰的《浙江省海岛海洋生物资源游泳生物调查报告》中未见鱼类名录及种数增补。除了大规模调查外，30 多年来，有关局部海域的鱼类调查结果也偶有所见，如《舟山海域海洋生物志》(毛

锡林，1994) 记述舟山海域鱼类 317 种；《东海深海鱼类志》(邓思明等，1988) 记载东海深海鱼类 243 种，其中 173 种分布于浙江海域；《舟山海域鱼类原色图鉴》(赵盛龙等，2005) 记述舟山海域鱼类 465 种；《浙江海洋鱼类志》(赵盛龙等，2016) 系统总结出浙江海域 732 种鱼类，分属于 3 纲 43 目 208 科。60 多年来，受人类活动、环境变化及生态系统自我调节等因素影响，浙江海域鱼类的结构及数量一直处于变动之中。

　　鱼类的种类鉴定是鱼类学、渔业资源生物学和生态学研究的基础。传统的鱼类鉴定方法以形态学描述为基础，根据分类检索表鉴定种类。一些鉴别特征涉及内部结构解剖，尤其是骨骼系统，使用时不是很方便，也需要较强的鱼类分类学专业基础知识。许多近缘种类的形态十分相似，甚至有的鱼类在不同生长发育阶段的体色等外部形态特征也有极大的差异。因此，单纯地依靠形态学鉴定有一定局限性。随着分子生物学技术的应用和发展，DNA 条形码 (DNA barcoding) 技术逐渐被广泛应用于鱼类分类学研究和实践。传统的 DNA 条形码技术是用基因组内一段标准化的 DNA 片段来鉴定物种，其中线粒体 DNA 的 COI 基因拥有长度适宜、进化速率慢及富含系统发育信号等特点，且大多数鱼类的 COI 基因能被通用引物所扩增。因此，鱼类种类鉴定通常选择 COI 基因片段作

为 DNA 条形码。近年来，随着高通量测序技术的迅速发展，DNA 高通量条形码 (DNA metabarcoding) 技术给鱼类种类鉴定和检测技术带来了革新。通过提取环境样本中的环境 DNA (environment DNA，eDNA)，并使用高通量条形码技术进行识别，可以实现对大量样本的物种鉴定。目前使用较多的高通量条形码为 Miya 等建立的海洋鱼类 12S rRNA 条形码，可基本满足鱼类种类鉴定的需求。

本书由浙江省海洋水产研究所的朱文斌高级工程师，浙江海洋大学的高天翔教授、陈健老师、赵宸枫和中国海洋大学的王业辉共同完成。编写过程中，承蒙国内外许多专家学者和同行的鼎力相助。感谢海南热带海洋学院陈治博士，中国水产科学研究院南海水产研究所孙典荣研究员、单斌斌博士，北海市水产技术推广站邹建伟副站长，浙江海洋大学赵盛龙教授，自然资源部第三海洋研究所李渊博士、肖家光博士，山东交通学院刘璐博士，浙江省海洋水产研究所周永东教授级高级工程师、柴学军教授级高级工程师、王忠明高级工程师、张亚洲高级工程师、徐开达正高级工程师、史会来高级工程师，集美大学张静副教授，烟台大学王志杨博士等友人和学生协助标本采集、提供照片和文献资料。本书的出版得到国家重点研发计划"海洋牧场资源增殖与目标种

管护技术"（2019YFD0901303）、农业农村部"限额捕捞关键技术研究与制度探索"（农财发〔2017〕36号）、国家重点研发计划"近海岛礁水域渔业生境修复与资源养护技术"（2019YFD0901204）、国家重点研发计划"海洋牧场聚鱼增殖模式集成创新示范"（2020YFD0900804）等项目的共同资助。课题组在执行项目任务采集标本的同时，在浙江沿海渔港码头和农贸市场收集样品。本书记述的鱼类共139种，隶属19目、63科。除了对每个鱼种进行简明的形态学描述并附上清晰的彩色实拍图之外，本书还提供了每个种类的线粒体 COⅠ (DNA barcoding) 和 12S rRNA (DNA metabarcoding) 序列，为种类鉴定提供有效的方法及可靠依据。

　　本书可供从事鱼类学教学科研以及渔业管理等领域的专业人员使用，也可以向大专院校鱼类学、生态学、保护生物学等有关专业的师生提供参考。但受著者水平、标本收集和文献来源所限，书中难免存在疏漏或不足之处，敬请读者给予批评指正。

著　者

2022 年 2 月

目录 CONTENTS

软骨鱼纲

虎纹猫鲨

Scyliorhinus torazame (Tanaka，1908)

分　　类：猫鲨科 Scyliorhinidae；猫鲨属 *Scyliorhinus*

英 文 名：cloudy catshark

别　　名：虎纹鲨鱼，云纹猫鲨

形态特征：体很延长，前部较粗大，亚圆筒形，后部侧扁狭长。头宽扁而短；尾细长。吻短，前缘钝尖。口前吻长大于口宽的 1/2。眼狭长，有瞬褶，能向上闭合；眼间隔宽，平坦。口宽，弧形；上唇褶不发达，下唇褶细长。齿细小而多，三齿头形，每侧 24～25 纵行。喷水孔中等大小，卵圆形，位于眼后角的下方。鳃裂 5 个，很小。体被盾鳞，较粗糙，三齿头形。背鳍 2 个，较小，无鳍棘；第一背鳍起始于腹鳍起点的后上方。臀鳍位于第二背鳍前下方。尾鳍上叶肥大无鳞；尾端圆形。体黄褐色，有 11～12 条不整齐的暗色横纹，并散布有不规则的浅色斑纹。腹面淡褐色。

分布范围：我国渤海、黄海、东海；日本北海道以南海域、朝鲜半岛海域至菲律宾近海。

生态习性：为暖温性近海底层小型鲨类，栖息水深小于 100 m。伴随季节变化，有小规模洄游习性。卵生，每个输卵管只有 1 个受精卵，刚孵出的仔鲨长约 8 cm。雄鱼体长可达 48 cm。大多数胎儿在产出体外后发育，有固定的产卵场和孵化地。

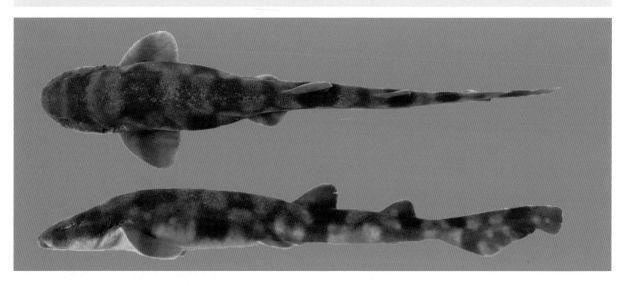

线粒体 DNA COI 片段序列：

TTCGACTAATCATAAAGATATCGGCACCCTATATTTAATCTTTGGTGCATGAGCAGGCATAGTTGGGACAGCTT
TAAGTCTTCTTATCCGAGCTGAACTCGGGCAACCAGGTTCACTCTTGGGTGATGATCAGATTTATAATGTAAT
CGTAACAGCCCATGCCTTTGTAATAATTTTCTTTATAGTTATGCCAGTAATAATCGGTGGGTTTGGAAACTGAT
TAGTACCATTAATGATTGGTGCACCAGATATAGCTTTTCCTCGTATAAATAATATAAGCTTTTGACTACTTCCTC
CTTCCTTCCTTCTTCTACTGGCTTCAGCTGGAGTAGAAGCTGGTGCAGGGACTGGATGAACAGTTTACCCCC
CATTAGCTGGTAATATAGCCCATGCCGGAGCATCCGTTGATTTAACCATCTTCTCTCTTCACTTAGCTGGCATT
TCATCAATTTTAGCCTCAATTAACTTTATTACAACTATTATTAATATAAAACCCCCAGCTGTTTCACAATACCAA
ACTCCCTTATTTGTATGATCTATTCTTGTAACAACTGTTCTTCTTCTTCTATCTCTCCCTGTCCTTGCAGCCGGC
ATTACAATGCTATTAACAGACCGAAATCTTAATACAACATTCTTTGATCCTGCAGGGGGCGGAGACCCAATTC
TTTATCAACATTTATTCTGATTCTTCGGTCACCCTGAAGTA

线粒体 DNA 12S rRNA 片段序列：

CACCGCGGTTATACGAGTAACTCATATTAACATTTCCCGGCGTAAAGTGTGATTTAAGGATTAATCTCCAATTA
AATACAGTTATGAACTCATCAAGCTGTTATACGCACCCATGAACAGAATAATCAACGACGAAAGTGACTCTA
AATTACCAGAAATCTTGATGTCACGACAGTTGGGCCC

路氏双髻鲨

Sphyrna lewini (Griffith & Smith，1834)

分　　类：双髻鲨科 Sphyrnidae；双髻鲨属 Sphyrna

英 文 名：scalloped hammerhead

别　　名：路易氏双髻鲨，红肉丫髻鲛，犛头鲨，双髻鲨，双过仔

形态特征：体延长，呈纺锤形，粗壮。头的前部平扁，向两侧扩展，形成锤头突出。尾部侧扁，尾鳍基上方有一个凹洼。吻短，很宽，前缘广弧形，吻端中央凹入。吻软骨端部中央有一个显著的圆孔。眼中等大小，位于头侧突出的侧面前部；瞬膜发达。里鼻沟显著。口弧形；下唇褶很短小，无上唇褶。上颌齿侧扁，三角形，齿头向外倾斜，边缘光滑；下颌齿与上颌齿同形。鳃裂5个。背鳍2个。第一背鳍高大，竖直，形似风帆；第二背鳍矮小，后缘凹入。臀鳍基底长大于第二背鳍基底长。尾鳍宽长，上叶平直，尾端钝尖。体呈灰褐色，腹面白色。两背鳍后上缘、尾端上部、尾鳍下叶前端及胸鳍末端皆呈褐色。

分布范围：我国黄海、东海、台湾海域、南海；日本关东以南海域，全球温、热带海域。

生态习性：为热带、温带习见大型鲨类。沿岸栖息，常出现于内湾和咸淡水处，从潮间带至水深280 m左右。常集成大群洄游。以鱼类为主食。胎生，有卵黄囊胎盘，每胎产15～31仔，初产仔鲨长43～55 cm。成体最大体长可达4 m。

线粒体 DNA COI 片段序列：
CCTTTACCTAATTTTTGGTGCATGAGCAGGAATAATTGGAACAGCCCTAAGTCTTCTAATTCGAGCTGAACTT
GGACAACCAGGATCTCTTTTAGGAGATGATCAGATTTATAATGTAATTGTAACTGCCCACGCTTTCGTAATAAT
CTTTTTCATAGTTATGCCAATTATAATTGGTGGTTTTGGGAATTGGCTAGTTCCTTTAATAATTGGTGCGCCAG
ACATGGCCTTTCCACGAATAAATAACATAAGCTTCTGGCTTCTTCCACCATCATTCCTTCTCCTCCTAGCTTCC
GCTGGGGTAGAAGCTGGAGCAGGTACTGGCTGAACAGTTTATCCTCCATTAGCTAGCAACTTAGCCCACGCT
GGACCATCTGTTGACTTAGCTATCTTTTCTCTCCACCTAGCCGGTGTATCATCAATTTTAGCCTCAATTAATTTC
ATTACAACTATCATTAACATGAAACCTCCAGCCATTTCTCAATATCAAACACCATTATTTGTTTGATCCATCCTT
GTAACTACTATCCTACTTCTCCTATCACTTCCAGTTCTTGCAGCAGGAATTACAATATTACTCACAGATCGCAA
CCTTAATACCACATTCTTTGATCCTGCAGGGGGAGGAGATCCAATCCTTTATCAACACTTATTC

线粒体 DNA 12S rRNA 片段序列：
CACCGCGGTTATACGAGTGACTCACATTAACACACCACGGCGTAAAGAGTGATTAAAGAATGACCTCAAACT
TACTAAAGTTCAGACCTCATAAAGCCGTTATACGCATCCATGAGTAGAATAAACAACAACGAAAGTGACTTT
ATAAATATAAGAAACCTTGATGTCACGACAGTTGGGACC

中国团扇鳐

Platyrhina sinensis (Bloch & Schneider，1801)

分　　类：团扇鳐科 Platyrhinidae；团扇鳐属 *Platyrhina*

英 文 名：Chinese fanray

别　　名：团鳐，团扇，皮郎鼓

形态特征：体盘近圆形，吻钝尖，外缘广圆形，后缘游离，伸达或略超过泄殖腔。腹鳍圆形，游离后端尖成角度，始于胸鳍末端的腹部表面。尾部鲨鱼状，长度大于体盘长。泄殖腔背部至尾部起始处有 1 排棘刺，无尾刺；尾部起始处至尾后部有 2 排棘刺；尾部真皮侧褶，远在腹鳍游离后端前方，直抵尾鳍部位后方；尾部有 2 片相距很远的背鳍，大小和形状相似，中等大，前缘略微突出，后缘突起；尾鳍较小，平坦，椭圆形。肩胛区的前部无刺。眼眶、背部和肩胛区的刺没有被淡黄色或白色色素包围。背面触感光滑，有极微小的真皮小齿；从吻端到最大圆盘宽度的体盘前部聚集着不规则的小刺。本种区别于其他种类的最显著特征是在尾部正中和背部有 2 排钩刺。

分布范围：我国东海、台湾海域、南海。

生态习性：为暖水性近海小型底栖鳐类。喜栖息于岩礁附近，栖息水深 50 ～ 60 m。卵胎生。最大体长约 60 cm。

线粒体 DNA COI 片段序列：

CAGTCTCCTTATCCGAACAGAACTAAGCCAACCAGGCACACTTCTTGGAGACGATCAGATCTATAATGTTATT
GTTACTGCCCATGCTTTTGTTATAATCTTTTTTATAGTTATACCAATTATAATTGGGGGTTTCGGAAACTGATTA
GTCCCATTAATAATCGGCTCCCCAGATATGGCTTTTCCCCGAATAAATAATATAAGTTTCTGGCTTCTACCTCCC
TCCTTTTTACTTTTACTAGCCTCTGCTGGTGTTGAGGCCGGAGCCGGAACAGGTTGAACCGTGTACCCTCCC
CTTGCTGGTAACCTAGCCCACGCAGGAGCTTCTGTGGACTTAACTATTTTTTCCTTACATCTAGCGGGAGTCT
CTTCCATTCTGGCCTCAATTAACTTTATTACTACTATTATTAACATAAAACCACCAATAATCTCTCAGTATCAGA
CATCCCTTTTTGTCTGATCTATTCTTGTAACAACCGTTCTTCTACTCCTCGCATTACCTGTATTAGCAGCTGGCA
TTACTATACTTCTTACTGATCGTAACCTAAACACAACCTTCTTTGACCCTGCAGGAGGAGGAGACCCAATCTT
ATACCAACA

线粒体 DNA 12S rRNA 片段序列：

CACCGCGGTTATACGAGTAACACACATTAATATTTCCCGGCGTAAAGAGTGATTTAAAATAATCTTCATCGCTA
AAATTAAGACCTCGTCAAACTGTTATACGCACTTACGAATTAAAAATTCAACAACGAAAGTAATTTTATATTA
ACAGAGTTTTTGACCTCACGACAGTTATTACC

汤氏团扇鳐

Platyrhina tangi Iwatsuki，Zhang & Nakaya，2011

分　　类：团扇鳐科 Platyrhinidae；团扇鳐属 *Platyrhina*
英 文 名：yellow-spotted fanray
别　　名：团鳐，团扇
形态特征：体盘宽为体盘长的 1.2 ~ 1.3 倍，肩区最宽，前后部渐狭。吻长约等于体盘长的 1/3，等于体盘宽的 1/4，吻端钝圆或钝尖。眼小，眼径等于眼间隔的 2/5 ~ 1/2（幼体较大）。喷水孔宽与眼径约相等，后缘无皮褶。鼻孔颇宽大，几平横，大于鼻间隔，等于口宽的 1/3 ~ 2/5。前鼻瓣中具一舌形突出，里侧略伸入鼻间隔区域，后鼻瓣前部外侧具一扁狭半环形薄膜，内侧具一细瓣伸入鼻腔，后部具一低平圆形薄膜。鳃裂 5 个，斜裂于胸鳍基底里面，第三鳃裂宽约为第一至第五鳃裂间距离的 1/6。背面有细小及较大刺状鳞片，后者在胸鳍前部边缘处较明显；脊椎线上自头后至第二背鳍前方具一纵行大而侧扁尖锐结刺；每侧肩区具 2 对结刺。喷水孔上方具 1 对结刺，先后排列着；眼眶上角具 1 个结刺。眼间隔右后方，脊椎线上第一结刺前方，具 1 对明显黏液孔。胸鳍非常发达，前缘伸达吻端两侧，后缘伸达腹鳍基底。第二背鳍比第一背鳍稍大，基底也稍长；第一背鳍起点距腹鳍基底比距尾鳍基近。尾平扁细狭，侧褶很发达。尾鳍狭长、平延，上叶较大，下叶低平，不突出，无缺刻，鳍端圆形。背面棕褐色或灰褐色，新鲜时眼上、头后或肩区结刺基底呈橙黄色。
分布范围：我国沿海；日本南部海域、朝鲜半岛海域、越南海域。
生态习性：为暖水性底栖鱼类，卵胎生，体长约 60 cm。

线粒体 DNA COI 片段序列：
CAGTCTCCTCATCCGAACTGAACTGAGTCAACCAGGAACACTTCTTGGAGATGATCAGATCTATAATGTTATTGT
TACCGCCCATGCTTTTGTAATAATCTTTTTTATAGTTATACCAATCATAATCGGCGGGTTTGGTAACTGATTAGTCC
CTTTAATAATTGGTTCCCCAGACATGGCTTTCCCACGAATAAATAATATAAGTTTCTGACTTCTACCTCCTTCCTTT
CTTCTACTATTAGCTTCTGCTGGTGTTGAAGCCGGGGCCGGAACAGGTTGAACCGTGTATCCTCCCCTTGCTGGT
AACCTTGCCCACGCAGGAGCTTCTGTGGACTTAACCATTTTTTCCTTACACTTAGCTGGAATTTCATCTATTTTAG
CCTCAATTAATTTTATTACTACTATTATTAATATAAAACCACCAACAATCTCTCAATATCAAACATCCCTTTTTGTCT
GATCTATTCTTGTAACAACCGTTCTTCTACTCCTTTCTCTACCCGTACTAGCAGCTGGTATTACTATACTTCTTACT
GATCGTAACCTAAACACAACCTTCTTTGATCCTGCAGGAGGGGGAGACCCAATCTTATACCAACA
线粒体 DNA 12S rRNA 片段序列：
CACCGCGGTTATACGAGTAACACACATTAATACTCCCCGGCGTAAAGAGTGATTAAAATAATCTTCATTATTA
AAATTAAGACCTCGTCAAGCTGTTATACGCACTTACGAATTAAAAATTCAACAACGAAAGTGATTTTATATTA
AATAGAGCTTTTGACCTCACGACAGTTATTACC

辐鳍鱼纲

Actinopterygii

星康吉鳗

Conger myriaster (Brevoort，1856)

分　　类：康吉鳗科 Congridae；康吉鳗属 *Conger*

英 文 名：whitespotted conger

别　　名：星鳗，星鳝，鳝鱼

形态特征：体呈圆筒形，尾部侧扁。头中等大小，锥形。吻较长，稍平扁。眼大，上侧位；眼间隔宽，平坦。口大，口裂伸达眼中部下方或稍后方。上、下颌约相等。舌宽阔，前端游离。齿较大，锥状，排列较稀疏。两颌前方各有 3～4 行齿，后方各有 1 行齿。前颌骨有 2～3 行齿，稀疏，排列呈半弧形。犁骨齿丛状，排列不规则。唇宽厚，左右不连续。鳃孔较大，左右分离，位于胸鳍基部下方。肛门位于体中部前方。体无鳞，表皮光滑。侧线发达，肛门前方有 38～40 个侧线孔。头部和吻上的黏液孔发达。背鳍起始于胸鳍末端的正上方。背鳍、臀鳍和尾鳍均发达，相连续。胸鳍发达，尖形。体背侧暗褐色，腹侧浅灰色。侧线孔有白色斑点，侧线孔上方还有 1 列小白点，是本种最明显的特征。背鳍、臀鳍和尾鳍边缘黑色。胸鳍色淡。

分布范围：我国黄海、东海；日本北海道以南海域、朝鲜半岛海域，西太平洋。

生态习性：为温水性近海中小型鳗类。栖息于沿岸礁质清水海区，多居于石缝洞穴。洄游性，产卵期 6—7 月，产卵场偏向外海水域。怀卵量大。卵浮性，属一批产卵类型。仔稚鱼经柳叶鳗阶段，次春即随潮漂移至近岸内湾水域。贪食，以小型鱼、虾类为主食，兼食头足类等。最大全长 1 m。

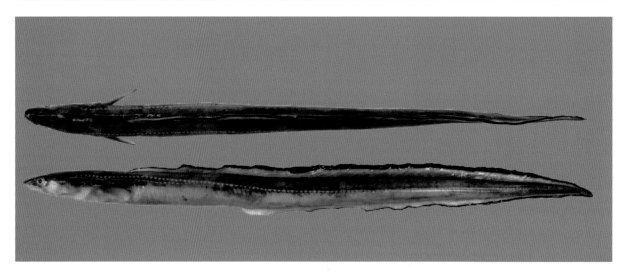

线粒体 DNA COI 片段序列：

CCTTTATTTAGTATTTGGTGCTTGAGCCGGCATAGTAGGAACCGCTTTAAGTCTGCTAATTCGAGCTGAATTAAGTCAACCTGGAGCTCTCCTTGGAGATGACCAGATCTATAATGTTATCGTAACAGCACATGCCTTTGTAATAATTTTCTTTATAGTAATACCAGTTATAATTGGTGGATTCGGCAATTGACTTGTGCCACTAATAATTGGGGCCCCAGACATGGCATTCCCTCGAATAAACAACATAAGCTTCTGATTATTACCACCATCATTTCTTTTATTATTAACCTCATCTGGAGTTGAAGCAGGGGCCGGAACAGGATGAACTGTTTATCCCCCACTATCAGGGAACCTGGCCCACGCTGGGGCATCAGTGGACCTAACAATCTTTTCTCTACACCTAGCAGGTGTCTCATCCATCCTGGGGGCCATTAACTTTATTACTACTATTATTAATATAAAACCACCAGCCACTACACAATATCAAACCCCCCTATTTGTATGGTCTGTTTTAATCACTGCCGTTCTACTACTTTTATCACTCCCTGTTCTTGCTGCGGGTATTACAATGCTTTTAACAGATCGAAATCTTAATACCACCTTCTTTGACCCAGCTGGGGGAGGAGACCCAATTCTTTACCAACACCTATTC

线粒体 DNA 12S rRNA 片段序列：

CACCGCGGTTATACGTATGACTCAAACTGATATCTCTCGGCGTAAAGCGTGATTAGAGAAAAAAGACAACTAAAGAAGAACAGCTTTCATGCCGTATCAAGCTTACAAAGACCTGAAAAACAATAACGAAAGTAACTTTAAACATTACTTGAATTCACGACCGTAAAGAAA

海鳗

Muraenesox cinereus (Forsskål，1775)

分　　类：海鳗科 Muraenesocidae；海鳗属 *Muraenesox*

英 文 名：daggertooth pike conger

别　　名：灰海鳗，狼牙鳝

形态特征：体延长，近圆筒状，尾部侧扁。头大，锥状。吻较尖，适度突出。眼大；眼间隔宽，微隆起。鼻孔每侧2个，分离，前鼻孔短管状，位于吻前端。口大，口裂水平，后方达眼的远后方。上颌突出。两颌齿均为3行，中间一行最大，侧扁。前颌骨及下颌骨前方有5～10枚大型犬齿，排列不规则。犁骨齿3行，中间行侧扁，呈三尖头状，故本种俗称"狼牙鳝"。鳃孔宽大，左右分离。肛门位于体中部前方。体光滑无鳞。侧线孔明显。背鳍起点在胸鳍基部稍前方。胸鳍发达，尖长。背鳍、臀鳍和尾鳍均发达，相连续。体灰褐色，腹部灰白色，故又称"灰海鳗"。背鳍、臀鳍、尾鳍边缘黑色，胸鳍浅褐色。

分布范围：我国沿海；日本北海道以南海域、朝鲜半岛海域，印度洋—西太平洋。

生态习性：为暖水性凶猛底层鱼类。通常栖息于50～80 m水深的泥沙质海底。产卵期5—7月，属一批产卵类型，卵浮性。受精卵孵化后幼体呈柳叶状，随海流漂回近岸水域。以摄食鱼类为主，兼食头足类和虾类。性凶猛。最大全长可达2.2 m。为底拖网和延绳钓渔获对象。

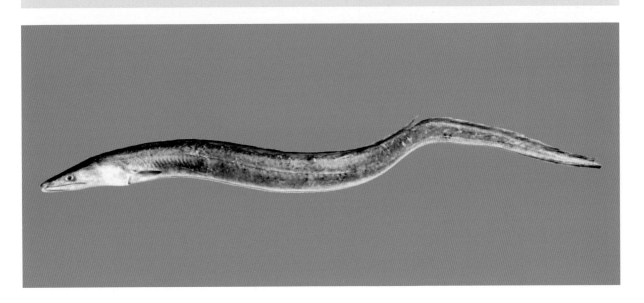

线粒体 DNA COI 片段序列：

CCTATATTTAGTATTCGGTGCCTGGGCCGGGATAGTTGGCACTGCCCTAAGCTTATTAATTCGGGCAGAGCTC
AGCCAACCCGGGGCCCTTCTTGGCGATGACCAGATCTATAATGTTATCGTCACGGCACATGCCTTCGTAATAA
TTTTCTTTATAGTAATGCCAGTAATAATCGGCGGCTTCGGCAATTGACTTATTCCTATGATAATTGGAGCCCCA
GACATGGCATTCCCACGAATGAATAAATATAAGCTTTTGACTGCTGCCTCCATCATTTCTCCTACTACTAGCCTC
CTCTATAGTTGAAGCAGGGGCTGGCACAGGATGAACAGTATATCCACCTCTTGCTGGTAACCTAGCCCACGC
CGGCGCCTCGGTGGACCTAACAATCTTTTCTCTCCATCTTGCGGGCGTTTCATCAATTTTAGGAGCAATTAAT
TTTATTACTACAATTATTAACATGAAGCCCCCCGCAATTAATCAATATCATACGCCCCTATTTGTATGGTCAGTT
TTAGTCACTGCTGTCCTTCTGCTTCTTTCCCTGCCAGTTCTTGCTGCCGGAATTACTATACTGCTTACAGATCG
TAATCTTAATACTACATTCTTCGATCCCGCAGGTGGGGGTGACCCAATCCTTTACCAACACCTA

线粒体 DNA 12S rRNA 片段序列：

CGCCGCGGTTAGACGACGAGGCTCAAATTGATGTTCCACCGGCGTAAAGCGTGATTAGATAAATTAAAAAAC
TAAAGCCAAATACACCCATAGCTGTTATACGCTTACGGACTACTAGGCCCCACCACGAAAGTGGCTTTAACA
CACTATTGAGTTCACGACCGCTAAGAAA

鳓

Ilisha elongata (Bennett，1830)

分　　类：锯腹鳓科 Pristigasteridae；鳓属 *Ilisha*

英 文 名：elongate ilisha

别　　名：白鳞鱼，火鳞鱼

形态特征：体长而宽，很侧扁。背缘窄；腹缘有锯齿状棱鳞。头中等大，很侧扁，头顶平坦。头背后方略高。吻短钝，上翘。眼大，侧上位。脂眼睑发达，盖着眼的一半。眼间隔中间平。口小，向上，近垂直。口裂短。前颌骨和上颌骨由韧带连接。上颌骨末端圆形，向后伸达瞳孔下方。两颌、腭骨和舌上均有细齿。鳃盖骨薄。鳃孔大，向下开孔至头腹面的前方，约止于眼的前下方。假鳃发达。鳃耙较粗，边缘具小刺。鳃盖膜彼此分离，不与峡部相连。鳃盖条 6。体被薄圆鳞，易脱落。腹部棱鳞 23 ～ 26+13 ～ 14。背鳍中等大，位于体中部，其基部短。臀鳍始于背鳍基终点的下方，其基部甚长，约为背鳍基的 4 倍。胸鳍侧下位，向后伸达腹鳍基。腹鳍甚小，位于背鳍前下方。尾鳍宽叉形。体背部灰色，体侧银白色。头背、吻端、背鳍、尾鳍淡黄绿色。背鳍和尾鳍边缘灰黑色。其他各鳍色浅。

分布范围：广泛分布于我国沿海；朝鲜、日本、菲律宾、印度尼西亚、马来西亚、越南、泰国、缅甸、印度沿海，俄罗斯大彼得湾。

生态习性：为暖水性近海中上层鱼类，常见体长 22 ～ 39 cm。幼鱼以桡足类、箭虫、磷虾、蟹类幼体为食，成鱼则以虾类、头足类、多毛类和鱼类为食。游泳快，喜集群，产卵前有卧底习性。生殖期多不进食。有洄游习性，每年 4—6 月由越冬场洄游到盐度较低的浅海河口附近繁殖。

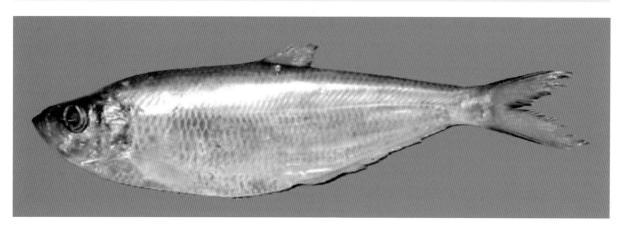

线粒体 DNA COI 片段序列：

CCTCTATTTAGTATTTGGGGCCTGAGCGGGCATGGCAGGTACGGCTTTAAGCCTACTAATTCGAGCAGAACTC
AGCCAACCCGGAGCCCTCCTCGGCGATGACCAAATTTATAATGTAATCGTCACCGCACATGCCTTCGTAATAA
TTTTCTTTATAGTGATACCAATATTGATCGGAGGCTTTGGAAACTGACTAGTACCACTTATACTTGGCGCACCA
GATATAGCATTCCCCCGAATAAATAACATAAGCTTTTGACTTCTCCCCCCATCATTTCTTCTGTTACTAGCCTCC
TCCGGGGTTGAAGCCGGAGTAGGAACAGGATGAACGGTATATCCCCCCTTAGCAGGAAATCTCGCCCACGC
AGGAGCATCTGTAGATCTGGCTATTTTTTCACTTCACTTGGCTGGGATCTCATCAATTCTTGGGGCTATTAATT
TTATTACCACAATTATTAACATAAAACCCCCAGCAATTTCACAGTACCAAACACCCCTATTCGTTTGAGCTGTA
TTAGTCACAGCAGTGCTTCTTCTACTCTCTCTCCCCGTACTGGCTGCTGGAATCACAATGCTCCTCACAGACC
GAAACTTAAACACCACATTCTTTGACCCGGCAGGCGGGGGAGACCCCATTTTATATCAACACCTGTTT

线粒体 DNA 12S rRNA 片段序列：

CACCGCGGTTAGACGAGAGGCCCCAGTTGATACATTCGGCGTAAAGAGTGGTTATGGGGACATAACACTAA
AGCCAAAGACCCCTCAAGCAGTCATACGCACTCAGGAGTTCGAAGCACCAGCACGAAAGTCGCTTTACTTT
ACTCACCAGAACCCACGACAGCCGGGGAGA

凤鲚

Coilia mystus (Linnaeus，1758)

分　　类：鳀科 Engraulidae；鲚属 *Coilia*

英 文 名：phoenix-tailed anchovy

别　　名：凤尾鱼，刀鱼

形态特征：体延长，侧扁，向后渐细长。腹部棱鳞显著。头短，侧扁。吻短，圆突。眼较大，近于吻端。眼间隔圆突。口大，下位；口裂斜行。上颌骨向后伸到或超过胸鳍基底，上颌骨的下缘有细锯齿；辅上颌骨 2 块。齿细小，绒毛状；上、下颌齿各 1 行，犁骨、腭骨均有绒毛状齿带。鳃孔宽大，假鳃发达；鳃耙细长；左、右鳃盖膜相连，与峡部分离；鳃盖条 9 ~ 10。体被圆鳞，鳞片大而薄；头部无鳞。腹缘有棱鳞，16 ~ 17+22 ~ 26。无侧线，纵列鳞 60 ~ 65。背鳍起点约与腹鳍起点相对，背鳍基前方有 1 枚短棘，背鳍有 13 枚鳍条。臀鳍低而延长，起点距吻端较距尾鳍基近，与尾鳍相连，有 74 ~ 79 枚鳍条。腹鳍短小，有 1 枚硬棘、6 枚鳍条。胸鳍侧下位，上缘有 6 枚游离鳍条，延长为丝状，向后伸达或超过臀鳍起点。尾鳍不对称，上叶尖长，下叶短小，下叶鳍条与臀鳍鳍条相连。体银白色，体背部淡绿色；鳃孔后部及各鳍鳍条基部金黄色；唇及鳃盖膜橘红色。

分布范围：我国北起辽宁沿海、南至广西沿海；日本、朝鲜沿海。

生态习性：河口型中小型鱼类，栖息于浅海，有洄游习性。每年春季，一般是 4 月下旬，亲鱼从海中洄游至河口咸淡水区产卵，5 月上旬至 7 月上旬是繁殖旺季，形成渔汛，7 月下旬产过卵的亲鱼又陆续回到海中生活。幼鱼在河口深水处育肥，以后再回到海中，翌年达性成熟。雌鱼体长 12 ~ 16 cm，个体大于雄鱼。其食物为浮游动物 (以桡足类为主)、虾类和幼鱼，产卵洄游期的成鱼很少摄食。凤鲚是长江、闽江、珠江等河口的重要经济鱼类之一，在浙江沿海有较高产量，是沿岸定置张网作业的重要渔获对象。

线粒体 DNA COI 片段序列：

CCTTTATTTAGTATTCGGTGCCTGAGCAGGAATAGCAGGAACAGCATTAAGCCTCCTAATTCGAGCAGAACTC
AGTCAACCGGGGGCCCCCTTAGGAGACGACCAAATCTACAACGTCATTGTTACTGCCCATGCATTTGTAATG
ATTTTCTTTATAGTTATACCAGTAATAATCGGCGGTTTCGGAAATTGACTAGTCCCTCTGATACTCGGAGCGCC
CGATATAGCATTCCCCCGAATAAACAATATAAGCTTTTGACTCCTACCCCCCTCATTTCTTCTTCTTTTGGCCT
CATCTGGGGTAGAGGCGGGGGCAGGAACAGGATGAACAGTATACCCGCCCTTGGCAGGAAACCTGGCTCAC
GCAGGGGCTTCAGTAGACCTAACAATCTTTTCACTTCACCTAGCCGGAATCTCATCTATTCTAGGGGCTATCA
ACTTCATCACAACAATTATTAATATAAAACCACCTGCAATTTCACAATACCAAACACCTTTATTTGTCTGAGCT
GTATTAATTACGGCAGTACTTTTACTTCTATCCCTCCCAGTTTTAGCTGCTGGAATCACAATGCTCCTAACAGA
CCGAAACCTAAATACTACTTTCTTCGACCCTGCAGGAGGAGGTGACCCCATTCTTTACCAACACTTATTC

线粒体 DNA 12S rRNA 片段序列：

CACCGCGGTTATACGAGAGACCCTAGTTGATTTACACGGCGTAAAGAGTGGCTATGGAATTTTAAAACTAAA
GCCGAAAGTCCCCCAGACTGTCATACGCATCCGGGGACCAGAACTCCACTGTACGAAAGTAGCTTTACTAA
CGCCTACCAGAACCCACGATAGCTGGGGCA

刀鲚

Coilia nasus Temminck & Schlegel，1846

鲱形目
Clupeiformes

分　　类：鳀科 Engraulidae；鲚属 _Coilia_

英 文 名：Japanese grenadier anchovy

别　　名：长江刀鱼，长颌鲚，短颌鲚，湖鲚

形态特征：体侧扁而长，前部高，向后渐低；背缘平直，腹缘有锯齿状棱鳞。头短小，侧扁而尖。吻钝圆，突出。眼较小，近于吻端。眼间隔圆突。口大，下位，口裂斜行。幼鱼时上颌骨短，向后伸到鳃盖附近；成鱼时上颌骨向后伸达胸鳍基底，上颌骨下缘有小锯齿。辅上颌骨 2 块。齿细小，两颌、犁骨、腭骨均有齿。鳃孔宽大。鳃耙细长，17 ～ 18+24 ～ 25。左右鳃盖膜相连，与峡部不相连。鳃盖条 10。鳃耙细长。肛门靠近臀鳍前方。体被薄圆鳞。腹缘棱鳞 18 ～ 22+27 ～ 34。无侧线，纵列鳞74 ～ 80。背鳍中等大，约位于体前半部中间，起点稍后于腹鳍起点。背鳍基前方有一小棘。臀鳍基部甚延长，与尾鳍下叶相连，起点距吻端较距尾鳍基底近，有 97 ～ 110 枚鳍条。胸鳍位稍低，上缘有 6枚游离鳍条，延长为丝状，伸过臀鳍基底前部。腹鳍小，起点距鳃孔较距臀鳍起点近。尾鳍不对称，上叶长于下叶。体银白色。背侧颜色较深，呈青色、金黄色或青黄色。腹部色较浅。尾鳍灰色。

分布范围：我国北起辽宁辽河、南至广东沿海及与海相通的河流、湖泊，都有分布；国外分布于朝鲜、日本沿海。

生态习性：为溯河洄游性鱼类，个体较其他鲚属鱼类大，体长 23 ～ 34 cm。平时生活在海里，每年春季 2 月下旬至 3 月初，成群的个体由海进入江河及其支流或湖泊进行产卵洄游。4—6 月为产卵期，受精卵漂浮在上层水体中孵化。当年孵出的幼鱼顺流而下，在河口咸淡水中生活，次年下海生长和育肥。肉食性，幼鱼以桡足类、枝角类、轮虫等浮游动物为主要食物，成鱼以小鱼和虾为食。产卵洄游期的成鱼很少摄食。

线粒体 DNA COI 片段序列：

GGGGGCCCTCTTAGGAGACGACCAGATCTACAACGTCATTGTTACTGCCCACGCATTCGTAATAATTTTCTTT
ATAGTTATACCGGTCATAATCGGAGGTTTCGGAAATTGACTAGTTCCTCTGATACTTGGAGCACCCGACATGG
CATTCCCCCGAATAAACAATATAAGCTTTTGACTCCTGCCCCCCTCATTTCTTCTTCTTTTAGCCTCATCTGGG
GTAGAAGCAGGAGCAGGAACAGGATGAACAGTCTACCCGCCCTTGGCAGGAAACCTAGCTCACGCGGGGG
CTTCGGTAGACCTAACAATCTTTTCACTTCACCTGGCCGGAATCTCATCCATCCTAGGAGCTATCAACTTTATC
ACAACAATCATTAACATAAAACCGCCTGCAATTTCACAATACCAAACACCCTTATTTGTCTGAGCCGTATTAA
TTACAGCAGTACTTTTACTTCTATCCCTCCCAGTTTTAGCTGCCGGAATCACAATGCTCCTTACAGACCGAAA
CCTAAACACTACTTTTTTCGACCCTGCAGGAGGAGGTGACCCCATTCTCTATCAACACTTATTC

线粒体 DNA 12S rRNA 片段序列：

CACCGCGGTTATACGAGAGACCCTAGTTGACTCACACGGCGTAAAGAGTGGTTATGGAATCATTAAACTAAA
GCCGAAAGCCCCCCAGACTGTCATACGCATCCGGGAGCCAGAACTCCACTTTACGAAAGTAGCTTTACCAA
CGCCTACCAGAACCCACGATAGCTGGGGCA

日本鳀

Engraulis japonicus Temminck & Schlegel，1846

分　　类：鳀科 Engraulidae；鳀属 *Engraulis*

英 文 名：Japanese anchovy

别　　名：鳀，黑背鳁，离水烂，烂船钉

形态特征：体延长，稍侧扁，背、腹缘较平直；腹部无棱鳞。头稍大，侧扁。吻圆而短，其长短于眼径。眼大，侧上位，被脂眼睑覆盖。眼间隔宽，中间隆起。口大，前下位，前颌骨小。上颌长于下颌。上颌骨后端伸不到鳃孔。有 2 块辅上颌骨。上下颌、犁骨、腭骨及舌上均有小齿。鳃孔大。鳃耙细长。具假鳃。鳃盖膜不与峡部相连。体被圆鳞，鳞片中等大、易脱落；头部无鳞。无侧线，纵列鳞 43。背鳍中等大，始于腹鳍稍后的上方，约位于体中央，有 14 ~ 15 枚鳍条。臀鳍狭长，始于背鳍后下方，起始点距腹鳍起始点较距尾鳍基近，有 18 ~ 20 枚鳍条。胸鳍下侧位，末端不达腹鳍。腹鳍小，始点位于胸鳍、臀鳍始点中间。尾鳍深叉形，上、下两叶长几乎相等。体背部蓝黑色，侧上方微绿，两侧及下方银白色。体侧具一青黑色宽纵带。

分布范围：我国北起辽宁大东沟、南至台湾东港的海域均有分布；国外主要分布于日本、朝鲜、韩国、俄罗斯海域。

生态习性：为我国沿海常见的广温性中上层小型鱼类，栖息于水色澄清的海区，集群性强，趋光性强，有明显的昼夜垂直移动现象。常见体长在 14 cm 以下。

线粒体 DNA COI 片段序列：

CCTATATCTTATTTTCGGTGCCTGAGCAGGAATGGTAGGGACAGCACTTAGCCTCCTTATTCGAGCAGAACTA
AGCCAACCAGGAGCACTTCTGGGGGACGATCAAATTTATAACGTAATCGTTACTGCTCACGCATTCGTAATAA
TCTTTTTTATGGTAATGCCCATCCTAATCGGTGGGTTCGGGAATTGACTGGTTCCTCTAATACTAGGGGCCCCA
GACATGGCATTCCCCCGAATGAACAATATGAGCTTTTGACTCCTTCCCCCTTCTTTCCTTCTCCTCTTAGCATC
ATCTGGTGTTGAAGCAGGAGCCGGGACAGGATGAACAGTTTACCCCCCTCTAGCAGGAAACCTTGCCCACG
CCGGAGCGTCAGTAGATTTAACAATCTTCTCTCTCCACCTGGCAGGGATTTCATCAATCCTAGGTGCCATTAA
TTTCATTACTACCATCATTAATATGAAACCACTGCTATTTCACAATACCAGACACCTCTATTTGTCTGAGCTGT
ATTAATCACGGCAGTACTTTTACTTCTTTCACTACCCGTTCTAGCTGCTGGGATTACTATGCTTCTCACAGACC
GAAACCTAAATACTACTTTCTTCGACCCAGCAGGGGGAGGAGACCCAATTCTTTATCAACACCTATTC

线粒体 DNA 12S rRNA 片段序列：

CACCGCGGTTATACGAGAGACCCTAGTTGATTGAAGCGGCGTAAAGAGTGGTTATGGAATTTTCTACCCTAA
AGCAGAAAACCTCTCAAACTGTTATACGCACCCAGAGGTTGAAACCCCTTACACGAAAGTGACTTTATTTTC
GCCTACCAGAAGCCACGAAAGCTGGGACA

黄鲫

Setipinna tenuifilis (Valenciennes，1848)

鲱形目 Clupeiformes

分　　类：鳀科 Engraulidae；黄鲫属 *Setipinna*

英 文 名：common hairfin anchovy

别　　名：黑翅黄鲫，太的黄鲫，丝翅鳀

形态特征：体很侧扁，背缘窄，腹缘有强利的棱鳞。头小而侧扁。吻短，钝圆。眼侧前位。眼间隔中间微突。口大，倾斜。口裂窄长。上颌稍长于下颌。上颌骨细长，其后不伸达鳃孔。有2块辅上颌骨。两颌、犁骨、腭骨和舌上均有细齿。鳃盖骨宽短。鳃孔很大，向下开孔至头腹面的前部，约达眼的前下方。鳃耙12+14～17，扁针形。鳃盖膜彼此微连，不与峡部相连。鳃盖条12。体被圆鳞，极易脱落。无侧线，纵列鳞44～46。胸鳍和腹鳍的基部有腋鳞。腹缘棱鳞18～21+7～8。背鳍起点与臀鳍起点相对，前方有1枚小刺，有13～14枚鳍条。臀鳍基部长，为体长的一半，鳍条短，有51～56枚。胸鳍位低，其上缘第一鳍条延长为丝状，向后伸达臀鳍起点。腹鳍位于背鳍的前下方，起点距胸鳍基与臀鳍起点相等。尾鳍叉形。吻和头侧中部淡金黄色。体背部青绿色，体侧银白色。背鳍、臀鳍和胸鳍均金黄色。腹鳍白色，尖端黄色。尾鳍金黄色，后缘黑色。

分布范围：我国北起辽宁大东沟、南至广西北海的海域均有分布；国外分布于西起印度、东至印度尼西亚、北至朝鲜的印度洋—西太平洋海域。

生态习性：为近海小型鱼类，体长通常不超过200 mm。栖息于淤泥底质、水流较缓的海区。以浮游甲壳类（桡足类、磷虾类和长尾类）、箭虫、鱼卵和管水母等为食。

线粒体 DNA COI 片段序列：

CCTTTATTTAGTATTTGGTGCCTGAGCAGGAATAGTAGGAACTGCACTAAGCCTTTTAATCCGAGCAGAACTC
AGCCAACCAGGAGCACTACTAGGAGATGACCAAATCTACAATGTTATTGTTACCGCTCACGCATTCGTAATAA
TTTTCTTTATAGTAATGCCCATCCTCATCGGCGGTTTCGGGAACTGACTAGTGCCACTTATACTTGGGGCGCCT
GACATGGCATTCCCACGAATAAATAATATAAGTTTCTGACTCCTACCCCCCTCATTTCTTCTTTTACTTGCTTC
GTCTGGAGTTGAGGCAGGGGCAGGAACTGGATGAACAGTATACCCACCCTTAGCTGGAAACTTAGCCCATG
CAGGAGCATCAGTAGACCTCACCATCTTCTCACTGCATTTAGCAGGAATCTCTTCTATTTTAGGAGCCATTAA
TTTTATCACCACAATTATCAATATAAAACCACCCGCAATCTCACAATACCAGACACCCTATTCGTCTGAGCC
GTGTTGATCACAGCAGTACTCTTACTCCTGTCGTTACCAGTATTAGCCGCCGGAATTACAATACTCCTCACAG
ATCGAAACCTAAATACTACTTTCTTCGATCCAGCAGGAGGAGGAGACCCAATTTTATATCAACACCTATTC

线粒体 DNA 12S rRNA 片段序列：

CACCGCGGTTATACGAGAGGCCCTAGTTGACTAACACGGCGTAAAGAGTGGTTATGGAACCCTAAAACTAA
AGCCGAAAGCCCCTCCTCCTGTCATACGTACTCAGGGGCCAGAACTACACTACACGAAAGTAGCTTTATTAA
CGCCGACCAGAACCCACGATAGCTGGGGCA

赤鼻棱鳀

Thryssa kammalensis (Bleeker，1849)

分　　类：鳀科 Engraulidae；棱鳀属 *Thryssa*

英 文 名：Kammal thryssa

别　　名：棱鳀，尖嘴，尖口，赤鼻

形态特征：体长形，稍侧扁。头中等大，侧扁。头背中间高。吻显著突出，圆锥形。眼侧前位；眼间隔中间高。鼻孔位于眼上缘的前方，距眼前缘较距吻端近。口大，下位，上颌长于下颌。口裂向后微下斜。上颌骨向后伸到前鳃盖骨的后下缘。两颌、犁骨、腭骨、翼骨和舌上均有细小的齿。鳃盖骨薄而光滑。鳃孔甚宽大。假鳃不发达。鳃耙长而硬，25～28+28～31。鳃盖膜彼此微相连，不与峡部相连。鳃盖条11。肛门距臀鳍始点很近。体被圆鳞。鳞片前缘的中间凹入，后缘圆形或尖形，有10～17条横沟线。腹缘有棱鳞，15～16+10。胸鳍和腹鳍的基部有腋鳞。无侧线，纵列鳞38～40。背鳍始于腹鳍起点的稍后上方，有1枚鳍棘、12枚鳍条，起点距吻端较距尾鳍基近，其基部短于臀鳍基。臀鳍始于背鳍的后下方，其基部较长。胸鳍末端几乎伸达腹鳍基。腹鳍始于背鳍的前下方，其末端向后不达臀鳍。尾鳍深叉形。体银白色。背部青绿色。吻常为赤红色。胸鳍和尾鳍为淡黄绿色，背鳍稍淡。腹鳍和臀鳍白色。

分布范围：我国北起辽宁大东沟、南至广东广海的海域均有分布；国外分布于西起印度、东至印度尼西亚的印度洋—西太平洋海域。

生态习性：为浅海中上层小型鱼类，体长通常80～100 mm，长者达113 mm。以多毛类、端足类和其他浮游动物为食。可食用，但个体小，产量不大。

线粒体 DNA COI 片段序列：

CCTTTATTTAGTATTTGGTGCCTGGGCAGGAATAGTAGGAACAGCACTTAGCCTTTTAATTCGGGCAGAACTA
AGCCAGCCCGGAGCACTCCTAGGGGACGACCAAATTTATAATGTTATTGTTACTGCTCATGCATTCGTAATAA
TTTTCTTCATGGTTATACCAATTTTAATTGGTGGATTCGGAAACTGATTAGTACCGCTTATACTAGGCGCGCCT
GATATAGCCTTTCCCCGAATAAATAACATAAGCTTCTGACTTCTACCACCCTCTTTTCTTCTTTTACTTGCCTCC
TCAGGAGTTGAGGCAGGGGCAGGAACTGGATGAACAGTTTATCCCCCACTAGCAGGAAACCTGGCCCACGC
AGGAGCCTCAGTAGACCTAACTATTTTTTCACTACACTTAGCTGGTATTTCATCTATTCTCGGGGCCATTAATT
TTATTACTACTATTATTAACATAAAACCACCTGCAATCTCACAATACCAAACACCTCTGTTCGTCTGAGCTGTG
CTGATTACAGCAGTACTTTTACTTCTATCTCTGCCAGTCCTTGCGGCTGGCATTACAATGCTTCTTACAGACCG
AAACCTAAACACCACTTTCTTTGACCCAGCAGGAGGAGGGGACCCTATTCTTTACCAACACCTA

线粒体 DNA 12S rRNA 片段序列：

CACCGCGGTTATACGAGAGGCCCAAGTTGACTAATACGGCGTAAAGAGTGGTTATGGAGTCCTTACACTAAA
GCCGAAAGCCCCTTAAACTGTCATACGCACCCAGGGGCCAGAATCCCACCGCACGAAAGTAGCTTTATTAAC
GCCCACCAGAACCCACGACAGCTAGGACA

斑鰶

Konosirus punctatus (Temminck & Schlegel, 1846)

分　　类：鲱科 Clupeidae；斑鰶属 *Konosirus*

英 文 名：dotted gizzard shad

别　　名：鰶，气泡鱼，刺儿鱼，海鲫

形态特征：体呈梭形，很侧扁，腹缘有锯齿状棱鳞。头中等大，侧扁。吻稍钝。眼近于侧中位。脂眼睑较发达，盖着眼的一半。眼间隔微突。鼻孔小，距吻端较距眼前缘近。口小，近前位。口裂短，不达眼。上颌稍长于下颌。前颌骨有缺刻。上颌骨向后伸达瞳孔前缘的下方。口无齿。鳃盖骨后缘光滑。鳃孔大。假鳃发达。鳃耙很密且长，217+211。鳃盖膜不与峡部相连。鳃盖条 6。肛门位于腹鳍起点和臀鳍最后鳍条末端的中间。体被圆鳞。腹缘棱鳞 18 ~ 20 +14 ~ 16。胸鳍和腹鳍的基部有短的腋鳞。无侧线，纵列鳞 53 ~ 56。背鳍位于体中央，有 15 ~ 17 枚鳍条，最后鳍条延长为丝状，末端伸达尾柄上方。臀鳍基部长于背鳍基，鳍条短，有 21 ~ 24 枚。胸鳍较长，向后达到背鳍始点的下方。腹鳍始于背鳍始点的后下方。尾鳍深叉形。头后背部和体背缘青绿色。体侧的上方有 8 ~ 9 行纵列的绿色小点。体侧下方和腹部为银色。吻部乳白色。鳃盖大部金黄色。鳃盖的后上方有一大块绿斑。背鳍和臀鳍呈淡黄色。胸鳍和尾鳍为黄色。腹鳍白色。背鳍和臀鳍的后缘黑色。

分布范围：广泛分布于我国沿海，北起辽宁大东沟、南至广东闸坡的沿海均有分布；国外分布于波利尼西亚、日本、朝鲜、印度的印度洋—太平洋沿海和河口。

生态习性：为沿海习见的暖水性鱼类。喜结群游泳，一般栖息于水深 5 ~ 15 m 的近海湾，能适应较大的盐度变化，有时可进入淡水生活。以浮游生物为食。常见体长在 20 cm 以下。

线粒体 DNA COI 片段序列：

CCTTTATCTAGTATTTGGTGCCTGAGCAGGAATAGTAGGGACTGCCCTAAGCCTCCTAATCCGAGCGGAACTT
AGCCAGCCCGGCGCGCTCCTAGGAGACGATCAAATCTACAATGTTATCGTTACGGCACACGCCTTTGTAATG
ATTTTCTTCATAGTAATGCCAATCCTGATTGGAGGGTTTGGGAACTGATTGGTTCCCCTAATGATCGGGGCAC
CCGACATGGCATTCCCGCGAATGAATAACATGAGCTTCTGACTTCTTCCTCCCTCTTTCCTTCTCCTCTTGGC
CTCCTCCGGTGTAGAAGCTGGGGCGGGGACAGGATGGACAGTCTACCCCCCTTTATCAGGGAACCTAGCCC
ATGCAGGTGCATCCGTCGACCTAACCATCTTCTCTCTCCATCTTGCAGGTATTTCATCGATCCTAGGGGCAATC
AATTTTATTACCACAATTATTAATATGAAACCCCCTGCAATCTCGCAATACCAAACTCCTTTATTCGTTTGGGC
CGTGCTTGTCACTGCTGTATTACTTCTGCTATCTCTTCCGGTGCTGGCTGCGGGAATCACTATGCTTCTAACGG
ACCGGAATCTTAATACCACCTTCTTCGATCCTGCTGGCGGAGGAGACCAATCCTTTATCAACACCTCTTC

线粒体 DNA 12S rRNA 片段序列：

CACCGCGGTTATACGAGAGACCCAAGTTGATAAATCCGGCGTAAAGAGTGGTTATGGAAGACACAAAACTA
AAGCTGAAGACCCCCTAGGCTGTTATACGCACCTGGAGGCTCGAACCCCTGATACGAAAGTAGCTTTATTAC
TCACCAGAACCCACGACAGCTGGGGCA

青鳞小沙丁鱼

Sardinella zunasi (Bleeker，1854)

分　　类：鲱科 Clupeidae；小沙丁鱼属 *Sardinella*

英 文 名：Japanese sardinella

别　　名：锤氏小沙丁鱼，柳叶鲱，青鳞鱼，青皮，青鳞，青花鱼

形态特征：体近椭圆形，侧扁而高，背缘微隆突，腹部具锐利棱鳞。头中等大，侧扁。吻中等长，短于眼径。眼中等大，侧上位，除瞳孔外均被脂眼睑覆盖。鼻孔小，每侧2个，位于眼的前上方。口小，前上位。下颌略长于上颌。前颌骨小，上颌骨宽，为长方形。辅上颌骨2块，第一块细长，第二块前端细而尖，后端宽阔。上下颌、腭骨、翼骨和舌上均具细齿。鳃孔大。鳃盖膜分离，不与峡部相连。鳃盖条6。鳃耙较密，细长。假鳃发达。体被大圆鳞，鳞片薄，不易脱落。鳞片前部垂直沟连接，后部2~3个不连，后部小孔不多。腹棱18+13~14。腹鳍基部具腋鳞。无侧线，纵列鳞42~43。背鳍中等大，始于体中部稍前方，有17~19枚鳍条。臀鳍中等长，始点距尾鳍基较距腹鳍近，有20~22枚鳍条。胸鳍侧下位，末端不达腹鳍。腹鳍始于背鳍第十鳍条下方。尾鳍深叉形。体背部青褐色，体侧及腹部银白色。鳃盖后上角具一黑斑。口周围黑色。尾鳍灰色，后缘黑色，其余各鳍色淡。

分布范围：在我国主要分布于黄渤海，散见于东南沿海；国外分布于日本南部的太平洋西部海域内。

生态习性：为我国近海、港湾习见的中上层小型经济鱼类，最大体长156 mm，通常体长为100 mm左右。杂食性，以浮游硅藻和小型甲壳类为食。

线粒体 DNA COI 片段序列：

CCTTTATCTAGTATTCGGTGCCTGAGCAGGGATGGTCGGAACCGCCCTAAGTCTTCTAATCCGAGCGGAGCT
GAGCCAGCCAGGGGCACTCCTTGGAGATGACCAGATTTATAACGTCATTGTCACCGCACATGCTTTCGTAAT
GATTTTCTTTATAGTTATGCCAATCCTGATTGGAGGGTTTGGAAACTGACTTGTTCCTCTAATGATCGGAGCGC
CCGACATGGCCTTCCCGCGAATGAACAACATGAGCTTCTGGCTCCTTCCTCCTTCTTTCCTTCTTCTCCTCGC
CTCTTCAGGCGTAGAAGCCGGAGCAGGGACAGGCTGAACAGTGTACCCGCCCTTAGCAGGTAATCTAGCCC
ACGCCGGTGCCTCTGTTGACCTAACCATTTTCTCACTACACCTGGCAGGTATTTCATCAATTCTAGGGGCGAT
TAACTTCATCACCACAATCATTAACATGAAACCTCCTGCAATCTCGCAGTACCAGACACCCTGTTTGTCTGA
GCTGTTCTTGTAACAGCTGTTCTTCTACTTCTCTCTCCCAGTCCTAGCTGCTGGAATTACCATGCTCCTGAC
CGACCGAAACCTGAACACGACTTTCTTCGATCCTGCAGGCGGAGGGGACCCAATCCTGTACCAACACCTA

线粒体 DNA 12S rRNA 片段序列：

CACCGCGGTTATACGAGAGGCTCGAGTTGATAATCTCGGCGTAAAGAGTGGTTATGGAGAAGACTAAACTAA
AGCTGAAGACCCCCCAGGCTGTTTAACGCATGCGGGTGTTCGAACCACTTATACGAAAGTAGCTTTAACGCA
TTCCACCAGAATCCACGACAGCTGGGAAA

线纹鳗鲇

Plotosus lineatus (Thunberg，1787)

分　　类：鳗鲇科 Plotosidae；鳗鲇属 *Plotosus*

英 文 名：striped eel catfish

别　　名：鳗鲇，短须鳗鲇，沙毛，海土虱，斜门

形态特征：体延长，前部稍平扁，后部侧扁。头平扁。吻长，圆钝。眼小，位于头的前半部，上侧位；眼间隔微突。口中等大，前位。上颌长于下颌。上、下颌齿锥形，排列成带状；犁骨齿 2～3 行，排列呈半月形，后方中间齿最大。口附近有须 4 对，分别为鼻须 1 对、上颌须 1 对、颏须 2 对。鳃孔大，鳃盖膜不与峡部相连。体光滑无鳞。侧线明显。头部具由皮肤衍生的罗伦瓮感觉管，能感受水流、水压、水温等微小变化。背鳍 2 个。第一背鳍始于胸鳍后上方，具 1 枚硬棘和 5 枚鳍条；第二背鳍起点在腹鳍前上方，鳍条 87～97，后方与尾鳍相连。臀鳍基长，鳍条 74～83，后方与尾鳍相连。胸鳍具 1 枚硬棘、11～13 枚鳍条。腹鳍腹位，起点在第二背鳍起点的稍后下方。体背侧棕灰色，腹部色淡。体侧中央有 2 条黄色纵带。第二背鳍、尾鳍和臀鳍边缘黑色。背鳍及胸鳍的第一枚棘具毒腺。

分布范围：我国东海、台湾海峡和南海；印度洋—太平洋海域，西至红海和非洲东海岸，东至萨摩亚群岛，北至日本南部、小笠原群岛和朝鲜半岛，南至澳大利亚。

生态习性：为少数生活于珊瑚礁区的鲇，也常见于河口和沿岸海域。常见体长 16～24 cm，最大可达 32 cm。集群性鱼类，平常大多成群结队活动；白天栖息在岩礁或珊瑚礁洞隙中，晚上外出觅食，属夜行性鱼类。以小虾或小鱼为食。幼鱼出外活动遇惊扰时会聚集成一浓密的球形群体，称为"鲇球"，以求保护。鳗鲇背鳍和胸鳍的硬棘呈锯齿状并有毒腺，人被其刺伤时会极疼痛。

线粒体 DNA COI 片段序列：

CCTGTACTTAGTATTTGGTGCTTGAGCAGGAATGGTGGGCACAGCCCTAAGCCTACTAATTCGAGCAGAACT
AGCTCAACCAGGCTCATTCCTAGGCGACGACCAAATTTATAACGTCATCGTCACCGCGCATGCCTTCGTAATA
ATTTTCTTTATAGTAATGCCAGTTATGATTGGGGGCTTTGGAAACTGATTAGTGCCACTAATAATTGGGGCACC
AGATATAGCATTCCCCCGAATAAATAATATAAGCTTCTGACTACTCCCCCCCTCATTTTTACTCTTACTAGCCTC
CTCAGGGGTTGAAGCCGGAGCTGGAACAGGGTGAACTGTTTACCCCCCTCTCGCTGGTAATATTGCACACG
CGGGTGCTTCTGTAGACTTAACTATCTTCTCCCTACACCTCGCCGGAGTGTCATCTATCTTGGGCGCCATCAA
CTTCATCACAACTATTATTAACATAAAACCCCCAGCCATTTCCCAGTATCAAATGCCTCTATTCGTTTGATCTGT
ACTAATCACAGCCGTCCTCCTCCTTTTATCACTACCAGTATTGGCCGCTGGCATCACAATACTACTAACAGAC
CGAAACTTAAATACAACATTCTTCGACCCCGCGGGCGGGGGCGACCCCATCCTTTATCAACATCTTTTC

线粒体 DNA 12S rRNA 片段序列：

CACCGCGGTTATACGAAAGACCCTAGTTGATACACACGGCGTAAAGGGTGGTTAAGGATAACACACAATAAA
GCCAAAGATCTTCTAAGCCGTTATACGCACCCCGAAAGTCACGAGGCCCAGATACGAAAGTAGCTTTAAGAC
AAGCCTGACCCCACGAAAGCTAAGAAA

香鱼

Plecoglossus altivelis (Temminck & Schlegel，1846)

分　　类：胡瓜鱼科 Osmeridae；香鱼属 *Plecoglossus*

英 文 名：ayu sweetfish

别　　名：油香鱼，西瓜鱼，细鳞鱼，海胎鱼，胎鱼，秋生子，年鱼

形态特征：体延长，侧扁，略呈纺锤形。头小。吻钝尖，吻端下垂形成吻钩，口闭时可纳入下颌槽中。眼中等大小，侧上位，无脂眼睑；眼间隔宽，突起。口大，窄而长，上颌骨向后伸达眼的后方。两颌边缘皮上着生扁形小齿，呈栉状排列；犁骨无齿；腭骨和舌上有齿。鳃孔大，鳃盖膜与峡部相连。鳃耙细长。头部无鳞，体部密布细小的圆鳞，腹鳍基部有短的腋鳞。侧线发达，侧线鳞 138～150。背鳍 1 个，位于鱼体中部，始于腹鳍前上方。脂鳍位于臀鳍基底后上方。臀鳍远位于背鳍的后下方，外缘平直，但性成熟后雌鱼的臀鳍外缘内凹呈弧形。胸鳍位低，向后远不达腹鳍。腹鳍腹位，位于背鳍的下方。尾鳍深叉形。体背部深绿色，两侧向腹部渐呈黄色，腹部银白色。各鳍淡黄色。鲜活时有黄瓜清香味。在生殖期，雄鱼的体表出现珠星，在臀鳍上特别密集，体色呈现赤褐色条纹，各鳍转变为橙黄色。

分布范围：我国南、北沿海；日本海域、朝鲜半岛海域，西北太平洋。

生态习性：为降河洄游鱼类。秋季水温下降时，于溪流中育肥的香鱼集群游向河口咸淡水中，在多卵石的浅滩产卵。卵附着在水底物体上。亲鱼在繁殖后大多数死亡，仅有少数残存。孵化后的幼鱼入海生长发育，翌年春季溯河洄游至淡水溪流中育肥成长，至秋凉再到河口繁殖。亦有陆封类型群体。在淡水中以岩石上附生的藻类和有机碎屑以及昆虫幼虫为食。体长约 20 cm。

线粒体 DNA COI 片段序列：

CCTATATCTAATCTTCGGAGCCTGGGCAGGTATAGTGGGGACAGCTCTGAGCCTCCTCATTCGAGCCGAACTA
AGTCAACCTGGCGCTCTCCTAGGAGACGACCAGATCTATAACGTTATCGTTACTGCACACGCTTTCGTAATAA
TCTTTTTTATGGTTATGCCAATCATGATCGGGGGGGTTCGGCAACTGACTGATCCCTCTGATGATCGGGGCTCC
AGACATGGCCTTTCCCCGTATGAATAACATAAGCTTCTGACTTCTTCCCCCCTCTTTCCTTCTCCTTCTAGCCT
CCTCCGGAGTCGAAGCCGGGGCTGGAACTGGGTGAACTGTTTACCCCCCTCTGGCAGGGAATCTGGCCCAC
GCCGGAGCTTCCGTAGACCTAACCATTTTCTCCCTACACCTAGCGGGGATCTCCTCTATTTTAGGGGCAATCA
ACTTCATTACAACCATCATCAATATGAAGCCCCCAGCCATCTCCCAGTACCAGACCCCTCTATTCGTCTGAGC
CGTCCTAATCACGGCCGTCCTTCTTCTTCTTTCCCTCCCTGTTCTTGCTGCTGGTATCACAATGCTTCTTACAG
ACCGAAACCTGAACACCACTTTCTTTGATCCAGCAGGTGGAGGAGATCCCATCCTTTACCAGCACTTGTTC

线粒体 DNA 12S rRNA 片段序列：

CACCGCGGTTATACGAGTGGCCCAAGTTGAAAGTTACCGGCGTAAAGAGTGGTTAGGGAAACAAAAAACTA
AAGCCGAACACCCTCCAGGCCGTTATACGCTTCTGAGGGCACGAAGCTCCACTACGAAAGTGGCTTTAACA
CACCTGAACCCACGACAACTAAGATA

龙头鱼

Harpadon nehereus (Hamilton，1822)

分　　类：狗母鱼科 Synodontidae；龙头鱼属 *Harpadon*

英 文 名：Bombay-duck

别　　名：虾潺，水天狗，印度镰齿鱼

形态特征：体柔软，延长，略侧扁，躯干部较粗，尾部渐细。头中等大，头背后部圆滑。吻甚短，钝圆。眼细小，圆形，侧中位。眼间隔宽，中间圆突。脂眼睑发达。鼻孔明显，前鼻孔具鼻瓣，后鼻孔较大。口很大，前位，下颌略长于上颌。前颌骨细长，可延至鳃孔。鳃孔宽大；鳃盖膜透明，不与峡部相连；鳃盖条 23 ~ 26。身体前部光滑无鳞；后部被细小圆鳞，鳞薄，易脱落。侧线稍直，呈管状，向后延伸达尾鳍中叉的前端；侧线鳞 40 ~ 44。背鳍起点约与腹鳍起点相对，鳍条 11 ~ 13。脂鳍位于臀鳍基中部上方。臀鳍起点位于腹鳍与尾鳍起点中间，鳍条 13 ~ 15。胸鳍位高、细长，胸鳍长大于头长，向后伸达腹鳍基。腹鳍发达，长度大于胸鳍长。尾鳍三叉形，上、下叶长于中叶。体呈乳白色，略带红色；虹瞳金黄色；头背部和两侧呈半透明状，具淡灰色小点。腹前部淡银白色。各鳍灰黑色，有时腹鳍和胸鳍白色。

分布范围：我国黄海南部、东海、南海的河口和近岸；印度洋—西太平洋，西至索马里，东至巴布亚新几内亚，北至日本，南至印度尼西亚。

生态习性：栖息于近海和河口的沙泥底质海域。1 龄性成熟，产卵场主要在沿海的河口处。春季产卵，卵径 0.8 mm。龙头鱼有短距离洄游习性，每年 3—4 月，由外侧海域游向近岸，10 月以后，外游向深水处过冬。肉食性，以小鱼、小虾、底栖动物为食，性凶残，食量大。

线粒体 DNA COI 片段序列：

CCTCTACCTCGTATTTGGTGCATGAGCTGGGATAGTGGGAACCGCCCTGAGCCTTTTGATCCGTGCTGAGCT
GAGCCAGCCGGGGGCCCTGCTCGGTGACGATCAAATTTATAACGTAATCGTTACTGCCCACGCCTTCGTAATA
ATTTTCTTTATAGTAATGCCAATTATGATCGGGGGCTTTGGAAATTGACTCATTCCCCTGATGATCGGTGCCCC
CGATATGGCGTTTCCCCGAATGAATAACATAAGCTTTTGACTCCTCCCACCCTCTTTCCTTCTTCTCTTGGCAT
CATCGGGAGTCGAAGCAGGGGCTGGAACCGGCTGAACAGTCTATCCTCCGTTAGCGGGAAACCTTGCTCAC
GCCGGGGCCTCTGTAGATCTAACCATCTTCTCGCTACACTTGGCTGGGATTTCCTCTATTTTGGGAGCCATTAA
TTTTATTACGACAATTATCAATATAAAACCTCCCGCCATTTCACAATACCAGACACCCCTCTTTGTTTGGGCTG
TACTGATTACGGCTGTCCTTCTCCTCCTCTCCTTACCCGTTCTTGCAGCCGGAATCACAATGCTCTTAACTGAT
CGAAATCTTAATACCACCTTCTTTGACCCTGCAGGGGGCGGCGATCCCATCCTCTATCAGCACTTATTC

线粒体 DNA 12S rRNA 片段序列：

CACCGCGGTTATACGAGAGGCCCGAGTTGATGAACATCGGCGTAAAGTGTGGTTAGGACTTCCCCAATATAA
AGTGAAACACCCCCAAGACTGTTATACGCTCCCGGGGGGCAGGAAGCCCATCAGCGAAAGTGACTTTAGATC
TCCGACCCCACGATAGCTGTGATA

长蛇鲻

Saurida elongata (Temminck & Schlegel，1846)

分　　类：狗母鱼科 Synodontidae；蛇鲻属 *Saurida*

英 文 名：slender lizardfish

别　　名：长蜥鱼，长体蛇鲻

形态特征：体呈长圆柱状，两端稍细，中段较粗。尾柄平扁，两侧有脊棱。头短，头背部平。吻钝。眼中等大，侧上位；眼间隔宽，中间微凹，其宽远大于眼径。口大，前位，口裂长。两颌约等长。上、下颌骨狭长，颌骨上有许多锐利小齿；腭骨每侧有齿带 2 组，外组齿带较长，前部通常是 3 行。鳃盖骨透明，较光滑；鳃孔大；鳃盖膜不与峡部相连；假鳃发达；鳃耙短小如针尖状；鳃盖条 16。体被圆鳞，头后背部、鳃盖和颊部均被鳞；鳞不易脱落，排列整齐；胸鳍和腹鳍基部有发达的腋鳞。侧线发达，平直，侧线鳞 55 ~ 56，突出，在尾柄部的侧线鳞突出更明显。背鳍始于腹鳍起点的后上方，鳍条 11 ~ 12；脂鳍小，位于臀鳍基后半部的上方。臀鳍基底长小于背鳍基底长，鳍条 10 ~ 11。胸鳍短小，向后不伸达腹鳍基。腹鳍腹位。尾鳍叉形。体背部和体侧褐色，腹部色浅。背鳍、胸鳍和尾鳍呈青灰色，其后缘黑色，腹鳍和臀鳍白色。

分布范围：我国黄海、渤海、东海、南海；西太平洋的朝鲜、日本海区。

生态习性：近海底层鱼类，通常栖息于水深 20 ~ 100 m、底质为泥或泥沙的海区。游泳迅速，通常移动范围不大，不结成大群，一般不作远距离洄游。肉食性，性凶猛，以小型鱼类、幼鱼、乌贼和虾蛄等为食。常见体长 18 ~ 20 cm，最大可达 50 cm。

线粒体 DNA COI 片段序列：

CCTTTACCTCGTATTTGGTGCATGGGCCGGCATAGTGGGCACCGCCCTAAGCCTCTTAATTCGTGCCGAACTC
AGCCAACCGGGGGCTCTTCTCGGAGACGATCAGATCTACAATGTAATCGTCACCGCACATGCCTTCGTTATAA
TTTTCTTTATAGTAATGCCAATCATGATCGGTGGGTTTGGAAACTGACTTATCCCCCTTATAATTGGCGCCCCC
GATATGGCATTTCCTCGCATGAATAATATAAGCTTCTGACTTCTCCCCCCCTCTTTCCTCCTGCTCCTCGCCTC
CTCTGGGGTAGAGGCTGGGGCTGGAACTGGGTGGACAGTTTACCCTCCCCTGGCAGGTAATCTCGCCCATG
CCGGCGCATCCGTTGACTTAACCATCTTCTCTCTGCACTTAGCAGGAATCTCTTCTATCCTGGGGGCTATTAAT
TTTATTACTACAATTATTAATATAAAACCCCCCGCCATCTCACAATATCAAACCCCCCTATTTGTATGAGCAGTC
CTTATTACTGCCGTTCTTCTCCTCCTTTCCCTTCCTGTTCTTGCGGCCGGAATTACTATACTCCTCACGGATCG
AAATCTCAACACCACCTTCTTCGACCCCGCAGGAGGGGGGGACCCAATTCTTTATCAACATCTATTT

线粒体 DNA 12S rRNA 片段序列：

CACCGCGGTTATACGAGAGGCCCGAGTTGATAAACACCGGCATAAAGTGTGGTTAGGAATTTTCCCTTTAAA
GTAAAACACCCCAGAACTGTTATACGCTCCCGGGGGGCAGGAAGCCCAACAACGAAAGTGACTTTAAACCT
CCGACTCCACGACAGCTACGACA

大头狗母鱼

Trachinocephalus myops (Forster，1801)

分　　类：狗母鱼科 Synodontidae；大头狗母鱼属 *Trachinocephalus*

英 文 名：snakefish

别　　名：公奎龙，海乌狮，沙头棍

形态特征：体呈长圆柱状，前端稍粗，两侧略侧扁，体高大于体宽。头大，背面粗糙。吻短而钝，吻长小于眼径。眼中等大，前上位；眼间隔窄，中间略凹。口裂大，末端超过眼后缘下方。下颌略长于上颌。上颌齿 2 行，下颌齿 3 行。腭骨每侧具 1 组狭长齿带。鳃孔较大，鳃盖膜不与峡部相连。鳃耙细短如针尖。体被圆鳞，颊部和鳃盖上均有鳞；胸鳍和腹鳍基部均有腋鳞。侧线发达，直线状。背鳍起点距吻端较距脂鳍近。胸鳍小，侧中位。腹鳍亚胸位，外侧鳍条较内侧短。尾鳍深叉形。体背部褐色，腹部白色。头背部有红色网状斑纹。鳃孔后上缘具一褐色斑。体背部中央有 1 行灰色花纹。沿体侧有 12 ～ 14 条灰色纵纹和 3 ～ 4 条黄色细纵纹相间排列。背鳍、腹鳍有黄色纹。

分布范围：我国黄海南部、东海、南海；日本南部海域，太平洋、印度洋和大西洋温、热水域。

生态习性：为暖水性近海底层鱼类。栖息于水深 20 ～ 50 m 的沙泥底质海区。1 ～ 2 龄性成熟。肉食性，主要以甲壳类和小型鱼类为食。常见体长约 17 cm，大个体可达 33 cm。

线粒体 DNA COI 片段序列：

CCTTTACATAATTTTCGGTGCCTGAGCCGGAATAGTCGGCACGGCTTTAAGCCTTTTGATTCGAGCTGAGCTG
AGCCAGCCCGGGGCCCTTCTAGGAGACGACCAGATTTACAATGTAATCGTCACGGCCCATGCCTTCGTAATA
ATCTTTTTTATAGTAATACCAATCATGATCGGGGGCTTCGGCAACTGACTTATTCCTTTAATGATCGGTGCCCC
GGACATGGCTTTTCCCCGAATGAACAACATAAGCTTTTGACTTCTGCCTCCATCTTTTCTTCTTCTCCTGGCTT
CGTCTGGCGTAGAAGCTGGCGCAGGCACCGGGTGAACAGTTTACCCGCCCTTGGCGGGTAACCTAGCCCAT
GCAGGTGCTTCCGTAGATCTAACTATTTTTTCCCTCCATCTAGCCGGGATCTCATCTATTCTTGGCGCCATCAA
CTTTATCACAACCATCATTAACATAAAACCCCTTCGATTACTCAGTATCAGACTCCTTTGTTTGTCTGAGCCG
TCTTGATTACTGCCGTACTTCTTTTGCTTTCTCTTCCCGTCCTGGCGGCAGGAATCACTATGCTTCTAACCGAC
CGCAACTTGAACACCACATTTTTTGACCCGCAGGCGGGGGGGGACCCTATCTTATACCAGCATTTGTTT

线粒体 DNA 12S rRNA 片段序列：

CGCCGCGGTTATACGAGGGGGCTCAAGTTGACGGATTTCGGCGTAAAGTGTGGTTAGGATAATAATTAACTAG
AGGCGAACGCCTTCCAGGCTGTTATACGCACTCGGAGTCAGGAACCACCCATGCGAAGGCCCCTCTAACAG
ATCTGAACCCACGACAGCCTGGACA

大头鳕

Gadus macrocephalus Tilesius，1810

分　　类：鳕科 Gadidae；鳕属 *Gadus*

英 文 名：Pacific cod

别　　名：鳕鱼，太平洋鳕

形态特征：体延长，侧扁，前部粗，向后渐细狭。头大。吻长，钝尖。眼中等大，上侧位；眼间隔宽，稍突起。口大，端位，口裂微斜；上颌突出；下颌有 1 枚颏须，发达，与眼径等长。齿圆锥形；两颌和犁骨具栉状齿带；腭骨无齿。鳃孔宽大，鳃盖膜连于峡部。鳃盖条 6 ～ 7。体被细小圆鳞；侧线位高，约 33 个有孔鳞。背鳍 3 个。第一背鳍始于胸鳍基后上方，有 12 枚鳍条；第二背鳍始于肛门后上方，有 18 枚鳍条；第三背鳍有 18 枚鳍条，末端不达尾鳍基。臀鳍 2 个，各有 18 枚鳍条，分别与第二背鳍、第三背鳍相对。胸鳍中侧位。腹鳍胸位，起点位于胸鳍基底稍前下方，第二鳍条呈丝状延长。尾鳍后缘凹入。体淡褐色，背侧有不规则的褐色和黄色斑纹，腹部白色；侧线色浅。各鳍浅灰色。

分布范围：我国黄海、东海；日本北部沿海、朝鲜半岛海域，北太平洋水域。

生态习性：为冷水性底层大中型鱼类。栖息于大陆架至陆坡沙泥底质海区，栖息水深通常为 100 ～ 400 m，以鱼类、甲壳类和软体动物为食。夏季栖息于黄海冷水区域，冬季洄游至水深 50 m 左右的沿海泥底区越冬。1—2 月产卵。浙北海域偶有捕获。体长可达 75 cm。

线粒体 DNA COI 片段序列：

AAGCCTACTCATTCGAGCAGAGCTAAGTCAACCTGGTGCACTCCTAGGTGATGATCAAATTTATAATGTGATC
GTTACAGCGCACGCTTTCGTAATAATTTTCTTTATAGTAATACCACTAATAATTGGAGGCTTTGGGAACTGACT
CATTCCTCTAATGATCGGTGCCCCCGATATAGCTTTCCCTCGAATAAATAACATAAGCTTCTGACTTCTCCCTC
CATCTTTCCTGCTCCTTTTAGCATCCTCTGGTGTAGAAGCTGGAGCTGGAACAGGCTGAACTGTCTACCCAC
CTTTAGCCGGAAACCTCGCTCATGCTGGGGCATCTGTTGATCTCACTATTTTTTCTCTCCATCTAGCAGGGATT
TCATCAATTCTTGGGGCAATTAATTTTATTACCACAATTATTAATATGAAACCTCCAGCAATTTCACAGTACCA
AACACCCCTCTTTGTTTGAGCAGTACTAATTACAGCTGTGCTTCTACTATTATCTCTCCCCGTCTTAGCAGCTG
GCATCACGATACTTCTAACTGACCGTAATCTTAACACTTCTTTCTTTGACCCTGCTGGAGGGGGTGATCCCAT
CCTATATCAACACTTATTC

线粒体 DNA 12S rRNA 片段序列：

CACCGCGGTTATACGAGAGGCCCAAATTGATGAAAAACGGCGTAAAGCGTGGTTAAGAAAAAAGAGAAAAT
ATGGCCGAACAGCTTCAAAGCAGTTATACGCATCCGAAGTCACGAAGAACAATCACGAAAGTTGCCCTAAA
ACCTCCGATTCCACGAAAGCCATAAAA

棘鼬鳚

Hoplobrotula armata (Temminck & Schlegel，1846)

分　　类：鼬鳚科 Ophidiidae；棘鼬鳚属 *Hoplobrotula*

英 文 名：armoured cusk

别　　名：棘鳚，海孩子，鼬鱼

形态特征：体延长，侧扁，尾部向后渐尖。头长，侧扁。吻短，圆钝，背部中央有一个向前的倒棘，有时埋于皮下。吻缘两侧各有5个小孔。眼中等大小，位于头的前半部，上侧位；眼间隔宽，略突起。口亚前位，口裂微斜；上颌稍长于下颌。上下颌、犁骨和腭骨均有绒毛状齿带。唇厚，有绒毛状小突起。前鳃盖骨有3枚强棘，鳃盖骨后上角也有1枚强棘。鳃孔宽大，鳃盖膜不与峡部相连。体被小圆鳞。侧线平直，高位。背鳍和臀鳍均延长，无鳍棘，连于尾鳍。背鳍起始于胸鳍中部上方，鳍条92～93。臀鳍70～83。腹鳍喉位，有2枚鳍条，前端分离，内侧分枝较长，后端不超越鳃盖后缘。尾鳍尖长。体背侧茶褐色，腹侧色浅。背鳍、臀鳍后半部黑色，边缘白色。尾鳍黑色。

分布范围：我国黄海、东海、南海；日本南部海域、澳大利亚海域，西太平洋暖温水域。

生态习性：为暖温性底层中型鱼类。栖息于水深200～350 m的泥沙底质海区。肉食性，以底栖生物为食，体长可达70 cm。可见于深水拖网渔获，为食用鱼类。

线粒体 DNA COⅠ片段序列：

TGGTGCCTGAGCCGGAATAGTAGGGACGGCCCTGAGCTTGTTAATTCGGGCAGAGCTAAGTCAGCCCGGAGCCCTCCTTGGCGACGATCAAATTTATAACGTAATCGTTACAGCTCATGCTTTTGTAATGATTTTCTTTATAGTAATACCCATTATGATCGGAGGTTTTGGAAACTGATTAATCCCCCTTATAATTGGTGCCCCCGACATGGCCTTTCCCCGAATAAATAACATGAGCTTTTGACTCCTGCCCCCGTCATTCCTTCTTCTCCTAGCATCTTCTGGCGTAGAAGCCGGTGCCGGCACTGGCTGAACTGTCTACCCGCCTTTAGCTGGGAACCTCGCACACGCCGGGGCCTCTGTAGACCTCACGATCTTTTCTCTGCATCTGGCAGGTGTCTCCTCAATCCTCGGGGCCATCAACTTTATCACCACAATTATTAACATAAAACCTCCAGCCATCTCACAGTACCAAACACCCCTCTTTGTATGGGCAGTTCTAATTACCGCAGTACTACTTCTTCTCTCCCTCCCAGTGCTTGCCGCAGGAATTACTATGCTTCTAACCGATCGTAACTTAAACACCACGTTCTTCGACCCGGCCGGCGGAGGAGACCCAATTCTTTACCAACACTT

线粒体 DNA 12S rRNA 片段序列：

CCCCGCGGTTATACGAGTAGGCCCAAGTTGATAAAAAACGGGGTAAAGCGAATTAGGGGGCTCCTATAAAATAAAGCGGAACACCCCCAGAGCTGTTATACTCCTCCGGGGGCATGAAGAACCACCACAAAAGTGACTTTACCCCGCCCCAACCCACAAGAGCTAAGACA

黄鮟鱇

Lophius litulon (Jordan，1902)

分　　类：鮟鱇科 Lophiidae；鮟鱇属 *Lophius*

英 文 名：yellow goosefish

别　　名：海蛤蟆，蛤蟆鱼，老头鱼，结巴鱼

形态特征：头、体宽阔平扁，头胸部呈盘状，向后渐细呈柱状。头大。吻宽阔，平扁。眼较小；眼间隔宽，稍突起。口宽大，下颌较长。上下颌、犁骨与舌上均有齿，尖形；下颌齿带狭，有可倒伏的尖齿 1～2 行。额骨嵴单尖头。鳃孔宽大，远位于胸鳍基下缘后方。头背侧缘、眼上缘与后缘、头顶、吻前端两侧、口角后方及鳃盖部均有少数骨质棘突。体柔软，无鳞，在头、体边缘有许多皮质突起；有侧线。第一背鳍鳍棘 6，前 2 枚鳍棘位于吻背部，顶端有皮质穗。第二背鳍和臀鳍位于体后方。胸鳍宽大，侧位，圆形。腹鳍短小，喉位。尾鳍末缘近截形。体黄褐色，布有斑纹；腹面白色；各鳍黑色；口腔内黄色。

分布范围：我国渤海、黄海、东海、南海；日本北海道以南海域、朝鲜半岛海域。

生态习性：为暖水性底层鱼类。栖息于水深 25～560 m 的沙泥底质海区。5—7 月产卵，受精卵包被于部袋中；卵浮性。肉食性，以背鳍鳍棘上端的拟饵体诱捕小鱼。体长可达 1.5 m。

线粒体 DNA COI 片段序列：

CCTTTATTTAATCTTTGGTGCCTGAGCCGGAATAGTGGGCACCGCCCTAAGCTTACTAATTCGGGCTGAACTA
AGCCAACCCGGCGCCCTCTTAGGGGATGACCAAATCTACAACGTTATTGTTACCGCACATGCCTTTGTAATAA
TTTTCTTTATGGTTATACCAATTATGATCGGAGGATTCGGCAATTGACTTATCCCCCTAATGATCGGAGCCCCA
GACATGGCTTTCCCCCGAATGAATAACATAAGCTTCTGGCTTCTCCCCCCCTCTTTCCTCCTACTACTTGCCTC
TTCCGGGGTTGAAGCCGGAGCAGGCACTGGATGAACCGTCTACCCCCCGCTGGCAGGAAACCTTGCACATG
CAGGGGCTTCCGTAGACCTAACGATTTTTTCCCTTCATCTAGCCGGGATCTCTTCAATCCTAGGGGCAATCAA
CTTTATTACAACAATTATTAATATAAAACCCCCCACAATCTCCCAGTACCAGACGCCTTTATTCGTATGGGCTG
TTTTAATCACAGCAGTTCTATTACTCCTGTCCCTACCCGTGCTTGCGGCAGGAATTACTATACTCTTAACAGAC
CGAAACCTAAACACCACTTTTTTTGATCCCACGGGAGGAGGGGACCCTATCCTGTACCAACACTTATTC

线粒体 DNA 12S rRNA 片段序列：

CACCGCGGTTATACGAGAGGCCCAAGTTGATAACAGTCGGCGTAAAGCGTGGTTAGGACATCAACCCTACTA
AGTCGAATGTCCTCAAAGCTGTTATACGCACCCGAGGATAAGAAGTTCAAATACGAAAGTAACTTTATAAG
TCTGAACCCACGAAAGCTACGGCA

带纹躄鱼

Antennarius striatus (Shaw，1794)

分　　类：躄鱼科 Antennariidae；躄鱼属 *Antennarius*

英 文 名：striated frogfish

别　　名：斑条躄鱼，条纹鮟鱇，条纹躄鱼，黑躄鱼，五脚虎

形态特征：体稍高，稍侧扁，腹部突出。头较大，额部有一个凹陷。吻较短。眼小。口裂较大，近直立状。两颌齿尖锐，排列呈梳状；犁骨齿分为 2 丛，横列；腭骨齿也为 2 丛，纵列，近平行。鳃孔小，位于胸鳍基部下方。鳃耙退化。体无鳞，密布绒毛状小棘。侧线由突起的腺孔连接而成。背鳍有 3 枚鳍棘、11 ～ 12 枚鳍条，第一鳍棘形成吻触手，基底在上颌缝合部向前方伸长，其末端皮瓣呈细长指状，有 3 ～ 4 个分枝。各鳍的鳍条部均以膜相连，仅尖端外露。胸鳍有假臂，埋于皮下。腹鳍短小，近喉位。尾鳍末缘圆形。体色和斑纹随环境有变异，但体多呈淡褐色，散布不规则的深褐色斑纹。眼周围具放射状排列的条纹。

分布范围：我国黄海、东海、南海、台湾海域；印度洋—太平洋海域，西至红海和非洲东海岸，东至社会群岛和夏威夷群岛，北至日本，南至澳大利亚和新西兰，大西洋也有分布。

生态习性：为暖水性沿岸小型鱼类。栖息于沿岸浅水岩礁海区和沙泥底质海区，栖息水深 10 ～ 219 m。体长可达 25 cm。

线粒体 DNA COI 片段序列：

CTTATACCTCGTATTTGGAGCATGAGCCGGAATAGTAGGAACAGCACTTAGCCTACTAATCCGCGCAGAACTA
AGCCAACCAGGCGCACTCTTAGGTGATGATCAAATTTACAATGTTATCGTTACAGCACATGCTTTCGTTATAAT
TTTCTTTATAGTCATACCAATTATGATCGGAGGGTTCGGCAACTGATTAATTCCACTAATAATTGGCGCCCTG
ACATAGCATTCCCTCGAATAAACAATATAAGCTTCTGACTCTTACCCCCATCATTTCTTCTTTTATTAGCCTCAT
CAGGAGTAGAAGCTGGAGCAGGCACAGGATGAACGGTTTACCCACCTCTTGCGGGCAACCTAGCCCATGCC
GGAGCATCTGTTGATTTAACTATTTTCTCACTCCACCTTGCAGGTGTATCATCCATCCTAGGGGCTATTAATTTT
ATTACAACTATTATTAATATAAAACCACCAGCTCTTTCACAATACCAAACACCTTTATTTGTATGGGCTGTATTA
GTCACTGCTGTACTTCTCCTCCTTTCCTTCCTGTTCTTGCTGCAGGGATTACAATATTATTAACTGATCGAAA
CCTTAATACAACTTTCTTTGACCCCACTGGCGGAGGAGATCCCATTCTATACCAACACTTATTC

线粒体 DNA 12S rRNA 片段序列：

CACCGCGGTTATACGAGTGAGCCCAGGTTGATAAAATCGGCGTAAAGGGTGGTTAAGAAAATTGCTAAGTAA
AGCCGAAAGTTTTAGCAGCTGTTAAATGCTTACAAAAATAAGAAGCCCAAATACGAAAGTAGCTTTATAACT
TCTGACCCCACGAAAGCTAGGGCA

鲮

Planiliza haematocheilus (Temminck & Schlegel，1845)

分　　类：鲻科 Mugilidae；平鲮属 *Planiliza*

英　文　名：so-iny mullet

别　　名：赤眼鲮，梭鱼，龟鲮

形态特征：体延长，前部亚圆筒形，后部侧扁；背缘平直，腹缘圆弧形。头中等大，稍平扁，两侧隆起。吻短。眼较小，前侧位；脂眼睑不发达，仅存在于眼的边缘；眼间隔宽而平坦。口小，下位。上颌骨在口角后急剧下弯，后端外露。上颌唇部发达，中央具缺刻；下颌唇部边缘锐利，中央具突起。上颌边缘具细小的绒毛状齿；下颌、犁骨、腭骨均无齿。鳃孔宽大，鳃盖膜不与峡部相连。假鳃发达，鳃耙细密。体被弱栉鳞，鳞大；头部被圆鳞；第二背鳍、臀鳍、腹鳍和尾鳍均被小圆鳞。无侧线。背鳍2个，分离。第一背鳍有4枚鳍棘；第二背鳍有9枚鳍条，起点距第一背鳍较距尾鳍基近。臀鳍几乎与第二背鳍相对，有3枚鳍棘、9枚鳍条。胸鳍侧上位。腹鳍位于胸鳍基底后下方。尾鳍近叉形。体青灰色，腹部银白色；体侧上半部具数条黑色纵纹。各鳍均为浅灰色。

分布范围：我国沿海；西北太平洋海域的日本和朝鲜半岛海域。

生态习性：近海暖温性底层鱼类。栖息在浅海或河口咸淡水交汇处。性活泼，善跳跃逆游。冬季至深水越冬，春季游向浅海。3龄性成熟，产卵期在5月，分批产卵。稚鱼摄食桡足类和浮游硅藻等，成鱼则以腐败有机质及泥沙中小型生物为食。

线粒体 DNA COI 片段序列：

AAGCCTGCTTATCCGAGCAGAACTAAGCCAGCCTGGCGCTCTCCTAGGGGACGACCAGATCTATAATGTAAT
CGTTACAGCACACGCCTTCGTAATAATTTTCTTTATAGTAATGCCAATCATGATTGGGGGGTTCGGAAACTGA
CTAATCCCCTTAATGATCGGCGCCCCGACATGGCCTTCCCTCGAATAAATAACATAAGCTTCTGACTCCTCC
CTCCCTCATTTCTTCTCCTTTTAGCATCCTCTGGCGTAGAAGCAGGGGCCGGGACCGGATGAACCGTCTACC
CTCCCTTAGCCAGCAACCTAGCACATGCCGGAGCATCAGTTGACTTAACAATTTTCTCCCTTCACCTGGCAG
GTGTTTCCTCAATTCTAGGAGCCATTAACTTTATTACTACTATTATTAACATGAAACCCCCCGCAATTTCCCAAT
ACCAAACTCCGCTCTTCGTATGAGCCGTTCTAATTACTGCCGTCCTCCTTCTCCTATCCCTGCCAGTCCTTGCT
GCCGGAATTACCATACTCTTAACAGATCGAAACTTAAACACTTCTTTCTTCGACCCAGCAGGAGGGGGGGAT
CCCATTCTATACCAGCACCTATTC

线粒体 DNA 12S rRNA 片段序列：

CACCGCGGTTATACGAGAGGTCCAAGCTGACAGCCATCGGCGTAAAGAGTGGTTAAGTTAACCTGACACAA
CTAAAGTCGAACGCCCCCAAGACCGTTATACGTGCTCGGAGGTATGAAGCCCAACGACGAAAGTGGCTTTA
AAATTCCTGACCCCACGAAAGCTGTGAAA

棱鮻

Planiliza affinis (Günther, 1861)

分　　类：鲻科 Mugilidae；平鮻属 *Planiliza*

英 文 名：eastern keelback mullet

别　　名：豆仔鱼，乌仔，乌仔鱼，棱龟鮻，前鳞鮻

形态特征：体延长，前部亚圆筒形，后部侧扁。背中线具一隆起棱脊，故过去本种亦被称为"隆背鲻"。头圆锥形，两侧隆起，头顶稍平扁。吻短而钝。眼大，上侧位，脂眼睑不发达，仅存在于眼的边缘；眼间隔较窄，稍隆起。眶前骨在口角处向下弯曲，下缘及后缘有锯齿。唇薄。上唇有 1 行小唇齿；下唇仅有一高耸小丘，而无唇齿。口较小，近下位，几乎平横；上颌长于下颌，上颌中央有一缺刻，下颌边缘锐利，中央有一突起。上颌骨在口角处突然向下弯曲，后端外露。上颌有绒毛状细齿；下颌、犁骨和腭骨均无齿。鳃孔大，鳃盖膜不与峡部相连。胸鳍短于吻后头长，末端不伸达第一背鳍起点垂直线。第一背鳍起点距吻端较距尾鳍基近。体被栉鳞，鳞大，栉齿细弱；头部除鼻孔前方无鳞外，其余均被圆鳞。背鳍前鳞 22 ~ 25。无侧线，纵列鳞 33 ~ 43；体侧鳞片中央有一个不开孔的纵行小管。背鳍 2 个，第一背鳍具 4 枚鳍棘，第二背鳍具 8 ~ 10 枚鳍条。臀鳍具 3 枚鳍棘、8 ~ 10 枚鳍条，起点约与第二背鳍相对。胸鳍上侧位。腹鳍亚胸位，起点前于第一背鳍。尾鳍叉形，后缘深凹。鱼体背部青绿色，腹面银白色，体侧有数条暗色纵带。胸鳍、腹鳍和臀鳍浅色，背鳍和尾鳍浅灰黑色。

分布范围：我国黄海、东海、南海、台湾海峡；日本北海道以南海域，西太平洋。

生态习性：暖水性浅海内湾鱼类。常栖息于近岸咸淡水交界处。常见体长约 20 cm，最大可达 63 cm，为咸淡水常见养殖鱼类。

线粒体 DNA COI 片段序列：

AAGCCTGCTTATCCGGGCAGAACTAAGCCAGCCTGGCGCTCTCCTAGGGGACGACCAGATTTACAATGTAAT
CGTTACAGCACACGCTTTCGTAATAATTTTCTTTATAGTAATGCCAATTATGATTGGAGGGTTTGGAAACTGAC
TAATCCCCCTAATGATCGGCGCCCCCGATATGGCCTTCCCTCGAATAAATAACATAAGCTTTTGACTCCTACCT
CCTTCGTTCCTTCTTCTCTTAGCGTCTTCTGGCGTAGAAGCAGGGGCCGGAACTGGATGAACCGTCTATCCTC
CTCTAGCCAGCAACCTAGCACATGCCGGAGCATCAGTTGACCTTACAATTTTCTCCCTTCACCTGGCAGGTG
TCTCCTCAATTTTAGGTGCTATTAACTTCATTACTACTATTATTAACATGAAACCTCCCGCAATTTCCCAGTACC
AAACCCCACTCTTCGTATGGGCTGTTCTTATTACTGCCGTTCTCCTGCTTCTATCCCTGCCAGTTCTCGCTGCC
GGAATTACCATGCTTTTAACAGACGAAACTTAAACACTTCTTTCTTCGACCCAGCAGGAGGAGGGGATCCT
ATCTATACCAGCACCTATTC

线粒体 DNA 12S rRNA 片段序列：

CCCCGCGGTTATACGAGAGGTCCAAGCTGACAGCCATCGGCGTAAAGAGTGGTTAAGTTAACCTCTATACAA
CTAAAGTCGAACGCCCCAAGACCCGTTATACGTGCTCGGAGGTATGAAGTCCAACGACGAAAGTGGCTTTA
AAATTCCTGACCCCACGAAAGCTGTGAAA

鲻

Mugil cephalus Linnaeus，1758

分　　类：鲻科 Mugilidae；鲻属 *Mugil*

英 文 名：flathead grey mullet

别　　名：乌鱼，青头仔，奇目仔

形态特征：体延长，前部近圆筒形，后部侧扁。头短，侧扁，两侧略隆起。吻宽短。眼中大，前侧位，脂眼睑发达；眼间隔宽平。眶前骨下缘及后缘有细锯齿。口小，亚腹位，口裂小。上颌骨完全被眶前骨遮盖，后端不露出。上颌唇部发达，中央具一缺刻；下颌唇部薄，中央具一突起。两颌齿细弱；犁骨、腭骨和舌上无齿。鳃孔宽大，鳃盖膜不与峡部相连。前鳃盖骨和鳃盖骨边缘光滑。鳃耙细密。体被弱栉鳞，鳞大；头部被圆鳞；第二背鳍、臀鳍、腹鳍、尾鳍均被小圆鳞；胸鳍和腹鳍具发达腋鳞。无侧线，体侧鳞片的中央有 1 个不开孔的小管。背鳍 2 个。第一背鳍有 4 枚鳍棘；第二背鳍有 9 枚鳍条，起点位于臀鳍第一鳍条基部上方。臀鳍较大，始于第二背鳍前下方，有 3 枚鳍棘、8 枚鳍条。胸鳍上侧位，较宽大。腹鳍短于胸鳍。尾鳍叉形。体背部青灰色，体侧银白色，腹部白色；体侧上半部沿鳞列有 6 ~ 7 条暗色纵带。除腹鳍为暗黄色外，其余各鳍浅灰色，有黑色小点；胸鳍基部上方有一黑斑。

分布范围：我国渤海、黄海、东海、南海、台湾海域；日本北海道以南海域。

生态习性：暖水性沿岸鱼类，栖息于近岸浅水或咸淡水泥沙底质海域。体长可达 80 cm。世界性主要增养殖鱼种。秋、冬季产卵，其卵十分名贵。广温广盐性鱼类，在水温 8 ~ 24℃的海域均可见。生性活泼，具趋光习性。幼鱼在海湾或河口觅食，成鱼以浮游动物、底栖生物和有机碎屑为食。

线粒体 DNA COI 片段序列：

CCTCTATCTAGTATTTGGTGCCTGAGCTGGAATAGTAGGTACTGCCCTAAGCCTACTTATCCGAGCTGAACTA
AGTCAACCCGGCGCTCTTCTAGGAGACGACCAGATTTACAATGTAATCGTTACAGCGCATGCTTTTGTAATAA
TCTTTTTTATAGTAATACCAATTATGATTGGGGGCTTCGGAAATTGATTAATTCCCCTAATAATTGGGGCACCTG
ACATAGCTTTTCCCCGAATAAATAATATAAGCTTCTGACTTCTTCCTCCATCATTCCTTCTCCTTCTAGCTTCTT
CGGGAGTAGAAGCTGGGGCAGGAACAGGATGGACTGTTTATCCCCCATTAGCCAGCAACCTGGCCCACGCC
GGAGCGTCTGTTGACCTCACTATTTTCTCCCTCCACCTTGCAGGTGTTTCCTCAATTCTAGGCGCTATTAACTT
TATTACAACAATCATCAATATGAAACCTCCAGCTACTTCTCAATATCAGACACCCTTTTCGTATGAGCTGTCC
TAATTACCGCTGTACTTCTTCTTTTATCATTACCAGTCTTAGCTGCTGGCATTACCATACTCCTAACAGATCGA
AACCTAAATACTTCCTTCTTCGACCCTGCAGGGGGAGGGGACCCAATTCTGTATCAACACCTGTTC

线粒体 DNA 12S rRNA 片段序列：

CCCCGCGGTTATACGAAAGACCCAAGCTGATAGATGCCGGCGTAAAGAGTGGTTAAGTATCTTGATAGAAAT
AAAGCCGAACGCCCTCAAGACCGTTATACGTTTCCGAAGGTATGAAGCCCAACCACGAAAGTAACTTTAATT
ATATCCGACTCCACGAAAGCTGTGAAA

横带扁颌针鱼

Ablennes hians (Valenciennes，1846)

分　　类：颌针鱼科 Belonidae；扁颌针鱼属 *Ablennes*

英 文 名：flat needlefish

别　　名：尖嘴带鱼，长嘴鱼

形态特征：体很侧扁，呈长带状。尾柄侧扁，无隆起嵴。头细长，额顶部平扁。眼较小，侧位而高；眼间隔宽而平坦。上颌骨下缘被眶前骨遮盖。吻长，特别突出。口平直，裂长大。两颌细长呈喙状，几乎等长，其背、腹的正中线上各有 1 条细长的浅沟。颌齿细小，两颌各有 1 行稀疏排列的犬齿；犁骨和腭骨无齿。鳃盖膜不与峡部相连。无鳃耙。体被细小圆鳞。侧线位低，近腹缘，不明显，在胸鳍基下方有分支。背鳍较长，远位于背部后方，鳍条 23 ～ 26，前、后部鳍条均延长。臀鳍较长，鳍条 24 ～ 28，前部鳍条呈镰刀状。胸鳍较小，位高，呈镰刀状。尾鳍叉形。体背翠绿色，腹侧银白色。各鳍淡绿色，边缘黑色。体侧后部有 4 ～ 8 条蓝色横带。

分布范围：我国南海、东海、台湾海域；日本轻津海峡以南海域，太平洋、大西洋和印度洋温、热带水域。

生态习性：为暖水性中上层鱼类。栖息于沿海表层水域。体长约 50 cm。

线粒体 **DNA COI** 片段序列：

AAGCCTCCTTATTCGAGCGGAACTAAGCCAACCTGGCTCCCTTTTAGGTGATGATCAAATTTATAATGTTATC
GTCACAGCACATGCTTTTGTAATAATTTTCTTTATAGTAATACCAATTATAATTGGAGGCTTTGGAAACTGGTT
GGTACCACTAATAATCGGAGCCCCTGATATAGCATTCCCCCGAATAAATAACATAAGCTTCTGACTCTTGCCC
CCCTCATTTCTTCTCCTTTTGGCTTCATCTGGAGTCGAAGCAGGTGCAGGAACCGGGTGGACTGTTTACCCT
CCTTTAGCCGGAAATCTAGCTCATGCTGGAGCATCCGTAGACCTAACAATTTTTTCTTTACATTTAGCAGGTAT
TTCATCAATCCTTGGGGCTATTAACTTTATCACCACAATTATTAATATGAAACCCCCTGCAATCTCACAATACC
AAACCCCTCTCTTCGTATGAGCCGTTTTAATTACTGCCGTCCTTCTTCTCCTTTCCCTCCCTGTTTTAGCTGCT
GGCATTACTATGCTCTTAACAGATCGAAATTTAAACACCACCTTCTTTGACCCTGCTGGAGGCGGAGATCCCA
TCCTTTACCAACACCTCTTT

线粒体 **DNA 12S rRNA** 片段序列：

CACCGCGGTTATACGAGAGGCCTAAGTTGATAGCCAACGGCGTAAAGAGTGGTTAAGGAAACCCTAAAACT
AAAGCCGAACATTTTCACTGCCGTTTAACGCATCCGAAAATATGAAGCCCACCACGAAAGTGGCTTTAATC
TACCTGACCCCACGAAAGCTGTGAAA

雨印亚海鲂

Zenopsis nebulosa (Temminck & Schlegel，1845)

分　　类：海鲂科 Zeidae；亚海鲂属 *Zenopsis*

英 文 名：mirror dory

别　　名：云纹亚海鲂，褐海鲂，雨的鲷

形态特征：体呈椭圆形，极侧扁；背缘在眼上方凹入，腹缘圆弧形。吻长。眼较大，上侧位，紧位于头背缘下凹处。眼间隔窄，中央有棱嵴。口大，口裂近垂直，下颌突出于上颌前方，上颌可伸缩。齿较发达；上颌前端有 6 ～ 8 枚齿，侧面有 1 ～ 2 行小齿，下颌有 2 行齿；犁骨有 5 ～ 6 枚齿；腭骨无齿。鳃孔大，鳃盖膜与峡部不相连。体光滑无鳞。侧线明显，前半部呈弧形。背鳍、臀鳍基底有发达的棘状骨板。背鳍有 9 枚鳍棘、26 枚鳍条，鳍棘部与鳍条部之间有 1 个深缺刻；鳍棘细长，棘间鳍膜延长呈丝状。臀鳍有 3 枚鳍棘、24 ～ 26 枚鳍条，鳍棘发达。胸鳍位较低，其基底上端位于眼下缘下方。腹鳍长，可超越肛门。尾鳍末缘截形，上、下各有一个弱棘状鳍条。体银白色，体侧中央有一比眼稍大的黑斑，成鱼黑斑不明显。背鳍鳍棘部、腹鳍和尾鳍色暗。

分布范围：我国台湾海域、东海；日本福岛以南海域，印度洋—太平洋温带水域。

生态习性：为暖温性深海底层鱼类，栖息于水深 30 ～ 800 m 的泥底质海区。冬季产卵。全长可达 70 cm。

线粒体 DNA COI 片段序列：

CCTTTATTTAGTATTCGGTGCCTGAGCCGGCATAGTCGGAACAGCTCTAAGCCTTCTTATTCGAGCTGAGCTC
AGCCAACCTGGGGCTCTCCTCGGAGATGACCAAATCTATAACGTCATCGTTACAGCCCATGCTTTTGTTATAA
TCTTTTTTATAGTTATACCAATTATGATTGGGGGTTTTGGAAACTGACTTATCCCCCTCATGATTGGCGCCCCC
GACATGGCCTTCCCTCGAATAAATAATATAAGTTTTTGACTTCTTCCCCCCTCATTCCTCCTTCTACTGGCCTC
CTCAGGAGTTGAAGCCGGGGCTGGGACAGGATGAACAGTGTATCCTCCACTATCAGGCAATCTGGCTCATGC
AGGAGCCTCCGTAGATCTGACTATCTTTTCCCTACATTTAGCCGGAATTTCATCTATTTTAGGCGCAATTAATT
TTATTACAACCATTATTAATATAAAACCACCTGCTATTTCACAATACCAAACTCCCCTGTTTGTATGGGCAGTT
CTTATTACAGCAGTTCTTCTGCTCCTTTCACTTCCGGTTCTAGCAGCTGGAATTACAATACTTCTTACTGACCG
TAATTTAAATACCTCTTTCTTCGATCCTGCTGGAGGGGGAGATCCCATCTTATACCAACACTTATTC

线粒体 DNA 12S rRNA 片段序列：

CACCGCGGTTATACGAGAGACCCAAGTTGACAGCCCAACGGCGTAAAGCGTGGTTAAGTACCCCCCCCCCA
ACTAGGGCCAAACACCCTCAAAGCCGTTATACGCACATGAGGGCTTGAAGATCTCCTACAAAAGTGACCCT
AAACCCTACTGAACCCACGAAAGCTACAAAA

海鲂

Zeus faber Linnaeus，1758

分　　类：海鲂科 Zeidae；海鲂属 _Zeus_
英 文 名：John dory
别　　名：日本海鲂，豆的鲷，马头鲷，镜鲳，多利鱼
形态特征：体呈椭圆形，侧扁。头长而高大，很侧扁。吻较突出，下颌突出于上颌。眼大，高位。眼间隔窄，隆起。口大而斜，上颌宽大；唇厚。两颌的齿呈绒毛状齿带，犁骨有齿，腭骨无齿。鳃孔宽大；鳃盖膜不与峡部相连。体被细小圆鳞，排列不规则；头仅颊部有鳞。侧线明显，沿体背侧直达尾鳍基。沿背鳍鳍条基部及臀鳍基部各有1行棘状骨板，腹缘亦有棘状骨板。背鳍1个，鳍棘部与鳍条部之间有深凹刻，有9～11枚鳍棘、22～24枚鳍条，鳍棘细长，棘间膜延长成丝状。胸鳍侧下位，位于眼下缘下方。腹鳍起始于胸鳍基底前下方。臀鳍有4枚鳍棘、20～23枚鳍条。尾鳍末缘圆形。体灰褐色，腹侧色浅。体侧中央有一比眼大的黑斑，周缘尚有一白色环纹。各鳍与体同色，仅腹鳍色稍深，并布有浅色斑点。
分布范围：我国黄海、东海、南海；日本本州以南海域。
生态习性：为暖温性底层鱼类。栖息于水深5～400 m的大陆架斜坡或海床。体长可达50 cm。以群居性鱼类和甲壳类为食。

线粒体 DNA COI 片段序列：
AGGGGCCCTCCTTGGAGACGATCAAATTTATAATGTTATCGTCACAGCTCACGCTTTTGTTATAATCTTTTTTA
TAGTTATACCAATCATAATTGGGGGCTTTGGGAACTGACTAATCCCACTTATAATCGGGGCCCCTGACATAGC
CTTCCCCCGCATAAATAATATAAGCTTTTGACTCCTCCCCCCCTCCTTTTTACTTCTGCTCGCCTCTTCGGGAG
TTGAAGCCGGAGCTGGGACAGGATGAACAGTCTACCCCCCCTTTAGCAGGCAATCTAGCCCATGCCGGGGCC
TCCGTAGATCTAACTATTTTTTCCCTCCACTTAGCAGGGATTTCATCTATCTTGGGCGCAATTAATTTTATTACC
ACCATTGTTAACATAAAACCCCCTGCCATTTCACAATACCAGACCCCCTTATTTGTGTGGTCAGTCCTGATTA
CAGCAGTCCTACTGCTTTTATCACTACCAGTACTAGCGGCTGGAATTACAATACTTCTCACTGACCGAAACTT
AAACACCTCTTTCTTTGATCCTGCAGGCGGAGGAGACCCTATTTTATACCAACACCTATTT
线粒体 DNA 12S rRNA 片段序列：
CACCGCGGTTATACGAGAGGCCCAAGTTGACAACTCAACGGCGTAAAGCGTGGTTAAGTACCCCCCCCCCC
CACTAGGGCCAAACACCCACAAAGCTGTTATACGCATGTTGAGGATTTGAAGCACCCCCACAAAAGTGGCC
CTAAACCCCCACTGACCCCACGAAAGCTACAAAA

舒氏海龙

Syngnathus schlegeli Kaup, 1853

分　　类：海龙科 Syngnathidae；海龙属 Syngnathus

英 文 名：seaweed pipefish

别　　名：薛氏海龙，杨枝鱼，钱串子

形态特征：体细长，鞭状。躯干部七棱形，腹部中央棱稍突出，尾部四棱形，尾部后方渐细。头长而尖。吻细长，呈管状，大于眼后头长。吻背无锯齿，鳃盖骨隆起，有嵴。眼较大，眼眶稍突出；眼间隔窄，微凹。鼻孔每侧 2 个，很小，相距很近。口小，前位；上、下颌短小，略可伸缩。无齿。鳃孔很小。肛门位于体中部前方腹面。体无鳞，被骨环包裹，骨片光滑，有丝状纹。背鳍较长，从最末体环至第九个尾环。臀鳍短小。尾鳍小，后缘近圆弧形。体黄褐色。

分布范围：我国东海、南海、台湾海域；日本本州海域、朝鲜半岛南部海域，西北太平洋。

生态习性：为暖水性底层鱼类。栖息于近岸内湾藻丛海区，稚鱼附着在漂浮的海藻上。卵胎生，雄性成鱼在尾部下面的育儿袋中孵卵。体长可达 30 cm。

线粒体 DNA COI 片段序列：

CAGCCTTCTAATCCGGGCAGAACTTAGTCAACCAGGAGCCCTCTTAGGCGATGATCAAATTTATAATGTGATC
GTTACGGCCCACGCTTTTGTTATAATTTTCTTCATGGTAATGCCCATCATGATTGGAGGTTTTGGCAACTGATT
AGTGCCCCTAATAATTGGAGCCCCTGATATAGCATTTCCCCGAATAAATAACATAAGCTTCTGACTTCTACCCC
CCTCCTTCCTTCTCCTCCTTGCCTCTTCAGGGGTAGAAGCAGGTGCAGGTACAGGATGAACTGTATACCCTCC
TCTCTCAGGTAATTTGGCCCATCAAGGGGCTTCTGTTGATCTCACCATCTTCTCTTTACACCTGGCAGGTGTT
TCCTCAATTTTAGGGGCTATTAACTTCATCACCACTATTATTAATATAAAACCCCCCTCAATCTCTCAATATCAA
ACACCCTTATTTGTCTGAGCAGTATTAATCACTGCCGTCTTACTTCTTCTATCCCTACCTGTTTTAGCAGCTGG
CATTACTATGCTATTAACTGACCGAAATTTAAATACAACTTTTTTTGACCCTGCAGGGGAGGAGACCCTATTTT
ATATCAACACCTTTTC

线粒体 DNA 12S rRNA 片段序列：

CACCGCGGTTATACGAGAGGCCCAAGCTGACAGAAACCGGCGTAAAGAGTGGTTAGGTGGTATTTAAACTA
AAGCCAAACACTTTCCAAGCTGTTATACGCATCCGAGAGTATGAAAATCTCCTACGAAAGTGGCTTTAATATC
CTGACTCCACGAAAGTTATGGAA

日本海马

Hippocampus mohnikei **Bleeker，1853**

分　　类：海龙科 Syngnathidae；海马属 *Hippocampus*

英 文 名：Japanese seahorse

别　　名：莫氏海马

形态特征：体型很小，侧扁。头部的小刺和体环上的棱棘发达。体冠矮小，有不突出的钝棘。躯干部七棱形，躯干环 11 节。腹部突出，无棱。尾部四棱形而卷曲。躯干部第 1、4、7、11 体环，尾部第 5、9、10、12 体环上的棱特别发达。吻短，管状。眼中等大小，侧位而高。眼间隔窄小，微凹。口小，端位。无齿。鳃盖突出，光滑，无放射纹。颈部头侧及眶上各棘均发达。体无鳞，全体包被骨环，以背侧的棱棘最发达。背鳍较发达；臀鳍较小；胸鳍呈扇形。无腹鳍。无尾鳍。体褐色或深褐色，有不规则的带状斑。

分布范围：我国黄海、渤海、东海、南海；日本北海道以南海域、朝鲜半岛海域、越南海域，西太平洋温暖水域。

生态习性：为暖温性沿岸鱼种。栖息于近岸内湾藻场海域，作直立游泳，能用尾卷曲握附在海草上。体长约 8 cm。是海马中的习见小型种。

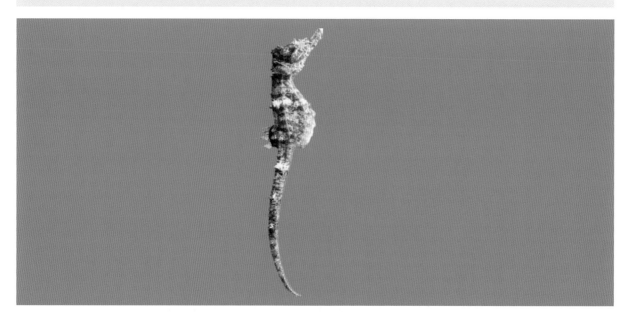

线粒体 DNA COI 片段序列：

CAGCCTCTTAATTCGAGCAGAACTAAGTCAACCAGGAGCTTTACTAGGTGATGATCAAATCTATAATGTTATC
GTAACTGCTCATGCTTTCGTAATAATTTTCTTTATAGTAATACCAATTATGATTGGAGGATTTGGTAATTGACTA
ATTCCTCTAATAATCGGAGCCCCTGATATAGCATTTCCTCGAATAAATAACATAAGTTTCTGATTATTACCACCC
TCATTCCTTCTTCTCCTCGCCTCATCAGGCGTAGAAGCTGGTGCAGGGACAGGTTGAACTGTTTATCCCCCCT
TAGCAGGCAATCTAGCTCATGCTGGAGCTTCTGTAGACCTAACAATTTTCTCTCTTCATTTAGCGGGTGTTTC
ATCAATCCTAGGAGCTATTAACTTTATTACTACTATCATTAACATAAAACCCCCGTCAATCACGCAATACCAAA
CACCCCTGTTTGTGTGAGCTGTTTTAGTAACCGCAGTATTACTTTTATTATCTCTGCCTGTATTAGCAGCTGGT
ATTACCATACTCCTTACAGATCGAAACTTAAACACAACATTTTTTGATCCTTCTGGAGGGGGCGACCCTATTC
TTTACCAACATTTATTT

线粒体 DNA 12S rRNA 片段序列：

CACCGCGGTTATACGAGAGGGCTCAAGATAATAGAAATCGGCGTAAAGAGTGGTTAAGTATAAATTTACTAA
AGTTAAATGTCTTCCAAGCTGTTATACGCATCCGAGGATTAGAGATTCATCTACGAAAGTGACTTTACAAAAC
TGAACCCACGAAAGCTATGAAA

鳞烟管鱼

Fistularia petimba Lacepède，1803

分　　类：烟管鱼科 Fistulariidae；烟管鱼属 *Fistularia*

英 文 名：red cornetfish

别　　名：马鞭鱼，枪管，火管，剃仔

形态特征：体颇延长，管状，前部稍平扁，后部近圆柱形。体宽大于体高。头长。吻特别延长，呈管状；吻背部具 2 条平行嵴，在吻端相接近。眼中大；眼间隔窄，微凹。鼻孔每侧 2 个，很小。口小，前位，口裂接近水平。下颌长于上颌。上下颌、犁骨、腭骨均具尖锐的绒毛状齿。鳃孔较大；鳃盖膜分离，不与峡部相连；无鳃耙。皮肤光滑，大部分裸露；背、腹部正中线在背鳍和臀鳍前后具线状骨质鳞。侧线完全，在背鳍和臀鳍后方具脊状侧线鳞。背鳍 1 个，无棘，鳍条 14 ～ 15，位于体后部，始于肛门后上方。臀鳍基底短，鳍条 12 ～ 13，与背鳍几相对、同形。胸鳍基部宽，鳍条 14 ～ 15，较短。腹鳍小。尾鳍叉形，中间鳍条延长成丝状。活体时体为鲜红色，腹侧色稍浅，腹面银白色。尾鳍褐色，其余各鳍色浅。

分布范围：我国黄海、东海、南海、台湾海域；印度尼西亚、澳大利亚、朝鲜和日本海域，非洲东岸，印度洋。

生态习性：近海暖水性底层鱼类，栖息深度 10 ～ 200 m，常见体长在 2 m 以下。栖息于泥沙底质海区，平常单独或成群静止于水层中，靠身体尾部小幅度摆动前进。肉食性，以长吻吸食小鱼、虾类或其他无脊椎动物。

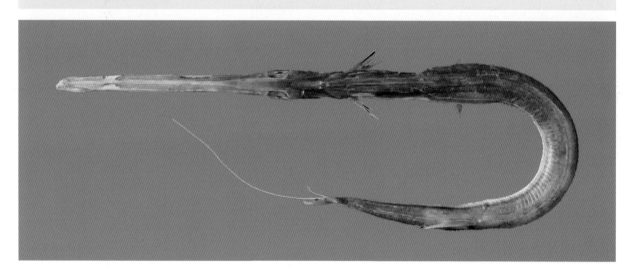

线粒体 DNA COI 片段序列：

CGGTGCACTACTGGGCGACGACCAGATCTATAATGTAATCGTTACGGCCCACGCCTTTGTAATAATTTTCTTTA
TAGTAATACCAATCATGATCGGAGGCTTCGGAAACTGATTAATTCCTCTTATGATCGGTGCCCCAGACATAGC
CTTTCCCCGGATAAATAACATAAGCTTCTGACTTCTTCCCCCATCTTTCTTACTTCTATTAGCATCCTCTGGAGT
TGAAGCTGGGGCCGGAACAGGGTGAACAGTCTACCCTCCTCTTGCAGGAAATCTGGCCCACGCTGGAGCCT
CTGTAGACCTAACGATCTTCTCCCTGCACCTAGCAGGCATCTCATCAATCCTAGGAGCAATTAACTTCATCAC
AACCATTATCAACATAAAACCTCCAGCCATCTCACAGTACCAGACACCTCTTTTCGTCTGAGCTGTCCTCATT
ACCGCTGTGCTTCTCCTACTTTCACTGCCTGTTCTTGCTGCCGGCATTACCATGCTCTTAACGGACCGAAATC
TAAACACCACATTTTTCGACCCAGCGGGAGGAGGCGACCCCATCCTGTATCAACACCTATTT

线粒体 DNA 12S rRNA 片段序列：

CCCCGCGGTTATACGAGAGGCCCAAGTTGATAGCCTACGGCGTAAAGAGTGGTTAAGAATTCCAACCGATTA
AAGCCGAATGCCCTCAAAGCTGTTATACGCTTCCGAAGGTAAGAAGAACTACCACGAAAGTGGCTTTATAAT
ATCTGAACCCACGAAAGCTAGGGAA

褐菖鲉

Sebastiscus marmoratus (Cuvier，1829)

分　　类：平鲉科 Sebastidae；菖鲉属 *Sebastiscus*

英 文 名：false kelpfish, rockfish, scorpionfish, filefish

别　　名：石头鲈，虎头鱼，石公狗，石头鱼

形态特征：体中等长，侧扁，长椭圆形。头中等大，侧扁。眼中等大小，上侧位，眼球高达头背缘。口中等大，端位，斜裂。上、下颌等长，上颌骨延伸至眼眶后缘下方。上下颌、犁骨及腭骨具细齿，犁骨齿群左右相连，呈人字状。鼻棘1个，小而尖锐，位于前鼻孔内侧。眼眶下具第一至第四眶下骨，无第五眶下骨；第一与第二眶下骨表面光滑无棘。眶前骨具5个辐射状感觉孔。前鳃盖骨具5枚棘，辐射状排列；鳃盖骨具2条叉向棱，后端各具1枚棘；下鳃盖骨及间鳃盖骨无棘。颅骨棘与棱尖锐。眼间隔有1对额棱，后端具1枚额棘。前鼻孔后缘具皮瓣。体具栉鳞，胸部及腹部具小圆鳞；吻部、上下颌、前鳃盖骨后缘、头部腹侧及鳃盖条部无鳞。侧线上侧位，斜直，末端延伸至尾鳍基部；侧线鳞49～53。背鳍起始于鳃盖骨上棘前上方，有7枚鳍棘、9枚鳍条，鳍棘部与鳍条部以鳍膜相连，鳍棘部的基底长于鳍条部的基底。臀鳍起始于背鳍鳍条部前端下方，有3枚鳍棘、5枚鳍条，鳍条延伸稍超过背鳍基部。胸鳍宽大，下侧位，无鳍条分离，延伸超过肛门，鳍条17～19。腹鳍胸位，有1枚鳍棘、5枚鳍条。尾鳍圆形。体褐色或褐红色，体侧背鳍基部通常具5块白斑，侧线下方散布云纹斑纹。各鳍褐红色，鳍条散布白色斑点。

分布范围：我国沿岸海域；西太平洋。

生态习性：近海小型岩礁性鱼类，生活于较浅的珊瑚礁、砾石区、岩礁或沙石混合区水域，栖息深度2～40 m。活动范围不大，无远距离洄游习性。肉食性，主要是以小型鱼类、虾蟹类和端足类为食。棘基部具毒腺。卵胎生，成熟雄鱼有交接器。

线粒体 **DNA COI** 片段序列：

CAGCCTACTCATTCGAGCAGAATTAAGCCAACCGGGCGCTCTCCTTGGAGACGACCAAATTTACAATGTAAT
CGTTACAGCACATGCTTTCGTAATGATTTTCTTTATAGTAATGCCAATTATGATTGGAGGTTTTGGAAACTGAT
TAATTCCCCTAATGATCGGAGCCCCAGATATAGCATTTCCTCGTATAAATAATATAAGTTTTTGACTTCTTCCCC
CTTCTTTCCTTCTTCTGCTTGCCTCTTCCGGTGTAGAAGCGGGGGCCGGAACCGGATGAACAGTATATCCGCC
CCTGGCTGGTAACTTAGCCCACGCAGGAGCCTCCGTAGACCTGACAATTTTCTCACTTCACCTGGCAGGTAT
TTCCTCAATCCTCGGGGCTATTAATTTTATTACCACAATTATTAACATAAAACCCCCAGCCATCTCTCAATACC
AGACTCCTTGTTTGTGTGAGCTGTTCTAATTACCGCTGTCCTTCTCCTTCTCTCCCTACCAGTTCTTGCTGCT
GGCATCACAATGCTTCTAACAGACCGAAATCTGAATACTACATTCTTTGACCCAGCCGGAGGAGGAGACCCA
ATTCTTTATCAACATCTATTC

线粒体 **DNA 12S rRNA** 片段序列：

CACCGCGGCTATACGAGAGGCCCAAGTTGATACCATTCGGCGTAAAGAGTGGTTATGGAAAATAAAAACTAA
AGCCGCACGCCTTCAAAGCTGTTATACGCATCCGAAGGTTAGAAGATCAATCACGAAGGTAGCTTTACAACC
CCTGACCCCACGAAAGCTCTGGCA

三色菖鲉

Sebastiscus tertius (Barsukov & Chen，1978)

分　　类：平鲉科 Sebastidae；菖鲉属 *Sebastiscus*
英 文 名：stonefish
别　　名：三色石狗公，石头鱼
形态特征：体呈长椭圆形，身被栉鳞。头大，头部棘棱显著，眼上侧位。眶前骨下后角有 1 枚棘。前鳃盖骨有 5 枚棘，鳃盖骨有 2 枚棘。背鳍有 12 枚鳍棘、12 枚鳍条；胸鳍较为宽大，有 18 ~ 19 枚鳍条，且胸鳍基底中部有一较大暗斑；腹鳍有 1 枚鳍棘、5 枚鳍条；臀鳍有 3 枚鳍棘、5 枚鳍条。脊椎骨 25。体色呈红色到淡粉色。
分布范围：我国东海舟山海域、台湾海域；朝鲜半岛海域、日本海域、印度尼西亚东部海域。
生态习性：为暖水性岩礁鱼类。栖息于沿岸潮下带岩礁海区。最大体长约 37 cm。

线粒体 DNA COI 片段序列：
CAGCCTACTCATTCGAGCAGAATTAAGCCAACCGGGCGCTCTCCTTGGAGACGACCAAATTTATAATGTAAT
CGTTACAGCACATGCTTTCGTAATGATTTTCTTTATAGTAATGCCAATTATGATTGGAGGTTTTGGAAACTGAT
TAATTCCCCTAATGATTGGAGCCCCAGATATAGCATTTCCTCGTATAAATAATATAAGTTTTTGACTTCTTCCCC
CTTCTTTCCTTCTACTGCTCGCCTCTTCCGGTGTAGAAGCGGGGGCCGGAACCGGATGAACAGTATACCCGC
CCCTGGCTGGTAACTTAGCTCACGCAGGAGCCTCCGTAGACCTAACAATTTTTTCACTTCACCTAGCAGGTAT
TTCCTCAATCCTCGGGGCTATTAATTTTATCACCACAATTATTAACATAAAACCTCCGGCCATCTCTCAATACC
AAACTCCCCTATTTGTGTGAGCTGTTCTAATTACCGCTGTTCTTCTTCTCCTCTCCCTGCCAGTTCTTGCTGCC
GGTATCACGATGCTTCTAACGGACCGAAATCTGAATACTACATTCTTTGACCCAGCCGGAGGGGGAGACCCG
ATTCTTTACCAACATCTATTC
线粒体 DNA 12S rRNA 片段序列：
CACCGCGGCTATACGAGAGGCCCAAGTTGATACCATTCGGCGTAAAGAGTGGTTATGGAAAATAAAGACTAA
AGCCGCACGCCTTCAAGGCTGTTATACGCATCCGAAGGTTAGAAGACCAATCACGAAAGTAGCTTTACAACC
CCTGACCCCACGAAAGCTCTGGCA

赫氏无鳔鲉

Helicolenus hilgendorfii (Döderlein，1884)

分　　类：平鲉科 Sebastidae；无鳔鲉属 *Helicolenus*

英 文 名：stonefish

别　　名：无鳔鲉，虎格，红黑喉，红虎鱼，深海石狗公，黑肚，石头鱼

形态特征：体呈长椭圆形，侧扁，无鳔。头大，侧扁。头部额棱和顶棱低平，有鼻棘、眶前棘、眶上棘、眶后棘、耳棘、顶棘、颈棘和肩棘。前鳃盖骨后缘有 5 枚棘，鳃盖骨后缘上部有 2 枚棘。眼大，上侧位；眼间隔狭窄，凹入。吻短而钝。胸鳍上腋部有一大皮瓣。鳃耙粗短，瘤状。口端位，斜裂；上、下颌等长。齿细小，上下颌、犁骨、腭骨均有绒毛状齿群，上颌前端无齿群。体被弱栉鳞，上下颌和吻部无鳞；侧线位高，伸达尾鳍基底；侧线鳞 26。背鳍有 12 枚鳍棘、12 枚鳍条，鳍棘部和鳍条部之间无深凹。胸鳍宽大，下部不分枝鳍条较粗，鳍膜深凹，鳍条末端呈指状突出。臀鳍有 3 枚鳍棘、5 枚鳍条。尾鳍后缘浅凹形。体橙红色，腹部白色，体侧有 4 条红褐色横纹，位于背鳍下方到尾前；各鳍均呈红褐色。幼体背鳍鳍棘部有一黑斑，鳃盖内面黑色。

分布范围：我国东海；日本以南海域、朝鲜半岛南部海域。

生态习性：为冷温性底层鱼类，栖息于泥沙底质海区，栖息水深 150 ~ 500 m，成体最大体长约 27 cm。

线粒体 DNA COI 片段序列：

CGGCGCTCTCCTTGGAGACGACCAAATTTATAATGTAATCGTTACAGCACATGCCTTCGTAATGATTTTCTTTA
TAGTAATGCCAATTATGATTGGAGGTTTCGGAAACTGACTAATCCCGCTAATGATTGGAGCCCCAGATATAGC
ATTTCCCCGTATAAATAACATAAGTTTCTGGCTTCTTCCCCCCTCTTTCCTACTACTACTTGCCTCTTCCGGAGT
AGAAGCGGGTGCCGGAACCGGTTGAACGGTGTATCCACCCCTGGCTGGTAATTTAGCCCACGCAGGGGCAT
CCGTCGACCTGACAATTTTTTCGCTTCACCTAGCAGGTATTTCCTCAATCCTCGGGGCAATCAATTTTATTACC
ACAATTATTAACATGAAGCCCCAGCGATCTCTCAATACCAAACACCCCTGTTTGTGTGAGCTGTCCTAATTA
CCGCTGTTCTTCTCCTCCTCTCCCTACCGTCCTTGCTGCAGGCATCACAATACTCCTTACGGACCGAAATCT
TAATACCACCTTCTTCGACCCCGCTGGAGGAGGAGATCCTATCCTTTACCAGCACTTATTC

线粒体 DNA 12S rRNA 片段序列：

CACCGCGGCTATACGAGAGACCCGAGTTGATACCATTCGGCGTAAAGAGTGGTTATGGAAAATAAAAACTAA
AGCCGCACACCTTCAAAGCTGTTATACGCATCCGAAGGCAAGAAGACCAACCACGAAGGTAGCTTTACAAC
CCCTGACCCCACGAAAGCTCTGGCA

单指虎鲉

Minous monodactylus (Bloch & Schneider，1801)

分　　类：鲉科 Scorpaenoidae；虎鲉属 *Minous*
英 文 名：grey stingfish
别　　名：鬼虎鱼，猫鱼，鱼虎，虎鱼
形态特征：体延长，前部粗大，后部稍侧扁。头大。体无鳞，头部散布小皮突。吻圆钝，后缘凹入。眼中等大，上侧位，上缘有几条小须。眼间隔等于眼径。鼻棱三角形，分叉。眶前骨下缘有 2 枚棘，后棘长为前棘长的 3 倍。前鳃盖骨后缘有 5～6 枚棘，辐射状排列，以第二棘最长。口大，端位，斜裂；下颌下方有 2～3 行小须。上下颌及犁骨具有绒毛状齿群；腭骨无齿。鳃孔大，鳃盖膜与峡部相连。背鳍连续，有 10 枚鳍棘、11 枚鳍条，鳍膜凹入；臀鳍有 2 枚鳍棘，9～10 枚鳍条；胸鳍下端有 1 个指状游离鳍条；尾鳍后缘圆形。体红褐色，腹面色浅，背侧具数条不规则条纹，上延至背鳍。沿体中线尚有纵条纹。背鳍鳍条部具一椭圆形大黑斑。胸鳍内侧大部分白色。腹鳍、臀鳍褐红色。尾鳍有 2 条暗横纹。

分布范围：我国黄海、东海、南海；日本本州中部以南海域，印度洋—西太平洋温暖水域。

生态习性：为暖温性底层鱼类。栖息于近岸内湾及近海沙底质海域，栖息水深 10～55 m。体长约 10 cm。主要以小型虾蟹类为食。卵生。为刺毒鱼类。

线粒体 DNA COI 片段序列：
CCTTTATTTAGTATTCGGTGCTTGAGCCGGTATAGTAGGCACAGCCCTAAGCCTATTAATCCGGGCAGAACTA
AGTCAACCAGGGGCCCTATTAGGAGATGATCAAATCTATAACGTCATCGTTACTGCACATGCCTTCGTTATAAT
TTTCTTTATAGTAATACCAATTATGATTGGGGGGTTTCGGAAACTGACTTATCCCTTTAATGATCGGGGCCCCAG
ACATGGCATTTCCCCGAATAAACAACATAAGCTTTTGACTCCTGCCCCCTTCTTTTTTACTCTTGTTAGCATCC
TCAGGGGTAGAAGCTGGAGCTGGAACAGGTTGAACCGTTTACCCGCCCCTAGCGGGCAACTTAGCACATGC
CGGAGCATCCGTAGACCTTACTATCTTTTCTCTTCACTTAGCAGGGATTTCATCAATCCTTGGCGCAATTAATT
TTATTACAACAATTATTAATATGAAACCTCCTGCCATTTCACAATATCAAACTCCCCTATTTGTGTGGGCAGTC
CTTATTACTGCCGTCCTACTTCTTCTCTCTTTACCGGTGCCTAGCTGCTGGAATTACCATGCTCTTAACAGACCG
TAATTTAAATACCACTTTCTTTGACCCTGCAGGAGGAGGGGATCCTATTCTGTACCAACACTTA
线粒体 DNA 12S rRNA 片段序列：
CACCGCGGTTATACGAGAGGCCCAAGTTGATAGATCTCGGCGTAAAGCGTGGTTAAAATAAACAATAACTAA
GACCGAATACTTTTAGCACTGTTATACGTATTCAAAAGTTAGAAGCCCAGCTACGAAGGTGGTCTTAAATGTT
TGAACCCACGAAAGCTATGAAA

虻鲉

Erisphex pottii (Steindachner, 1896)

分　　类：绒皮鲉科 Aploactinidae；虻鲉属 *Erisphex*

英 文 名：velvetfish

别　　名：虎鱼

形态特征：体延长，侧扁。头部侧扁，无皮瓣。体无鳞，密被绒状皮质小突起。眶前骨下缘有 2 枚尖棘。前鳃盖骨后缘有 4 枚尖棘；鳃盖骨有 2 枚小棘。眼小，上侧位。口大，口裂几乎垂直。齿细小，上下颌、犁骨有绒毛状齿群，犁骨无齿。鳃孔宽大，鳃盖膜不与峡部相连。侧线高位，有 12 ～ 14 个黏液小管，伸达尾鳍基。背鳍起始于眼后缘上方，有 10 ～ 13 枚鳍棘、10 ～ 14 枚鳍条；臀鳍有 1 枚鳍棘、11 ～ 13 枚鳍条，胸鳍长，可达臀鳍起始处；腹鳍喉位；尾鳍末缘圆形；各鳍条均不分枝。体灰黑色，腹部色浅。背侧具不规则黑斑和小点，各鳍黑色，但幼鱼尾鳍白色。

分布范围：我国黄海、东海、南海；日本松岛湾海域、新潟以南海域，西北太平洋暖水域。

生态习性：为暖温性底层鱼类。栖息于沙泥底质海区。全长可达 12 cm。主要以虾、蟹等小型甲壳类为食。为刺毒鱼类。

线粒体 DNA COI 片段序列：

CTTATACCTAATCTTTGGTGCCTGAGCCGGTATAGTCGGCACAGCCCTAAGCCTATTAATTCGAGCCGAGCTC
TCCCAGCCGGGGAGTCTTTTAGGCGACGACCAAATTTATAACGTCATTGTCACTGCACATGCTTTTGTAATAA
TTTTTTTTATGGTAATACCGATTATAATCGGGGGTTTCGGAAACTGATTAATTCCTTTAATAATTGGTGCCCCG
ATATAGCGTTCCCGCGGATAAATAACATGAGCTTTTGACTCCTCCCCCCGTCATTTCTTCTCCTTCTTGCATCT
TCGGGGGTTGAGGCCGGGGCTGGGACCGGGTGGACAGTTTATCCCCCTTTAGCAGGCAATCTAGCTCATGCT
GGAGCATCCGTAGATTTAACTATTTTTTCACTTCATTTAGCAGGTATTTCCTCAATTTTAGGGGCAATTAACTT
CATCACAACTATTATTAATATAAAACCGCCCGCTATCTCACAGTACCAAACACCTCTTTTCGTTTGAGCTGTGC
TAGTTACAGCAGTCCTCCTTCTATTATCTCTCCCCGTACTTGCAGCTGGCATCACTATACTTTTAACAGACCGA
AATTTAAATACCACGTTTTTTGACCCCGCAGGAGGAGGGGACCCTATCCTCTATCAACACTTA

线粒体 DNA 12S rRNA 片段序列：

CACCGCGGTTAGACGAGAGGCCCAAATTGATAAATACCGGCATAAAGCGTGGTTAAGAAATAAACAAACTA
AGACTAAATACTGTTAGTGCTGTTATACGTATACAAAAACTAGAAGCCAATTACGAAAGTGGTCTTACTTAC
TTTGAACCCACGAAAGCTACGGCA

小眼绿鳍鱼

Chelidonichthys spinosus (McClelland，1844)

分　　类：鲂鮄科 Triglidae；绿鳍鱼属 *Chelidonichthys*

英 文 名：spiny red gurnard

别　　名：棘绿鳍鱼、绿鳍鱼、绿翅鱼、绿姑、鲂鮄、国公鱼、绿莺莺

形态特征：体延长，稍侧扁，第一背鳍前方最高，向后渐细。头中等大，近正方形 (侧面观)，头背及两侧均被骨板。吻较长，吻角钝圆。口大，端位。上颌中央有一个凹缺，无齿；上下颌及犁骨有绒毛状齿群，腭骨无齿。眼小，上侧位；前上角有 2 枚短棘；眼间隔宽，稍凹。前鳃盖骨和主鳃盖骨各具 2 枚棘。鳃孔大，鳃盖膜相连，跨越峡部。体被小圆鳞；侧线鳞 127 ~ 132，侧线上鳞 14 ~ 15；头部、胸部和腹部前方无鳞。背鳍 2 个。第一背鳍有 9 枚鳍棘，基底有 9 对棘楯板；第二背鳍有 16 枚鳍条，基底有 15 对棘楯板。臀鳍与第二背鳍相对，无鳍棘，有 15 ~ 16 枚鳍条。胸鳍长大，低位，下侧有 3 枚指状游离鳍条。腹鳍胸位，有 1 枚鳍棘、5 枚鳍条。尾鳍末缘截形或浅凹形。胸鳍内侧艳绿色，具浅斑点。体红色，具蓝褐色网纹。

分布范围：我国渤海、黄海、东海、南海；日本海域、朝鲜半岛海域。

生态习性：为暖温性底层鱼类。栖息于泥、沙泥、贝壳沙底质海区，栖息水深 25 ~ 615 m。最大全长约 40 cm。为常见经济鱼类。

线粒体 DNA COI 片段序列：

AAGCCTTCTCATCCGAGCAGAGCTAAGCCAGCCCGGAGCCCTTTTAGGGGACGACCAAATCTATAACGTCAT
TGTTACAGCCCATGCCTTCGTAATGATTTTCTTTATAGTAATGCCAATCATGATCGGAGGCTTCGGAAACTGAC
TTATCCCCCTAATGATCGGTGCCCCTGATATGGCTTTTCCTCGAATAAACAACATAAGTTTTTGACTTCTGCCC
CCCTCCTTCCTACTCCTTCTCGCCTCCTCTGGGGTTGAAGCCGGTGCCGGAACAGGGTGAACTGTCTACCCT
CCCTTGGCCGGCAACTTAGCCCATGCGGGGGCCTCTGTAGACCTGACTATCTTCTCCCTTCATCTGGCCGGGA
TCTCCTCAATCCTTGGTGCAATTAATTTCATCACAACCATTATTAATATGAAACCTCCCGCAATCTCCCAATAC
CAAACCCCGCTGTTCGTGTGGTCCGTCCTGATTACCGCCGTCCTCCTTCTTCTGTCCCTGCCAGTCCTTGCCG
CGGGCATCACAATGCTTCTAACTGACCGCAACCTAAACACCACATTCTTCGACCCTGCCGGAGGAGGAGAC
CCCATTCTCTATCAACACCTTTTC

线粒体 DNA 12S rRNA 片段序列：

CACCGCGGTTATACGAGAGGGCCCAAGTTGACAGTCACCGGCGTAAAGAGTGGTTAAAGAATGATTGAAACT
AAAGCCGAACACCTTCAAGGCAGTTATACGCACCCGAAGGTTAGAAGCCCAACTACGAAAGTGGCTTTATC
TTTCCTGAACCCACGAGAGCTACGGCA

单棘豹鲂鮄

Dactyloptena peterseni (Nyström，1887)

分　　类：豹鲂鮄科 Dactylopteridae；豹鲂鮄属 *Dactyloptena*

英 文 名：starry flying gurnard

别　　名：皮氏豹鲂鮄，飞角鱼，红飞鱼，鸡角，海胡蝇，番鸡公，飞角

形态特征：体延长而稍纵扁，头宽而钝，被骨板，骨板具棘及棱脊，吻稍长。前鳃盖骨具 1 枚强棘，向后延伸至胸鳍下方。口下位，上下颌、犁骨及腭骨均具细齿。眼中等大，圆形，上侧位，眼球高达头背缘，距鳃盖后缘约等于距吻端。眼间隔宽大，约为眼径的 2 倍。鳃盖膜分离，与峡部相连。鳃盖条 6。鳃孔中等大，侧位，直裂，鳃耙短小，鳃丝长，假鳃发达。头背面及两侧被骨板，表面粗糙，密列线状细棱。体被棱鳞，体后腹侧具 1 列 3 ~ 4 个特化的脊状鳞片，各鳍均无鳞。侧线始于鳃孔后上角，伸达背鳍后部鳍棘下方，向后侧线不明显。枕骨区仅有 1 个游离延长背棘，其后的第一背鳍具 4 枚鳍棘，第二背鳍具 1 枚鳍棘和 8 枚鳍条。臀鳍短，具 6 ~ 7 枚鳍条。胸鳍基近水平位，前 5 枚鳍条短且彼此靠近，其余鳍条极长，延长至尾，共具 30 ~ 31 枚鳍条。尾鳍延长。尾柄后部两侧具棱状鳞。体红色，散布黄绿色圆斑，圆斑稍小于瞳孔。鳍多红色。背鳍具蓝绿色小圆斑，第一鳍棘鳍膜绿色。胸鳍后部蓝绿色，有许多黄色小圆斑，前部黄绿色，有蓝黑色圆斑，上下缘浅红色。尾鳍有蓝绿色小圆斑。臀鳍和腹鳍无斑纹。

分布范围：我国沿海；非洲南部、日本等地海域，印度洋、中太平洋、北太平洋西北部。

生态习性：暖水性海洋鱼类，中型，体长约 25 cm。于近海沙质底层栖息，活动水深小于 400 m，主要以底栖甲壳类为食。

线粒体 DNA COI 片段序列：

AAGCCTTCTAATCCGTGCAGAATTAAGTCAACCAGGCGCCCTCTTAGGGGACGACCAAATTTATAATGTCAT
CGTTACTGCTCATGCTTTTGTGATGATTTTCTTTATAGTAATGCCAATTATGATTGGAGGGTTCGGAAACTGAT
TAATCCCCCTAATGATCGGGGCCCCCGACATGGCTTTCCCCCGAATGAACAACATGAGCTTCTGACTCCTACC
CCCTTCCTTCTTGCTTCTACTAGCCTCTTCAGGGGTTGAGGCGGGAGCGGGGACAGGATGAACTGTATACCC
ACCCCTAGCCGGCAATCTAGCACATGCAGGAGCTTCCGTTGACCTCACCATCTTCTCCCTTCACCTGGCTGG
TGTCTCTTCCATCCTAGGTGCCATCAATTTTATTACAACAATTATTAACATGAAGCCCCCAGCCATCTCCCAGT
ACCAAACCCCTCTGTTTGTCTGAGCTGTCCTAGTAACGGCCGTGCTGCTACTACTCTCACTGCCAGTTCTTGC
CGCTGGTATCACAATACTTCTTACGGACCGAAACCTAAATACTACCTTCTTTGACCCAGCAGGAGGAGGGGA
TCCTATCCTCTACCAACACCTATTC

线粒体 DNA 12S rRNA 片段序列：

CCCCCCGGTTATATGGAAGGGTCAAGTTGATAGCCCCCGGGGTAAAATGTTTCAAGGAAACCATTTAAAACT
AAAGTCAAACGCCCTCATTGCAGTCATACGCCCCCGAGGGTTAGAACCCCTCCAAAAAAGTGTTTTTACAT
CTCCTGACCCCACAAGAGCTAGGGAA

褐斑鲬

Platycephalus sp.1

分　　类：鲬科 Platycephalidae；鲬属 *Platycephalus*

英 文 名：brown-spotted flathead fish

别　　名：竹甲，狗祈仔，牛尾

形态特征：体长，头扁平，头部后侧不具明显硬棘，头部棱平滑。左右犁骨齿愈合成月牙状。前鳃盖骨具有 2 枚硬棘，下者长于上者。下颌骨长于上颌骨。体背部布栉鳞，腹部布圆鳞。虹膜瓣为一简单尖状突起。第一鳃弓鳃耙数 11 ~ 16（3 ~ 5+8 ~ 12）。背鳍Ⅰ-Ⅰ-Ⅵ ~ Ⅶ - Ⅰ，13 ~ 14；臀鳍 13 ~ 14；胸鳍 17 ~ 19（通常为 17 ~ 18）；腹鳍Ⅰ- 5。侧线鳞 83 ~ 99，最前端的 1 枚或 2 枚侧线鳞具有小棘。脊椎骨 27。胸鳍呈扇形，腹鳍不伸达臀鳍，尾鳍截型。体色呈橙褐色（冷冻后呈暗褐色），有深褐色斑点散布在头部、背部以及背鳍上；腹侧白色。胸鳍褐色，上部密集暗褐色小斑点；腹鳍浅褐色，也分布有暗褐色小斑点；某些个体在最后 1 枚或 2 枚臀鳍鳍条上存在黑色斑纹；尾鳍下叶具有 2 条水平黑色条纹，上叶具有数个黑色斑点，尾鳍不具有黄色条纹。

分布范围：我国从渤海到南海都有分布。

生态习性：底栖性，主要栖息于沿岸泥沙底海域，但常见于河口水域，稚鱼甚至可生活于河川下游。肉食性，以底栖性鱼类或无脊椎动物为食。利用体色之拟态隐身于沙泥底，用以欺敌以及趁猎物不注意时跃起捕食。

线粒体 **DNA COI** 片段序列：

AAGCCTGCTCATCCGAGCGGAACTCTGCCAACCCGGCGCTTTACTAGGCGACGATCAAATCTATAATGTGAT
CGTCACAGCTCATGCCTTTGTAATAATCTTCTTTATAGTGATACCAATTATGATCGGCGGCTTCGGCAACTGGC
TGATCCCCCTAATAATTGGCGCGCCAGACATGGCGTTTCCTCGAATAAATAACATAAGCTTCTGACTCCTACC
TCCATCCTTCCTGCTCCTCCTAGCCTCGTCGGCTGTAGAAGCTGGGGCAGGTACCGGATGAACAGTCTACCC
ACCCCTGTCAAGTAATCTTGCCCACGCAGGAGCCTCTGTTGATTTAACAATTTTTTCACTACATTTAGCAGGA
ATCTCTTCAATTCTGGGGGCCATCAACTTCATTACAACCATCATTAACATGAAACCTATTGCTATTACTCAATA
CCAGACCCCCTCTTCGTGTGGTCCGTTCTGATTACGGCTGTCCTCCTTCTCCTCTCCCTGCCTGTCCTAGCT
GCTGGCATTACAATGCTACTAACAGACCGAAATCTAAACACCACCTTCTTTGACCCTGCAGGAGGGGGGGGA
CCCAATCCTGTACCAACACCTCTTC

线粒体 **DNA 12S rRNA** 片段序列：

CACCGCGGTTATACGAGAGGCCCAAGCTGATAGAACTACGGCGTAAAGGGTGGTTAAGATGAAACACACACT
AAAGTCGAACGCCTTCAAAGCTGTTATACGCTTACGAAGCTAGCAGAAGCTCAACTACGAAAGTGACTTTA
AACCTTCTGACTCCACGAAAGCTAGGAAA

鳄鲬

Cociella crocodilus (Cuvier，1829)

分　　类：鲬科 Platycephalidae；鳄鲬属 *Cociella*

英 文 名：crocodile flathead

别　　名：牛头怕，大眼泡子，肿眼泡

形态特征：体延长，平扁。头宽，平扁，棘和棱显著。眼中等大，上侧位。眼间隔窄，小于眼径。口大，前位，下颌长于上颌。上下颌、犁骨和腭骨均有绒毛状齿群；犁骨齿分离为 2 纵行；腭骨齿 1 纵行。前鳃盖骨具 2 枚尖棘，上棘长于下棘。鳃盖骨有 2 个细棱，后端各有 1 枚棘。鳃孔大，鳃盖膜分离，不与峡部相连。体被小栉鳞；侧线平直，中位，侧线鳞 93 ~ 97，前方几枚侧线鳞各有 1 枚弱棘。背鳍 2 个，分离。第一背鳍有 9 枚鳍棘，第一鳍棘短而游离；第二背鳍有 11 枚鳍条。臀鳍无棘，有 11 枚鳍条。胸鳍短。腹鳍亚胸位，有 1 枚鳍棘、5 枚鳍条。尾鳍末缘圆形。体黄褐色，头、体散布很多斑点，体背侧有 4 ~ 5 条暗褐色宽大横纹。第一背鳍后半部黑色，第二背鳍有 3 ~ 4 纵行暗色斑点。胸鳍上部有灰褐色斑点，下部暗褐色；腹鳍和臀鳍灰褐色；尾鳍有不规则的黑褐色斑块。

分布范围：我国渤海、黄海、东海、南海；日本南部海域、印度尼西亚海域、菲律宾海域，印度洋、中西、西北太平洋温暖水域。在浙江沿海为偶见种类。

生态习性：为暖水性底层鱼类。栖息于近海泥沙质海底，栖息水深浅于 300 m。体平扁，常半埋于沙中，露出背鳍鳍棘，以诱饵并御敌。行动缓慢，无远距离洄游习性。最大体长 40 cm。摄食虾类和其他无脊椎动物以及鱼类等。

线粒体 DNA COI 片段序列：

CCTCTATTTAATTTTTGGTGCTTGAGCAGGGATAGTAGGTACAGCCCTTAGCCTATTAATCCGGGCAGAACTG
AGCCAACCAGGAGCTCTCCTGGGAGATGACCAAATTTACAACGTCATCGTCACCGCCCATGCTTTCGTAATA
ATCTTCTTTATAGTAATGCCCATCATGATTGGAGGCTTCGGAAACTGACTCATCCCACTAATAATCGGAGCCCC
TGACATAGCATTCCCTCGAATAAACAATATAAGCTTCTGGCTTCTACCCCCTTCTTTCCTCCTCCTCCTCGCCT
CCTCCGCCGTGGAAGCCGGAGCAGGGACAGGGTGGACAGTTTATCCACCCCTGGCAAGTAACCTCGCCCAC
TCAGGGGCCTCTGTAGACCTAACAATTTTTTCCCTCCACCTGGCAGGAGTGTCCTCCATTTTAGGCGCTATTA
ATTTTATTACAACAATTATCAACATAAAACCAACTGCAATCTCACAGTACCAGGTCCCTCTTTTCGTGTGAGC
AGTGCTAATTACCGCCGTTCTACTTCTCCTATCCCTCCCGGTTTTAGCCGCTGGCATTACAATGCTTCTAACAG
ACCGAAATTTAAATACGACCTTCTTCGACCCTGGTGGGGGAGGGGACCCTATCCTTTATCAACACCTA

线粒体 DNA 12S rRNA 片段序列：

CACCGCGGTTATACGAGAGACCCAAGTTGACAGCTTCCGGCGTAAAGCGTGGTTAAGTTAATCCTAAACTAA
AGTAGAATGCCCCCTCTCCCCCCTCCCCGCTGTCATAAGCATATGAAGGTAAGAAGCTCAAATACGAAAGTG
ACTTTATGATACTGAACCCACGAAAGCTGAGATA

大泷六线鱼

Hexagrammos otakii Jordan & Starks，1895

分　　类：六线鱼科 Hexagrammidae；六线鱼属 *Hexagrammos*

英 文 名：fat grrenling

别　　名：欧式六线鱼，黄鱼，黄棒子

形态特征：体修长，侧扁。头中等大小；吻尖突。眼中等大小，上侧位；眼间隔宽平，眼的后缘上角有 1 个黑色羽状皮瓣。颈部两侧各有 1 个细小的羽状皮瓣。口中等大小，端位，上颌稍突出。上、下颌齿尖细，前部的齿有数行，后部的齿仅有 1 行；犁骨有齿；腭骨无齿。前鳃盖骨和鳃盖骨均无棘。鳃孔大，鳃盖膜相连，与峡部分离。鳞小，多为栉鳞。有 5 条侧线，第四条不分叉，但该侧线止于腹鳍基后上方。第一侧线沿鱼体背部止于背鳍基后端，第二、第三侧线间鳞为 11 ～ 12 行。背鳍连续，有 19 枚鳍棘、23 枚鳍条，鳍棘部与鳍条部间有浅凹。尾鳍后缘微凹。体色从黄色到紫褐色，因个体而异。体侧散布不规则斑块，背鳍鳍棘后部有一大圆斑。臀鳍有斜带，尾鳍有横带。繁殖期雄鱼橙黄色。

分布范围：我国渤海、黄海、东海；日本海域，朝鲜半岛海域，西北太平洋温水域。

生态习性：为冷温性岩礁鱼类。繁殖季节产黏着性卵，雄鱼护卵。体长约 30 cm。肉食性，主要以小型甲壳类为食。为我国北方习见经济鱼种，是重要的增殖对象。

线粒体 **DNA COI** 片段序列：

GAGCCTCTTAATTCGAGCCGAGCTAAGCCAACCCGGAGCCCTCTTGGGGGACGACCAGATTTATAATGTAAT
TGTTACAGCGCATGCTTTCGTAATAATTTTCTTTATAGTAATGCCAATCATAATCGGGGGTTTCGGAAACTGAC
TCATCCCTCTGATGATCGGGGCCCCAGATATGGCATTTCCCCGAATGAATAATATGAGTTTTTGACTCCTGCCC
CCCTCCTTCCTCCTTCTCCTTGCCTCTTCTGGGGTAGAAGCTGGGGCCGGAACCGGGTGAACCGTTTACCCC
CCTCTGTCTGGTAACCTGGCACACGCCGGGGCCTCTGTTGACCTGACAATTTTCTCCCTACATCTTGCAGGG
ATTTCATCTATTCTAGGTGCAATTAATTTTATCACGACCATTATTAATATGAAACCCCCCGCCATTTCTCAGTAC
CAAACCCCCCTGTTTGTGTGATCTGTACTAATCACTGCTGTCCTTCTGCTCCTCTCACTACCAGTCCTTGCTG
CGGGTATTACTATGCTTTTAACAGATCGGAATCTTAACACCACATTCTTCGACCCAGCAGGCGGTGGTGACCC
CATTCTTTACCAACATCTCTTC

线粒体 **DNA 12S rRNA** 片段序列：

CACCGCGGTTATACGAGAGGCCCAAGTTGATAGACACCGGCGTAAAAGAGTGGTTAAGTTAAAACCTCATA
CTAAAGCCAAACATCTTCAAGACTGTTATACGCAACCGAAGACAGGAAAGTTCAACCACGAAAGTGGCTTT
ATTTGATCTGAACCCACGAAAGCTACGGAA

斑头鱼

Hexagrammos agrammus (Temminck & Schlegel，1843)

分　　类：六线鱼科 Hexagrammidae；六线鱼属 *Hexagrammos*

英 文 名：spotty-bellied greenling

别　　名：斑头六线鱼

形态特征：体延长，侧扁，体高稍低。头较小，略尖长；项部两侧各有 1 个细小的羽状皮瓣。吻尖长。眼小，上侧位。眼后上方有 1 个较大的羽状皮瓣。口小，亚端位，上颌稍突出；唇厚。颌齿细尖，犁骨具绒毛状齿群，腭骨无齿。鳃孔宽大，左右鳃盖膜相连，与峡部分离。体被小栉鳞。侧线 1 条，上侧位，几乎近斜直，伸达尾鳍基。背鳍连续，基底长，有 18 枚鳍棘、21 枚鳍条，其间有缺刻。胸鳍宽，几乎伸达肛门。尾鳍后缘截形。体紫褐色，胸鳍上方具一深褐色圆斑，背侧有不规则方斑。各鳍具斑点、斑纹。背鳍有一黑斑。但体色与斑纹随环境发生变化。

分布范围：我国渤海、黄海、东海；日本海域、朝鲜半岛海域，西北太平洋温水域。

生态习性：为冷温性礁石鱼类，栖息于近海底层。最大体长约 30 cm。常与其他六线鱼混栖。主要为肉食性。卵生，卵黏性。

线粒体 DNA COI 片段序列：

GAGCCTCCTAATTCGAGCCGAGCTAAGCCAACCCGGAGCCCTCTTGGGGGATGACCAGATTTATAATGTAAT
TGTTACAGCACATGCTTTCGTAATAATTTTCTTTATAGTAATGCCAATCATAATCGGGGGTTTCGGAAACTGAC
TCATCCCCCTAATGATCGGAGCCCCAGATATGGCATTTCCCCGAATGAATAATATGAGTTTTTTGACTCCTACCC
CCCTCTTTCCTCCTTCTCCTTGCCTCTTCTGGGGTAGAAGCTGGGGCCGGGACCGGGTGAACCGTTTACCCC
CCTCTGTCTGGTAATCTGGCACACGCCGGAGCCTCTGTTGACTTAACAATCTTCTCCCTTCATCTTGCAGGGA
TTTCATCTATTCTAGGTGCAATCAATTTTATCACGACCATTATTAATATGAAACCCCCGCCATTTCTCAGTACC
AGACCCCCTTGTTTGTGTGATCTGTACTAATCACAGCTGTCCTTCTGCTCCTCTCACTACCAGTCCTCGCTGC
GGGCATTACTATGCTTTTAACAGACGAAATCTTAACACCACATTCTTCGACCCGGCTGGTGGTGGTGACCC
CATTCTTTACCAACACCTCTTC

线粒体 DNA 12S rRNA 片段序列：

CACCGCGGTTATACGAGAGGCCCAAGTTGATAGACACCGGCGTAAAGAGTGGTTAAGTTAAAACCTCACAC
TAAAGCCAAACATCTTCAAGACTGTTATACGCAACCGAAGACAGGAAGTTCAACCACGAAAGTGGCTTTAT
TTGATCTGAACCCACGAAAGCTACGGAA

花鲈

Lateolabrax maculatus (McClelland，1844)

分　　类：花鲈科 Lateolabracidae；花鲈属 *Lateolabrax*
英 文 名：spotted seabass
别　　名：鲈鱼，花寨，板鲈，鲈板
形态特征：体呈长椭圆形，侧扁，背部稍隆起。吻较尖。眼上侧位，靠近吻端。口端位，下颌稍突出于上颌；上颌骨后端平截并延伸达眼后缘下方。上下颌、犁骨与腭骨均长有绒毛状齿带。前鳃盖骨后缘有锯齿，隔角处有 1 枚强棘，腹缘有棘突 3 枚，主鳃盖骨有 2 枚棘。体被细小栉鳞，不易脱落。侧线完全。背鳍鳍棘部与鳍条部间有深缺刻，有 13 枚鳍棘、13 枚鳍条。臀鳍有 3 枚鳍棘、8 枚鳍条。尾鳍叉形。体背部青灰色，两侧及腹部银白色。体侧上部散布黑点。背鳍黄褐色，散布黑点，臀鳍黄褐色而具暗色斑纹，尾鳍淡色至灰黑色。

分布范围：我国渤海、黄海、东海、南海、台湾海域；日本海域、朝鲜半岛海域，西太平洋温暖水域。

生态习性：主要栖息于淡、海水交汇区，且多半活动于有流动水流的礁区。常上溯至淡水水域觅食。秋末产卵。卵浮性。每年春、夏之际，幼鱼上溯，而在冬季时降游回大洋。性凶猛，以鱼、虾为食。

线粒体 DNA COI 片段序列：
CCTCTATCTGGTATTTGGTGCTTGAGCCGGAATAGTGGGGACGGCCTTAAGCCTACTCATTCGAGCAGAACTA
AGTCAACCAGGTGCCTTGTTAGGAAGCGACCAGATCTACAACGTCATCGTTACAGCACACGCGTTCGTGATA
ATCTTCTTTATAGTAATACCAATTATGATTGGGGGGTTTGGAAACTGATTAATTCCCCTAATGATCGGCGCCCC
AGATATAGCGTTCCCTCGGATGAACAACATAAGCTTTTGACTCCTTCCCCCCTCCCTCCTTCTCCTCCTCTCCT
CTTCTGCAGTAGAAGCCGGGGCCGGAACTGGATGAACCGTTTACCCTCCCTTAGCCAGCAACTTAGCTCACG
CAGGGGCCTCCGTCGATCTAACAATCTTCTCCTTACACCTAGCAGGGGTTTCTTCAATCCTGGGGGCTATTAA
CTTTATCACAACCATCATTAACATGAAACCGCCCGCCATTTCCCAGTATCAAACCCCCTATTTGTGTGAGCC
GTCTTAATCACGGCCGTCCTCCTTCTCCTCTCCCTCCCCGTTCTCGCTGCAGGCATTACAATGCTTCTCACAG
ATCGAAACCTTAACACCACTTTCTTCGACCCCGCCGGAGGCGGGGACCCGATCCTCTATCAACACCTATTC

线粒体 DNA 12S rRNA 片段序列：
CACCGCGGTTATACGAGGGGCCCAAGTTGATAGACACCGGCGTAAAGGGTGGTTAGGATAAAATTGAAGAC
TAAAGCCGAACACCTTCAAGGCTGTTATACGCACCCGAAAGTAAGAAGCTCAATCACGAAAGTGGCTTTAC
TCCTTCCGAACCCACGAAAGCTGGGGCA

赤鲑

Doederleinia berycoides (Hilgendorf，1879)

分　　类：发光鲷科 Acropomatidae；赤鲑属 *Doederleinia*

英 文 名：blackthroat seaperch

别　　名：红臭鱼，红鲈，红喉，红果鲤

形态特征：体呈长椭圆形而侧扁。头大，头后部稍突起，眼大；吻短。口大，斜裂；下颌稍突出，下颌缝合处不具棘状突起；上颌末端达眼中部。上下颌前端具犬齿，上下颌两侧、腭骨、犁骨则具绒毛状齿。前鳃盖骨具小棘，下缘具细齿；鳃盖骨具 2 枚扁棘。体被弱栉鳞，鳞大易脱落。侧线完全，侧线鳞 41 ～ 46。背鳍单一，具缺刻，有 9 枚鳍棘，第三棘最长，有 10 枚鳍条。臀鳍与背鳍鳍条部相对，有 3 枚鳍棘、6 ～ 8 枚鳍条。腹鳍略小，有 1 枚鳍棘、5 枚鳍条。胸鳍长而低位。尾鳍浅叉形。鲜活时，体一致为赤红色，腹部较淡。背鳍鳍棘部和尾鳍具黑缘。

分布范围：我国东海和台湾海域；印度洋—西太平洋区，包括东印度洋、北印度洋、阿拉弗拉海、日本、澳大利亚北部海域。

生态习性：暖水性鱼类，主要栖息于大陆架斜坡，栖息深度 100 ～ 600 m。肉食性，以甲壳类及软体动物为食。

线粒体 DNA COI 片段序列：

AGGGGCCCTGCTTGGAGACGACCAAATTTACAACGTAATTGTAACAGCACATGCGTTCGTAATAATCTTCTTTATAGTAATACCAATTATGATCGGAGGGTTTGGAAATTGACTTATCCCACTAATAATTGCCGCTCCAGACATAGCCTTCCCTCGAATAAATAACATAAGCTTCTGACTTCTCCCCCCTTCCTTCCTCCTTCTCCTTGCCTCCTCTGGAGTAGAAGCCGGTGCCGGCACCGGCTGGACGGTTTACCCCCCTTTAGCCGGTAATTTAGCCCACGCAGGAGCTTCCGTTGATTTGACTATCTTCTCCTTACATTTAGCAGGTATTTCCTCAATTCTTGGAGCCATTAATTTTATTACAACTATTATTAATATGAAACCTCCTGCAATTCCCAATATCAAACCCCACTATTTGTGTGAGCCGTACTGGTCACTGCCGTTCTACTCCTTCTCTCCCTCCCCGTCCTTGCCGCAGGCATCACAATGCTTCTAACAGATCGAAACCTTAATACCACCTTTTTTGACCCGGCAGGAGGAGGAGACCCTATCCTCTATCAACACCTATTT

线粒体 DNA 12S rRNA 片段序列：

CACCGCGGTTATACGAAAGACCCGAGTTGATAGACGACGGCGTAAAGAGTGGTTAAGACAAACTTATACAAGTAAAGCCGAACCCCTCAGGACTGTTATACGTGTCCGAAAGGGAGAAGTTCAACCACGAAGGTAGCTTTATAATACCTGAACCCACGAAAGCTACGAAA

条纹锯鮨

Centropristis striata (Linnaeus，1758)

分　　类：鮨科 Serranidae；锯鮨属 *Centropristis*

英 文 名：black seabass

别　　名：美洲黑石斑

形态特征：体延长，稍侧扁。口中大，略倾斜，下颌稍突出；上颌骨裸露无鳞，不为眶前骨所遮盖。两颌、犁骨和腭骨具绒毛状齿。前鳃盖骨边缘具锯齿，鳃盖骨具棘。背鳍连续，具浅缺刻，从鳍基部至鳍末端均有多排白色色带。侧线 1 条。背鳍有 10 枚鳍棘、11 ～ 12 枚鳍条；胸鳍有 18 ～ 19 枚鳍条；腹鳍有 6 枚鳍棘；臀鳍有 3 枚鳍棘、7 ～ 8 枚鳍条。体表呈烟灰色、褐色或蓝黑色，皮肤上有显著的菱形白色斑点，体侧有纵向深褐色条纹。

分布范围：美国东海岸，即大西洋沿岸 25°—45°N，从加拿大东南沿海至美国的缅因州到佛罗里达州东北部和墨西哥湾东部都有分布，分布纬度与我国东海南部到日本海相当。在我国为养殖种类。

生态习性：为暖温性鱼类。栖息于近海内湾及河口，秋后迁移至深水，冬季在大陆架 56 ～ 110 m 水深处越冬。对环境的适应能力较强，生存水温 5 ～ 30℃，适盐范围 5 ～ 36，需氧量低，能够适应较差的环境。底栖、杂食性，食性以动物性饵料为主，对食物的适应性强。繁殖能力强，产卵量大。

成鱼
体长 187.36 mm

幼鱼
体长 110.20 mm

线粒体 DNA COI 片段序列：

CCTCTATTTAGTATTTGGTGCCTGAGCTGGCATGGTAGGTACGGCCTTAAGCCTTCTTATCCGAGCTGAGCTA
AGCCAACCGGGAGCCCTCTTAGGGGACGACCAGATTTACAATGTAATCGTTACGGCACACGCCTTCGTAATA
ATCTTCTTTATAGTAATGCCAATTATAATTGGGGGCTTCGGCAACTGGTTAATCCCCCTGATGATTGGGGCCCC
AGACATGGCTTTCCCCCGAATAAACAACATGAGCTTCTGGCTCCTCCCCCCATCTTTCCTTCTATTGCTAGCT
TCCTCCGGAGTAGAAGCCGGGGCCGGCACCGGGTGGACGGTGTACCCCCCCCTTGCTGGGAACTTAGCGCA
CGCGGGGGGCATCAGTAGACCTAACAATCTTCTCCCTCCACTTGGCCGGAATCTCGTCAATTCTAGGAGCCAT
CAACTTTATCACAACAATTATTAATATGAAGCCCCCTGCCATCTCTCAGTACCAGACCCCGCTATTTGTGTGGG
CCGTTTTAATTACTGCTGTTCTTCTACTTTTATCCCTCCCAGTTCTTGCAGCAGGAATTACCATACTATTAACTG
ACCGAAACTTAAATACCACGTTCTTCGACCCAGCAGGAGGTGGTGACCCCATTCTCTACCAGCACCTG

线粒体 DNA 12S rRNA 片段序列：

CACCGCGGTTAGACGAAAGGCCCAAGTTGATATTATCCGGCGTAAAGGGTGGTTAGGACATACTATTAAATA
AAGCCGAACGACCTCAAAGCTGTCATACGCCTTCGAGACCAAGAAGCCCAACTGCGAAAGTAGCTTTACTT
ATTCTGAACCCACGAAAGCTGAGGAA

短尾大眼鲷

Priacanthus macracanthus Cuvier，1829

分　　类：大眼鲷科 Priacanthidae；大眼鲷属 *Priacanthus*

英 文 名：red bigeye

别　　名：红目鲢，赤木鲢，大眼鲷，大目鲷

形态特征：体略高，侧扁，呈长卵圆形；体最高处位于背鳍第六鳍棘附近。眼特大，瞳孔大半位于体中线下方。吻短。口裂大，近乎垂直；下颌突出，前颌骨能伸出。颌骨、犁骨和腭骨均具齿，舌面无齿。前鳃盖骨后缘及下缘有锯齿，并有 1 枚向后的长强棘。鳃耙细长。头及体部皆被有粗糙、坚实、不易脱落的栉鳞。侧线上位，完整，在胸鳍上方呈弧形弯曲，侧线鳞 72 ～ 82。背鳍单一，不具深缺刻，有 10 枚鳍棘、12 ～ 14 枚鳍条。臀鳍与背鳍几相对，有 3 枚鳍棘、13 ～ 14 枚鳍条。背鳍及臀鳍后端圆形。胸鳍短小。腹鳍中长，短于头长。尾鳍截形或浅凹形。体背呈鲜桃红色，愈近腹部颜色愈淡，腹部呈银白色。背鳍、腹鳍和臀鳍均有明显的黄色斑点，尾鳍一般无。

分布范围：我国黄海、东海、南海、台湾海域；印度洋—太平洋暖水域。

生态习性：暖水性底层鱼类，栖息于沙泥底质海区。最大体长约 30 cm。肉食性，主要以甲壳类及小鱼等为食。

线粒体 DNA COI 片段序列：

GGGCCTGAGCCGGCATAGTCGGCACTGCTTTAAGCCTTCTCATCCGTGCGGAGCTTAGTCAACCAGGATCAC
TTCTGGGAGATGACCAAATTTACAATGTCATTGTAACAGCCCACGCATTTGTAATAATCTTCTTTATAGTAATA
CCAGTAATAATTGGGGGCTTCGGAAATTGACTGATTCCGCTAATGATCGGAGCACCTGATATAGCATTTCCCC
GAATAAATAACATAAGCTTCTGACTTCTCCCGCCTTCCTTCCTTCTTCTCCTAACCTCCTCAGCCGTAGAAGC
AGGGGCGGGGACAGGGTGAACAGTTTACCCTCCACTGTCCGGCAATCTAGCCCACGCAGGAGCCTCCGTCG
ATCTAGCCATCTTTTTCTCTTCACCTGGCCGGTATCTCCTCAATCCTAGGGGCCATCAACTTCATTACAACAATT
ATTAACATGAAACCCCCTGCCATCACCCTTTACCAAACCCCTCTGTTTGTCTGAGCCGTCCTAATTACAGCCG
TCCTGCTACTTCTAGCCCTCCCTGTCCTAGCTGCAGGCATCACTATGCTCCTGACAGACCGAAACCTAAACA
CAACCTTTTTTGACCCTGCAGGCGGGGG AGACCGATC CTGTACCAAC ACCTA

线粒体 DNA 12S rRNA 片段序列：

CACCGCGGTTAAACGGGAATTTGGCTCAAGTTGATAACCCACGGCGTAAAGAGTGGTAAAGATAAATTTATA
CTAAAGCCGAACACCTCCTCGGCCGTGATACGCCTCTGGGGGGGAATGAAGCCCATCCGCGAAAGCAGCTTT
ACAATATCCGATCCACGAAAGCTAGGGA

细条银口天竺鲷

Jaydia lineata (Temminck & Schlegel，1842)

分　　类：天竺鲷科 Apogonidae；银口天竺鲷属 *Jaydia*
英 文 名：cardinal fish
别　　名：大面侧仔，大目侧仔
形态特征：体延长而侧扁。头大；眼大，眼径大于吻长。口端位，大而倾斜，下颌略突出于上颌。前鳃盖骨边缘具弱锯齿，前鳃盖骨脊边缘光滑无锯齿；眶下骨腹缘光滑；后颞骨后缘锯齿状；上下颌、犁骨、腭骨具细小圆锥状齿，上下颌联合处齿略微膨大；脊椎骨10+14；具 3 枚上神经骨、3 枚尾上骨、5 枚游离尾下骨；尾神经骨缺失。侧线鳞24+3，侧线上鳞 2，侧线下鳞 6，背鳍前鳞 3 ~ 4，为栉鳞。第一背鳍起点、胸鳍起点和腹鳍起点约位于同一垂直线上，第一背鳍起点略靠后；尾鳍微圆形；背鳍Ⅶ，Ⅰ - 9；臀鳍Ⅱ - 8；胸鳍 14 ~ 16；腹鳍Ⅰ ~ 5；尾鳍9+8。酒精浸制标本体呈浅棕色至棕色，头部背侧及体背侧面颜色较深，头部腹侧及体腹侧面颜色浅；吻部有黑色素分布，呈棕色；颊部具棕色斜纹；头部腹面无黑色素分布；鳃腔和鳃浅色；体侧具 7 ~ 12 条（通常为 8 ~ 10 条）棕色窄横带，带宽通常明显小于带间距；侧线上方鳞囊末端暗色。第一背鳍上部微黑色，其基部有黑色素分布；第二背鳍上部有黑色素分布，末端浅色或微黑，近基部有一暗色纵纹，其基部有黑色素分布。
分布范围：我国黄渤海、东海、南海、台湾海域；西北太平洋。
生态习性：广泛栖息于岸边至深海区的沙泥底质海域。以多毛类或其他底栖无脊椎动物为食。雄性具口孵行为。

线粒体 DNA COI 片段序列：
TAGCTTACTCATCCGGGCTGAACTAAGCCAACCCGGGGCCCTTCTTGGCGACGACCAAATTTATAACGTTATC
GTTACGGCGCATGCATTTGTAATAATCTTCTTTATAGTAATACCAATCATGATTGGAGGCTTCGGAAACTGACT
TATCCCCCTAATGATTGGGGCCCCTGATATAGCATTTCCTCGAATGAATAACATAAGCTTCTGACTCCTTCCCC
CCTCTTTCCTACTGCTACTTGCCTCGTCGGGCGTTGAAGCCGGGGCAGGAACAGGATGAACGGTTTACCCAC
CTCTTGCAGGCAACCTTGCCCACGCAGGGGCCTCTGTAGATTTAACAATTTTTTCTCTACATCTTGCAGGAAT
TTCCTCAATTCTAGGGGCTATTAACTTCATTACAACAATTGTTAATATAAAACCTCCCGCTATTACTCAGTACC
AAACTCCCCTATTTGTTTGAGCTGTCCTAATCACTGCCGTCCTTCTTCTCCTCTCTCTTCCTGTTCTAGCCGCA
GGCATTACAATGCTACTCACTGATCGGAACTTAAATACAACCTTCTTTGACCCGGCAGGAGGAGGTGACCCA
ATTCTTTACCAACACCTA
线粒体 DNA 12S rRNA 片段序列：
CACCGCGGTTATACGAGAGACCCAAGCTGACAGTCGCCGGCGTAAAGAGTGGTTAATTCACCCTAAAAAAC
TAAAGCCGAACATTTCCAAAGCTGTAAAACGCACTCGAAGACATGAAGACCAACCACGAAAGTAGCTTTAC
ATCACTTGAATCCACGAAAGCTAGGAAA

黑边银口天竺鲷

Jaydia truncata (Bleeker，1855)

分　　类：天竺鲷科 Apogonidae；银口天竺鲷属 *Jaydia*

英 文 名：flagfin cardinalfish

别　　名：大面侧仔，大目侧仔

形态特征：体延长而侧扁。头大；眼大，眼径大于吻长。口端位，大而倾斜，下颌略突出于上颌。前鳃盖骨边缘锯齿状。眶下骨边缘弱锯齿状；后颞骨后缘弱锯齿状。鼻孔2个，后鼻孔大，呈椭圆形，紧靠眼前缘，前鼻孔小，近圆形。第一背鳍起点、胸鳍起点和腹鳍起点约位于同一垂直线上，第一背鳍起点略靠后。第一背鳍第一鳍棘很小，第四鳍棘最长。尾柄短而高。尾鳍末缘微圆形。第一背鳍有7枚鳍棘，第二背鳍有1枚鳍棘、9枚鳍条；臀鳍有2枚鳍棘、8枚鳍条；胸鳍有16～18枚鳍条；腹鳍有1枚鳍棘、5枚鳍条。侧线鳞24+3，侧线上鳞2，侧线下鳞6；背鳍前鳞3～4，为圆鳞。体大部分被大型薄栉鳞，背前区、颊部和峡部至喉部被圆鳞。头部背侧及体背侧面颜色较深，头部腹侧及体腹侧面颜色浅；吻部分布黑色素，呈棕色；颊部具一棕色斜纹，自眼下缘延伸至颊部下方；颏部具一斜向上的棕色短条纹；头部腹面从缝合部到胸部分布黑色素，峡部和胸部黑色素斑点大。体侧通常具4～7条棕色横带（新鲜时可能无或不明显）。第一背鳍上部黑色，其基部分布黑色素；第二背鳍中部和边缘各具一黑色纵纹，其基部分布黑色素；胸鳍和腹鳍通常有少量黑色素散布，但不成条纹，其基部分布黑色素；臀鳍中部具一黑色纵纹，其基部无黑色素分布；尾鳍边缘黑色。

分布范围：我国东海、南海、台湾海域；印度洋—西太平洋。

生态习性：主要栖息于沙泥底质海域或潟湖区。以多毛类或其他底栖无脊椎动物为食。

线粒体 **DNA COI** 片段序列：

TAGCCTGCTTATTCGGGCCGAACTAAGCCAACCAGGAGCCCTTCTCGGCGACGACCAAATCTATAATGTAAT
CGTTACAGCACACGCATTCGTAATAATTTTCTTTATAGTAATACCAATTATGATTGGAGGCTTTGGGAACTGAT
TAATCCCTCTGATAATCGGCGCCCCTGACATAGCATTCCCCCGAATAAACAATATGAGCTTCTGACTACTTCCC
CCCTCATTCCTCCTTCTGCTTGCCTCTTCAGGCGTAGAAGCCGGGGCCGGGACGGGATGAACAGTTTATCCC
CCTCTTGCAGGCAATCTTGCCCACGCGGGGGCCTCTGTAGATTTAACAATTTTCTCTCTACATCTTGCAGGGA
TCTCCTCAATCTTGGGGGCCATTAACTTCATTACAACAATCATTAACATGAAACCGCCTGCCATTACTCAGTA
CCAAACCCCCTTATTCGTCTGAGCTGTCCTTATTACCGCTGTCCTTCTTCTTCTGTCTCTTCCTGTTCTAGCAG
CCGGCATCACAATGCTCCTGACAGCGAAACCTAAATACAACCTTCTTTGACCCGGCAGGGGGCGGGGAC
CCAATCCTCTATCAACACCTA

线粒体 **DNA 12S rRNA** 片段序列：

CACCGCGGTTATACGAGAGACCCAAGCTGACAGTCACCGGCGTAAAGAGTGGTTAATTCACCCCAATAAAA
CTAAAGCCGAACATTTCCAAAGCTGTAAAACGCACTCGAAGGCATGAAGACCAACCACGAAAGTAGCTTTA
CATTATTTGAATCCACGAAAGCTAGGAAA

半线鹦天竺鲷

Ostorhinchus semilineatus (Temminck & Schlegel，1842)

鲈形目 Perciformes

分　　类：天竺鲷科 Apogonidae；鹦天竺鲷属 _Ostorhinchus_

英 文 名：half-lined cardinal

别　　名：大面侧仔，大目侧仔

形态特征：体呈长椭圆形，侧扁，稍高。尾柄侧扁。头大。吻短而尖。眼大，侧上位，距吻端较近。口较大，两颌等长；上颌骨后端扩大，伸达眼中部后下方。上下颌有带状小齿，犁骨和腭骨有绒毛状小齿，舌上无齿。前鳃盖骨边缘有细锯齿，鳃盖骨有短棘，位于皮下。鳃盖条 7。鳃盖膜分离，不与峡部相连。鳃耙细长。体被弱栉鳞，鳞片薄，易脱落。侧线完全，与背缘并行。背鳍 2 个，分离。第一背鳍起点在胸鳍基上方，有 7 枚鳍棘；第二背鳍有 1 枚鳍棘、9 枚鳍条。尾鳍末缘浅凹形。活体呈桃红色，体侧有 2 条明显的黑色纵带，下侧纵带始于吻端，止于鳃盖后缘。尾柄上有一小于瞳孔的黑色圆斑。第一背鳍上缘黑色。

分布范围：我国东海、南海、台湾海域；日本本州中部以南海域、菲律宾海域，西太平洋暖水域。

生态习性：为暖水性中下层鱼类。栖息水深小于 100 m。最大体长约 11 cm。

线粒体 DNA COI 片段序列：

TAGCCTTCTCATTCGAGCTGAGCTGAGCCAACCCGGGGCCCTCCTCGGCGATGATCAGATCTACAATGTTATC
GTTACAGCACACGCATTCGTAATAATCTTCTTTATAGTAATACCAATTATGATTGGAGGCTTTGGGAACTGACT
GATCCCCCTTATGATTGGTGCCCCTGATATGGCATTCCCTCGGATGAACAATATGAGCTTTTGGCTTCTTCCCC
CCTCTTTTCTTCTTCTACTTGCTTCCTCCGGTGTAGAGGCTGGAGCCGGGACAGGATGAACTGTTTATCCCCC
TCTTGCGGGCAATCTTGCTCATGCAGGAGCTTCTGTTGATTTAACCATCTTTTCTCTTCACCTAGCTGGTGTGT
CATCAATTCTGGGAGCAATTAATTTCATTACTACAATTATTAACATGAAACCCCCTGCTATCACTCAATACCAG
ACCCCTCTGTTTGTGTGAGCGGTCCTAATTACTGCAGTTCTTCTTCTTCTTTCCCTGCCCGTTCTAGCAGCCG
GCATTACAATGCTTCTGACAGACCGGAATCTAAATACAACCTTCTTTGACCCAGCGGGAGGTGGAGACCCAA
TTCTTTACCAACACCTA

线粒体 DNA 12S rRNA 片段序列：

CACCGCGGTTATACGAGAGGCCCAAGCTGACAGCTACCGGCGTAAAGAGTGGTTAATAACCCCGCCATACTA
AAGCCGAACATCTCCAAAGTTGTACAACGCACTCGAAGACATGAAGACCTGCCACGAAAGTGACTTTACAC
TCTTTGAACCCACGAAAGCTAAGAAA

中线鹦天竺鲷

Ostorhinchus kiensis **(Jordan & Snyder，1901)**

分　　类：天竺鲷科 Apogonidae；鹦天竺鲷属 *Ostorhinchus*

英 文 名：rifle cardinal

别　　名：大面侧仔，大目侧仔

形态特征：体呈卵圆形，侧扁。体较低。头中等大小。眼大，侧上位，靠近吻端。口稍倾斜，上、下颌等长，上颌骨后端伸达瞳孔下方。两颌齿细小，呈绒毛带状；犁骨和腭骨也有绒毛状小齿；舌上无齿。前鳃盖骨隅角处的锯齿明显。鳃耙呈细丝状。体被薄栉鳞，鳞片极易脱落。侧线完全。背鳍2个，分离。第一背鳍有6枚弱鳍棘；第二背鳍与臀鳍相对。尾鳍分叉较浅。体呈灰褐色；体侧黑纵带较粗，而且始于吻端，穿过鱼体中部，伸达尾鳍后缘；体侧上缘有一暗褐色细纵带。

分布范围：我国南海、东海、台湾海域；日本相模湾以南海域、菲律宾海域，印度洋—太平洋暖水域。

生态习性：为暖水性中下层鱼类。栖息于近海内湾。最大体长约 8 cm。

线粒体 DNA COI 片段序列：

CAGCCTGCTCATTCGAGCCGAGCTGAGCCAACCCGGAGCCCTTCTTGGCGACGACCAGATTTATAATGTAAT
CGTTACAGCACACGCATTCGTTATAATTTTCTTTATAGTAATGCCCATCATAATTGGAGGCTTCGGAAACTGGC
TTATCCCTCTGATGATCGGTGCCCCCGACATAGCATTCCCCCGAATAAATAATATGAGCTTTTGGCTTCTCCCG
CCGTCCTTCCTTCTTCTGCTCGCCTCCTCAGGCGTAGAGGCAGGTGCCGGAACCGGGTGAACGGTATACCCC
CCTCTCGCGGGGAACCTTGCTCATGCTGGAGCATCCGTAGACTTAACAATTTTCTCCCTGCATCTAGCAGGGA
TTTCCTCAATTCTGGGGGCCATTAACTTCATTACTACAATTATCAATATGAAACCTCCCGCTATTACCCAATACC
AGACCCCCCTGTTCGTCTGAGCGGTTCTTATTACTGCAGTTCTTCTTTTACTCTCTCTCCCTGTTCTAGCAGCC
GGTATTACAATGCTTCTAACAGACGCGAAATCTAAATACAACCTTCTTCGACCCAGCAGGAGGCGGAGACCCC
ATTCTCTATCAACACTTG

线粒体 DNA 12S rRNA 片段序列：

CACCGCGGTTATACGAGAGGCCCAAGCTGACAGTTGCCGGCGTAAAGAGTGGTTAATAGTTTTCTACACTAA
AGCCGAACGTCTCCAAAGTTGTTTAATGCACCCGAAGACATGAAGACCAACTACGAAAGTGACTTTACACT
CTTTGAACCCACGAAAGCTAGGAAA

少鳞鳕

Sillago japonica Temminck & Schlegel，1843

分　　类：鳕科 Sillaginidae；鳕属 *Sillago*

英 文 名：Japanese sillago，Japanese whiting

别　　名：日本沙梭

形态特征：体呈长圆柱形，稍侧扁。吻部尖细，背部稍隆起，腹部稍平直，尾部细长，尾柄较短。头中等大，颊部宽大。眼睛较小，位于头部两侧中上部，眼上缘与头部背缘平齐，眼间隔大于眼径。头背侧眼前部两侧各具一鼻孔，分离。前鳃盖骨后缘锯齿状。两背鳍分离。第一背鳍具 10 ～ 11 枚（通常为 11 枚）硬棘，第二背鳍具 1 枚硬棘及 20 ～ 23 枚（通常为 21 ～ 22 枚）鳍条；臀鳍具 1 枚硬棘及 22 ～ 24 枚鳍条。侧线鳞 65 ～ 73，侧线上鳞 3 ～ 4。第一鳃弓鳃耙数 3 ～ 5+7 ～ 10。脊椎骨共 34 ～ 36 枚（通常为 35 枚）。体被小栉鳞，极易脱落；颊部具鳞 2 ～ 3 列，上方为圆鳞，下方栉鳞、圆鳞皆有；胸鳍及腹鳍基部无鳞。侧线完全，呈单一列，略弯曲，从鳃孔开始一直沿体侧至尾部。鱼鳔具 1 个前部延伸；左右各具 1 个前外侧延伸，皆伸向前部且一般比前部延伸略短；具 1 个后部延伸；具 1 个小管与肛门相连。体背部青灰色，头部背侧深色，腹部近于白色；体侧中部具 1 个模糊锯齿状银色条带。第一及第二背鳍近似透明，背鳍前几枚棘之间具有黑色小点，第二背鳍边缘具黑色小点；胸鳍透明，胸鳍基部银白色且不具有黑斑；腹鳍和臀鳍浅白色或近似透明；尾叉较浅，尾鳍深灰色，边缘深色。

分布范围：广泛分布于我国渤海、黄海、东海近岸水域，在南海近岸、北部湾也有分布，但数量较少；韩国、日本海域也有分布。

生态习性：主要栖息于近岸浅滩及河口水域，具钻沙习性。

线粒体 DNA COI 片段序列：

CCTATATTTAGTTTTCGGTGCCTGAGCAGGCATGGTCGGTACGGCCTTAAGCCTGCTGATCCGAGCGGAACTC
AGCCAACCTGGCGCCCTACTCGGAGATGACCAAATCTACAACGTAATTGTTACGGCACATGCCTTTGTAATG
ATTTTCTTTATAGTTATACCCATCCTAATTGGAGGCTTTGGAAACTGGCTAGTCCCTTTAATAATCGGAGCCCC
TGACATGGCCTTCCCGCGAATGAATAATATGAGCTTCTGGCTTCTACCGCCCTCCTTCCTCCTTCTATTAGCCT
CCTCTGGGGTTGAAGCTGGAGCCGGAACCGGTTGAACAGTTTACCCTCCTTTGGCAGGGAATTTAGCCCAC
GCAGGGGCTTCTGTTGATTTAACTATCTTTTCTCTTCACTTGGCAGGGATTTCATCGATTTTAGGGGCAATTAA
CTTCATTACAACTATCATCAACATAAAACCTCCAGCAACTTCACAATATCAAACCCCCCTATTCGTATGATCTG
TTCTAATTACAGCCGTTCTTCTACTCCTCTCGCTCCCAGTACTTGCCGCTGGAATTACTATGCTTCTAACGGAT
CGAAACCTAAACACCACGTTCTTTGACCCTGCCGGGGGTGGTGACCCAATTCTTTACCAACACCTCTTC

线粒体 DNA 12S rRNA 片段序列：

CACCGCGGTTATACGAGTTGGCTCAAGTTGATAGACGCGGCGTAAAGCGTGGTTAGGGGAATAACAACTAA
AGTCGAATTGCCTCCTAGCAGTTATACGCTCACGAGGGCTTAGAAGCACAACCACGAAAGTAGCTTTAACAA
ACCTGACTCCACGAAAGCTAAGGCA

多鳞鱚

Sillago sihama (Forsskål，1775)

分　　类：鱚科 Sillaginidae；鱚属 *Sillago*

英 文 名：northern whiting，sand smelt，sliver sillago

别　　名：多鳞沙梭

形态特征：体呈长圆柱形，稍侧扁。吻部尖细，背部稍隆起，腹部稍平直；尾部细长，尾柄较短。头中等大，颊部宽大。眼睛较小，位于头部两侧中上部，眼上缘与头部背缘齐平，眼间隔大于眼径。头背侧眼前部两侧各具一鼻孔，分离。口小，前位，上下颌前端近齐平。第一背鳍具 10～11 枚（通常为 11 枚）硬棘，第二背鳍具 1 枚硬棘、20～22 枚（通常为 21 枚）鳍条；臀鳍具 2 枚硬棘、20～24 枚（通常为 22～23 枚）鳍条。侧线鳞 65～77，侧线上鳞 4～6。第一鳃弓鳃耙数 2～4+5～8。脊椎骨 34～35 枚（通常为 34 枚）。鱼鳔具 2 个前部延伸，2 个后部延伸，且两后部延伸基部连接紧密；鳔体两侧各具一前外侧延伸，前外侧延伸分前后两部分，前部向体前部延伸，纤细、结构简单，后部沿鳔体直延伸至后部延伸基部，结构异常复杂；具 8～10 个侧部延伸，渐退化；具一小管与肛门相连，小管基部远离两后部延伸基部。体背部青灰色，头部背侧深色，腹部近于白色。体侧中部一般不具黑色色素条带。第一及第二背鳍近似透明，鳍膜间散布黑色小点；胸鳍透明，基部银白色，不具有黑斑；腹鳍和臀鳍浅白色或近似透明，无黑色小点分布；尾鳍颜色浅，边缘深色。

分布范围：广布种。在我国广泛分布于东海南部、南海和台湾近岸海域，但渤海、黄海水域尚未发现；整个印度洋—西太平洋沿岸均有分布。

生态习性：主要栖息于暖水性近岸浅滩及河口水域，具钻沙习性。

线粒体 DNA COI 片段序列：

CCTCTATTTAGTATTCGGAGCCTGAGCAGGTATGGTGGGCACGGCCCTAAGCCTGCTTATCCGAGCAGAACTT
AGCCAACCTGGCGCTCTGCTTGGTGACGACCAAATTTACAATGTCATTGTCACCGCACATGCCTTTGTAATAA
TTTTCTTTATAGTAATGCCAATCCTTATCGGAGGGTTCGGCAACTGGCTTGTTCCCCTGATGATCGGGGCCCCT
GATATGGCATTCCCACGAATGAATAACATGAGCTTCTGACTCCTTCCTCCTTCTTTCCTCCTTCTCTTGGCCTC
ATCAGGTGTTGAGGCAGGGCCGGCACGGGATGAACAGTTTACCCTCCTCTAGCAGGCAACTTAGCCCATG
CAGGAGCTTCCGTTGACCTTACTATCTTCTCCCTGCACTTAGCAGGGATTTCATCAATTTTAGGAGCAATCAA
CTTTATCACAACAATCATTAACATGAAACCTCCTGCAACTTCCCAGTACCAAACCCCACTGTTTGTATGGTCC
GTCTTAATTACAGCTGTTCTCCTCCTCCTTTCACTGCCTGTACTCGCAGCCGGAATCACCATGCTTCTCACAG
ATCGAAATCTGAACACCACCTTCTTCGACCCGGCAGGAGGGGGAGATCCAATTCTTTATCAACATCTAT

线粒体 DNA 12S rRNA 片段序列：

CACCGCGGTTATACGAGAGGCCCAAGTTGATAGACAGCGGCGTAAAGCGTGGTTAAGGACAAAATAACTAA
AGCCGAACACCCCCCAGCTGTTATACGCCCGCGGGGCGTTAGAAGCACAATTACGAAAGTAGCTTTACTAC
ACCTGAATCCACGAAAGCTGAGGCA

中国鲟

Sillago sinica Gao & Xue，2011

分　　类：鲟科 Sillaginidae；鲟属 *Sillago*

英 文 名：Chinese sillago

别　　名：无

形态特征：体甚细长，略呈圆柱状，背部稍隆起，腹部相对平直。头圆锥状，吻尖长。口小。体被细小栉鳞。背鳍2个。第一背鳍起点在胸鳍基部后上方，有10～12枚硬棘，鳍膜上有不规则排列的黑色小斑点；第二背鳍始于体中央，有1枚硬棘、20～22枚鳍条，沿鳍条有3～4行规则排列的黑色小斑点。臀鳍与第二背鳍相对，有2枚硬棘、20～24枚鳍条，鳍膜上有细小黑点。胸鳍第一鳍条呈丝状延长。尾鳍后缘略呈截形。侧线鳞75～80，侧线上鳞5～6。脊椎骨37～39。体呈黄褐色，腹侧灰白色。吻背部灰褐色，颊部有银色光泽。尾鳍上、下缘黑灰色。

分布范围：我国渤海、黄海、东海。

生态习性：为暖温性底层鱼类。栖息于近岸沙泥底质海区。体长约16 cm。

线粒体 DNA COI 片段序列：

CCTTTATTTAGTATTCGGAGCCTGAGCAGGCATGGTAGGAACAGCCCTAAGCCTGCTTATCCGAGCAGAGCT
CAGCCAACCTGGCGCCCTGCTTGGTGATGACCAAATTTACAATGTTATTGTTACGGCACATGCCTTCGTAATG
ATTTTCTTCATGGTCATGCCAATCCTAATTGGAGGGTTCGGAAACTGGCTAATCCCATTAATGATCGGGGCCC
CCGACATGGCCTTCCCTCGAATGAACAATATGAGCTTTTGACTTCTTCCCCCATCCTTCCTTCTTCTTCTAGCC
TCATCAGGCGTTGAGGCCGGGGCAGGAACTGGCTGAACAGTGTACCCTCCCCTCGCAGGCAACCTAGCCCA
TGCAGGAGCTTCGGTAGACCTCACCATCTTCTCGCTACACTTGGCGGGAGTATCCTCAATTCTTGGTGCTATT
AATTTCATCACAACAATTATTAATATGAAACCCCCAGCAACCTCACAATACCAGACCCCCTTATTCGTGTGAT
CTGTATTAATTACGGCGGTACTGCTACTCCTCTCCCTTCCAGTGCTTGCGGCAGGGATCACAATGCTCCTGAC
TGATCGGAATCTAAACACCACCTTCTTTGACCCTGCTGGGGGTGGTGACCCCATCCTTTACCAACACCTCTTT

线粒体 DNA 12S rRNA 片段序列：

CACCGCGGTTATACGAGAGGCCCAAGTTGATAGATATCGGCGTAAAGCGTGGTTAAGAGTTTATTAACTAAA
GCCGAATACCCCTCCAGCTGTCATACGCAAGCAGGGGCTTAGAAGCACACTCACGAAAGTAGCTTTATGATT
TCTGAATCCACGAAAGCTAAGGTA

日本方头鱼

Branchiostegus japonicus (Houttuyn，1782)

分　　类：弱棘鱼科 Malacanthidae；方头鱼属 *Branchiostegus*
英 文 名：horsehead tilefish
别　　名：马头鱼，方头鱼，吧呗，红尾，吧口弄
形态特征：体延长，侧扁。头顶与眼前缘几乎为垂直状，头呈方形（侧面观）。吻长，钝而高。眼较大，侧上位。眼间隔宽。口中等大小，前位，倾斜；上颌骨后端伸达瞳孔下方。上、下颌有齿；犁骨、腭骨及舌上均无齿。鳃盖骨后缘有细锯齿。体被栉鳞，但在躯干前上部、头部及胸部为圆鳞。侧线完全，位高。背鳍有 7 枚鳍棘、15 枚鳍条，起点在胸鳍基部上方，鳍棘部与鳍条部完全连合。臀鳍有 2 枚鳍棘、12 枚鳍条，鳍棘较弱。尾鳍双截形。体背侧黄红色，腹侧银白色，体侧具黄红黑带。尾鳍有 5 ～ 6 条黄色纵带。背鳍前的背中线黑褐色。眼后缘有一白色三角形斑。颊部鳞片包埋于皮下。
分布范围：我国黄海、东海、南海、台湾海域；日本本州以南海域、朝鲜半岛海域，西北太平洋暖温水域。
生态习性：为暖温性底层鱼类。栖息于沙泥底质海区，栖息水深 30 ～ 200 m。常见体长约 35 cm。

线粒体 DNA COI 片段序列：
AAGCTTGCTCATTCGAGCAGAACTTAGCCAACCAGGCGCCCTCCTCGGGGATGACCAGATTTATAATGTTATT
GTTACAGCACATGCCTTCGTAATAATTTTCTTTATAGTAATACCAATTATGATTGGTGGATTCGGCAACTGACT
AATCCCCCTTATAATTGGTGCCCCGACATAGCCTTTCCTCGTATAAATAATATGAGCTTTTGACTTCTACCCCC
CTCATTCCTACTCCTTCTCGCCTCCTCCGGCGTAGAGGCAGGAGCAGGGACCGGCTGAACAGTATATCCCCC
TTTAGCTGGTAACCTAGCCCACGCAGGACCTTCCGTTGATTTAACAATCTTCTCCCTTCATCTGGCAGGGGTG
TCTTCAATCCCCGGAGCCATTAACTTTATCACTACCATTATCAATATGAAACCTCCCGCCACAACACAATATCA
AACCCCCTTATTTGTCTGATCTGTACTAATTACCGCTGTTCTCCTCCTTCTATCCCTCCCAGTCCTTGCCGCCG
GCATCACAATGCTTCTCACAGACCGAAACCTAAATACTACCTTCTTTGACCCTGCAGGGGGAGGAGATCCAA
TTCTTTACCAACATCTCTTC
线粒体 DNA 12S rRNA 片段序列：
CACCGCGGTTATACGAGAGACCCAAGTTGTTAAATCACGGCGTAAAGAGTGGTTAAAATGTATTAAAAAATA
GAGCCGAACACTTACAAAGTTGTTATAAGCACACGAAATTAAGAAGCCCAATCACGAAAGTGGCTTTATATA
ATTTGAACCCACGTAAGCTAGGACA

银方头鱼

***Branchiostegus argentatus* (Cuvier，1830)**

分　　类：弱棘鱼科 Malacanthidae；方头鱼属 *Branchiostegus*

英 文 名：horsehead tilefish

别　　名：马头鱼，方头鱼

形态特征：本种与日本方头鱼相似。体延长，侧扁，背缘从头后至尾鳍基部几呈直线形，腹缘略呈广弧形。头部近方形，背鳍前至头后部有与体色一致的纵行背脊线。吻钝，眼间隔宽，口稍倾斜；上、下颌具细小圆锥状齿，犁骨、腭骨和舌面均无齿。鳃耙短小，6～8+13～15。前鳃盖骨后缘有凹陷，锯齿明显。体被弱栉鳞，头部仅鳃盖和头后被细圆鳞。侧线完全，近直线形，侧线鳞45～47。背鳍Ⅶ-15，鳍棘部和鳍条部相连，无缺刻；臀鳍Ⅱ-12，与背鳍鳍条部相对、同形；腹鳍胸位；尾鳍双凹形。体背粉红色，腹侧银白色；眼前下方至上颌骨有2条平行的银色带。背鳍前至后头部无黑褐色线纹；颊部鳞片外露。背鳍上有1列黑斑，胸鳍、尾鳍上缘黑色。

分布范围：我国东海、台湾海域、南海；日本南部海域，西太平洋暖温水域。

生态习性：暖温性底层鱼类。主要栖息于沙泥质海底，栖息水深100～200 m。体长约30 cm。为肉食性鱼种，以小鱼、虾等为食。

线粒体 DNA COI 片段序列：

AAGCTTGCTCATTCGAGCAGAACTTAGCCAACCAGGCGCCCTCCTCGGGGATGACCAGATTTATAATGTTATT
GTTACAGCACATGCCTTTGTAATAATTTTCTTTATAGTAATACCAATTATGATTGGCGGGTTCGGCAACTGACT
GATCCCCCTTATAATCGGTGCCCCCGACATAGCCTTTCCTCGTATAAATAATATGAGCTTCTGACTGCTACCCC
CCTCATTCCTACTCCTTCTCGCCTCCTCCGGCGTAGAAGCAGGGGCGGGAACCGGCTGAACAGTATACCCCC
CTTTAGCTGGCAACCTGGCCCACGCAGGACCTTCCGTTGATTTAACAATCTTCTCCCTTCATTTGGCAGGGG
TGTCTTCAATCCTCGGGGCCATTAACTTTATTACTACCATTATCAATATGAAACCTCCCGCCACAACACAATAC
CAAACCCCTTTATTTGTTTGGTCTGTCCTAATTACCGCTGTTCTCCTCCTCCTATCCCTCCCAGTCCTTGCCGC
CGGCATCACAATACTTCTCACAGACCGAAATCTAAACACTACCTTCTTTGACCCTGCAGGGGGAGGAGACCC
AATTCTCTACCAACATCTCTTC

线粒体 DNA 12S rRNA 片段序列：

CACCGCGGTTATACGAGAGACCCAAGTTGTTAAATCACGGCGTAAAGAGTGGTTAAAATGTATTAAAAAATA
GAGCCGAACACTTACAAAGTTGTTATAAGCACACGAAATTAAGAAGCCCAATCACGAAAGTGGCTTTATATA
ATTTGAGCCCACGTAAGCTAGGACA

鲯鳅

Coryphaena hippurus Linnaeus，1758

分　　类：鲯鳅科 Coryphaenidae；鲯鳅属 *Coryphaena*

英 文 名：common dolphinfish

别　　名：万鱼，飞乌虎，鬼头刀，阴凉鱼，铡刀鱼

形态特征：体延长，侧扁。体背缘和腹缘直线状，体高最高处在腹鳍附近，向后变细。尾柄短。头大，背部很窄，成鱼的额部有一很高的骨质隆起。吻长。眼中等大小，侧中位。眼间隔宽，隆起。口裂大，稍倾斜，口角达瞳孔中部下方，下颌稍长于上颌。上下颌、犁骨及腭骨均有尖齿。体被细小圆鳞，不易脱落。头上仅颊部被鳞，其余部分裸露。侧线在胸鳍上方不规则弯曲，向后直达尾鳍基。背鳍 1 个，长而大，无鳍棘，鳍条 55 ~ 67。尾鳍深叉形。体背部蓝褐色，腹侧黄褐色，体侧与体背布满小黑点。

分布范围：我国渤海、黄海、东海、南海、台湾海域；日本南部海域，太平洋、印度洋、大西洋暖水域。

生态习性：为暖水性中上层鱼类。最大体长可达 2.1 m。游泳迅速，常成群洄游至外海。喜欢阴影，常聚集在漂浮物或漂流的海藻下面，具有趋向声源的习性。肉质粗劣，经济价值不高。

线粒体 DNA COI 片段序列：

CCTTTATTTAATTTTCGGTGTCTTAGCAGGGATAACAGGAACAGGTTTAAGTCTTCTCATTCGAGCTGAGTTAAGCCAGCCTGGGTCACTTCTAGGAGATGACCAAACCTATAATGTCATCGTTACAGCACATGCCTTCGTAATAATTTTCTTTATAGTTATGCCAATTATGATCGGAGGCTTCGGGAACTGATTAATCCCACTGATGCTTGGCGCTCCTGATATAGCATTCCCTCGAATAAATAACATAAGCTTTTGACTTCTTCCACCATCATTTCTTCTCCTTCTAGCCTCTTCAGGGGTAGAAGCAGGAGCAGGAACTGGTTGAACGGTCTACCCACCTCTGGCGGGTAACTTAGCCCATGCTGGGGCCTCTGTAGATTTAACAATTTTCTCCCTGCATTTAGCCGGGGTATCATCAATTCTTGGGGCAATCAATTTTATTACAACTATTATTAATATAAAACCCCCCACAGTAACGATATACCAAATTCCACTATTCGTGTGAGCTGTACTAATTACAGCTGTACTACTACTCCTATCACTTCCTGTCCTGGCTGCGGGAATCACAATACTGCTAACAGACCGAAACTTAAATACAGCTTTCTTTGACCCAGCGGGAGGAGGGGATCCTATCCTATACCAACACCTGTTT

线粒体 DNA 12S rRNA 片段序列：

CACCGCGGTTAGACGAATGACCCAAGTTGACAGAATACGGCGTAAAGGGTGGTTAGGGAATATTAATACTAAAGCCGAACACCTTCCAAGCTGTTATACGCTTATGAAGAACTGAAGCACAACTACGAAAGTGGCTTTAAAACACCTGAACCCACGAAAGCTAAGAAA

军曹鱼

Rachycentron canadum (Linnaeus，1766)

分　　类：军曹鱼科 Rachycentridae；军曹鱼属 *Rachycentron*

英 文 名：cobia

别　　名：海鲡

形态特征：体延长，近圆筒形，稍侧扁。尾柄也近圆筒形，稍侧扁，无隆起嵴。头部平扁，宽大于高。吻大。眼小，其上缘几乎达到头背部；无脂眼睑。眼间隔宽，平坦。口大，前位，稍倾斜。上下颌、犁骨、腭骨及舌面均有绒毛状齿带。鳃孔大，鳃盖膜不与峡部相连。前鳃盖骨边缘平滑。体被小圆鳞；侧线稍呈波纹状。第一背鳍有 8 枚鳍棘，互相独立，可收入棘沟中；第二背鳍基底长，有 1 枚鳍棘，34～35 枚鳍条，前部的鳍条较长。腹鳍胸位。幼鱼尾鳍后缘圆弧形，成鱼尾鳍后缘凹入。体背和体侧黑褐色，腹侧白色，体侧有一贯穿眼上方到尾柄的浅色纵带。

分布范围：我国黄海、东海、南海、台湾海域；日本南部海域，太平洋、印度洋、大西洋温热水域。

生态习性：为暖水性中上层鱼类。个体较大，体长约 1.5 m，最大可达 2 m。活动之水域极广，栖地多样性高，栖息水深可达 1 200 m，泥沙底质、碎石底部、珊瑚礁区、外海的岩礁区、红树林区、有残木等漂浮物的沿海地区或是有漂流与静止目标的外海地区等皆可见其踪迹。主要以甲壳类和头足类等为食。

线粒体 DNA COI 片段序列：

CCTTTATCTAGTATTCGGTGTCTTAGCCGGAATAACAGGAACAGGCCTAAGTCTCCTCATTCGAGCAGAATTA
AGCCAACCTGGCTCCCTACTGGGAGACGACCAAACCTACAACGTAATCGTAACAGCCCACGCCTTCGTAATA
ATCTTCTTTATAGTAATACCAATTATGATCGGAGGCTTTGGGAACTGACTTATTCCTCTAATGCTAGGCGCCCC
CGATATGGCTTTTCCCCGTATAAATAATATAAGTTTCTGACTACTTCCCCCATCATTCCTCCTGCTGCTAGCCTC
TTCAGGTGTTGAAGCTGGAGCAGGGACTGGTTGGACAGTTTACCCACCTCTGGCGGGCAACCTAGCACATG
CAGGAGCCTCTGTTGACTTAACTATTTTCTCCCTTCATCTTGCAGGGGTGTCTTCAATTCTCGGGGCTATTAAT
TTTATTACAACAATTATTAACATAAAACCACCAACTGTGACTATGTACCAAATTCCCCTCTTCGTATGGGCTGT
CCTAATCACTGCCGTCCTTCTCCTCCTCTCACTCCCAGTCCTGGCTGCTGGCATTACTATACTGCTTACAGACC
GAAATTTAAATACAGCCTTCTTTGACCCTGCAGGAGGGGGTGACCCAATTCTATATCAACACTTATTC

线粒体 DNA 12S rRNA 片段序列：

CACCGCGGTTAGACGAATGGCTCAAGTTGACAAAATACGGCGTAAAGAGTGGTTAGGGAATACTAAAACTA
AAGCTGAATACCTTCCAAGCTGTTATACGCTTATGAAGCGAATGAAGCCCAACTACGAAAGTGGCTTTATTAC
ACCTGAACCCACGAAAGCTAAGAAA

克氏副叶鲹

***Alepes kleinii* (Bloch，1793)**

分　　类：鲹科 Carangidae；副叶鲹属 *Alepes*

英 文 名：razorbelly scad

别　　名：甘仔鱼

形态特征：体卵圆形，侧扁；尾柄细短。头较小，吻短。眼中大，上侧位；脂眼睑稍发达。口中等大，前位，斜裂；前颌骨能伸缩，下颌稍突出。上颌骨后端伸达眼前缘与瞳孔前缘间的下方。两颌齿细小；上颌具齿1行，呈细带状；下颌前端有齿1行，侧方有齿2行；犁骨、腭骨及舌上均具细齿。鳃孔大，前鳃盖骨和鳃盖骨边缘光滑，具假鳃。体被小圆鳞；头部除吻和眼间隔前部裸露外均被鳞。侧线在胸鳍上方呈大弧状弯曲；棱鳞发达，存在于侧线直线部的全部。背鳍2个，分离。第一背鳍小，具1枚向前的平卧棘和8枚鳍棘；第二背鳍与臀鳍同形，基底均较长。臀鳍鳍条前部有2枚游离的短棘。胸鳍尖长，镰刀状。腹鳍胸位。尾鳍叉形，上叶稍长于下叶。体背部青蓝色带金黄色光泽，腹部银白色。体侧自背缘至体中部常有6～8条暗色横带，鳃盖后上角与肩部共有1块显著大黑斑。尾鳍暗灰黄色，其余各鳍灰白色或浅黄色。

分布范围：我国东海、台湾海域和南海；印度洋—太平洋海域，西起非洲东岸，东至印度尼西亚，北至日本，南至澳大利亚。

生态习性：暖水性中上层小型鱼类。栖息于热带和亚热带近海海域。常聚集成群。以浮游性甲壳动物、小鱼等为食。

线粒体 DNA COI 片段序列：

CCTTTATCTAGTATTTGGTGCTTGAGCCGGAATAGTAGGGACAGCTTTAAGCTTACTTATCCGAGCAGAACTT
AGTCAACCTGGCGCCCTTTTAGGGGACGACCAAATTTATAACGTAATCGTTACGGCCCACGCCTTCGTAATGA
TTTTCTTTATAGTAATACCAATTATGATTGGAGGCTTCGGAAACTGACTTATTCCCCTAATGATCGGAGCCCCT
GATATAGCATTCCCCCGAATAAATAATATGAGCTTCTGACTTCTTCCCCCTTCTTTCCTTCTACTTCTGGCTTCT
TCAGGAGTTGAAGCCGGGGCTGGAACTGGTTGGACCCGTTTACCCCCCTCTAGCCGGCAACTTAGCTCACGC
TGGGGCATCCGTAGATCTTACCATCTTCTCCTTGCATTTAGCCGGGGTCTCATCAATTCTAGGGGCTATTAACT
TTATTACAACAATTATTAACATGAAACCTCCTGCGGTGTCAATATATCAAATTCCACTGTTCGTTTGAGCCGTC
TTAATTACAGCCGTTCTTCTTCTTCTATCCCTTCCGGTTTTAGCCGCTGGAATTACAATGCTCCTAACAGATCG
AAACCTAAATACTGCCTTCTTCGACCCCGCTGGAGGTGGAGATCCAATTCTTTATCAACACCTATTC

线粒体 DNA 12S rRNA 片段序列：

CACCGCGGTTATACGAGAGGCTCAAGTTGATAGACAACGGCGTAAAGTGTGGTTAGGGAAACTCTCTAACT
AAAGCGGAATCTCCTCATAGCTGTTATACGCTTCCGAGGAAGTGAACCCCAACTACGAAAGTGGCTTTATTA
GACCTGAACCCACGAAAGCTAAGAAA

蓝圆鲹

Decapterus maruadsi (Temminck & Schlegel，1843)

分　　类：鲹科 Carangidae；圆鲹属 *Decapterus*

英 文 名：Japanese scad，whitetip scad

别　　名：黄占鱼，巴浪，池鱼，硬尾，广仔，甘广，四破

形态特征：体呈纺锤形，稍侧扁。头侧扁。吻锥形。脂眼睑发达。口大，前位，口裂倾斜；前颌骨能伸缩，上颌后端不达眼前缘的下方。上、下颌有一列细齿，犁骨的齿群呈箭头形，腭骨和舌面中央都有一细长齿带。鳃耙 12 ~ 13+35 ~ 39。体侧、颊部、鳃盖上部、头顶部和胸部均被小圆鳞，第二背鳍和臀鳍具低鳞鞘。侧线完全，前部为广弧形，直线部始于第二背鳍中部下方，棱鳞仅存于侧线的直线部。侧线上普通鳞 49 ~ 61，棱鳞 32 ~ 38。背鳍 2 个，第一背鳍有 8 枚鳍棘，第二背鳍和臀鳍基底均较长、同形，后方各有 1 个小鳍；臀鳍前方有 2 枚游离鳍棘；胸鳍镰刀状；腹鳍胸位；尾鳍深叉形。鱼体背部青蓝色，体侧下部银白色，鳃盖后缘具 1 块黑斑，第二背鳍前部上端有白斑，各鳍均浅色。

分布范围：我国黄海、东海、南海、台湾海域；日本南部海域，印度洋—西太平洋温暖水域。

生态习性：暖水性中上层鱼类。栖息于沿岸内湾水域。最大叉长约 30 cm。是我国南部海区重要经济鱼类。

线粒体 DNA COI 片段序列：

CCTTTATCTAGTATTTGGTGCTTGAGCTGGAATAGTAGGAACTGCTTTAAGCCTACTTATTCGGGCAGAATTAA
GCCAACCTGGCGCCCTTCTAGGGGATGACCAAATTTACAACGTAATTGTTACGGCCCACGCCTTCGTAATAAT
TTTCTTTATAGTAATGCCAATTATGATTGGAGGCTTTGGAAACTGACTAATCCCACTGATGATCGGAGCCCCC
GACATGGCCTTCCCTCGAATGAACAACATGAGCTTCTGACTACTCCCTCCGTCGTTCCTGCTGCTTCTAGCCT
CTTCAGGCGTTGAAGCCGGGGCCGGAACTGGTTGAACCGTCTACCCTCCGCTGGCTGGAAATCTTGCCCAC
GCTGGAGCATCCGTAGACTTAACCATCTTCTCTCTTCATCTAGCAGGTGTCTCATCAATTCTAGGGGCTATTAA
TTTTATTACTACTATTATTAATATGAAACCTCCTGCGGTTTCAATGTATCAAATCCCGCTATTCGTCTGAGCTGT
TTTAATTACGGCCGTACTTCTTCTTCTCTCTCTCCCCGTCTTAGCTGCTGGTATTACAATGCTTCTAACAGACC
GAAACCTAAACACTGCCTTCTTCGACCCTGCAGGGGGAGGAGACCCAATTCTTTACCAACACTTATTC

线粒体 DNA 12S rRNA 片段序列：

CACCGCGGTTATACGAGGGGCTCAAGTTGACAGACAACGGCGTAAAGAGTGGTTAAGGAAAATACTCAACT
AAAGCGGAACCCCCTCATCGCTGTCATACGCTTCCGAGAGGATGAACCCCAACTACGAAGGTGGCTTTATAA
AACCCGACCCCACGAAAGCTAAGAAA

日本竹筴鱼

***Trachurus japonicus* (Temminck & Schlegel，1844)**

鲈形目 Perciformes

分　　类：鲹科 Carangidae；竹筴鱼属 *Trachurus*

英 文 名：Japanese jack mackerel

别　　名：竹筴鱼，巴拢，瓜仔鱼，真鲹

形态特征：体呈纺锤形，稍侧扁。除吻和眼间隔前部外，全体均被小圆鳞。侧线上位，在第二背鳍起点处作弧形下弯后沿体中线伸达尾鳍基部。侧线全部被棱鳞，棱鳞高而强，侧线直线部的棱鳞各具 1 个向后的锐棘，形成锋利的隆起脊。吻锥形，眼大，脂眼睑发达。口大，前位，下颌稍长于上颌。上、下颌各具细齿 1 行，犁骨、腭骨和舌面的齿绒毛状。鳃耙 13～15+37～41，细长；具假鳃。棱鳞 69～73。背鳍 2 个。第一背鳍有 1 个向前平卧棘与 8 枚鳍棘，棘间有膜相连；第二背鳍有 1 枚鳍棘、30～35 枚鳍条，和臀鳍基底等长，同形、相对。臀鳍有 1 枚鳍棘、26～30 枚鳍条，前方还有 2 枚游离短棘。胸鳍发达，长镰刀形。腹鳍起点位于胸鳍基底后方。尾柄细，尾鳍深叉形。鱼体背部青蓝色，腹侧灰白色，鳃盖后缘明显黑色，各鳍均为浅色。

分布范围：我国渤海、黄海、东海、南海；日本海域、朝鲜半岛海域，西北太平洋温暖水域。

生态习性：在海洋中层与海面间来回的一种洄游性鱼类。栖息水深 0～275 m。体态多呈流线型。背部为青蓝色，由上看与海水混淆不清；腹部银白色，由海中往上看，和水面的反光同色，如此形成了逃避金枪鱼等大型洄游性鱼类攻击的保护色。主要以小型甲壳类及鱼类为食。

线粒体 **DNA COI** 片段序列：

CCTTTATCTAGTATTTGGTGCTTGAGCTGGAATAGTAGGAACCGCTTTAAGCCTGCTTATTCGGGCAGAACTA
AGCCAACCTGGCGCCCTTCTAGGGGATGACCAAATTTACAACGTAATTGTTACGGCCCACGCTTTCGTAATAA
TTTTCTTTATAGTAATGCCAATTATGATTGGAGGCTTTGGAAACTGACTGATTCCGCTAATGATCGGGGCCCCT
GATATAGCCTTCCCTCGAATGAATAACATGAGCTTCTGACTACTCCCTCCCTCCTTCCTTTTGCTTTTAGCCTC
TTCAGGGGTTGAAGCCGGGGCCGGAACTGGTTGAACAGTCTATCCCCCACTGGCTGGGAACCTTGCCCACG
CCGGAGCGTCCGTAGATTTAACCATCTTCTCCCTTCACCTAGCAGGGGTCTCATCAATTCTAGGGGCTATTAA
TTTTATTACCACTATTATTAACATGAAACCTCCTGCAGTCTCAATATATCAAATCCCACTATTTGTTTGAGCTGT
CTTAATTACAGCCGTCCTTCTTCTTCTCTCTCTTCCTGTCCTAGCTGCTGGCATTACAATACTTCTAACAGACC
GAAATCTAAATACTGCTTTCTTTGACCCAGCAGGAGGGGGAGACCCAATTCTTTATCAACACCTATTC

线粒体 **DNA 12S rRNA** 片段序列：

CACCGCGGTTATACGAGAGGCTCAAGTTGACAGACAACGGCGTAAAGAGTGGTTAAGGAAAACATTCAACT
AAAGCGGAACCCCCTCATTGCTGTTATACGCTTCCGAGGGAATGAACCCCAACTACGAAGGTGGCTTTATATT
AACCTGAACCCACGAAAGCTAAGAAA

黄条鰤

Seriola lalandi Valenciennes，1833

分　　类：鲹科 Carangidae；鰤属 *Seriola*

英 文 名：yellowtail amberjack

别　　名：黄尾鰤，莱氏鰤

形态特征：体呈纺锤形，稍侧扁；背、腹缘微突。尾柄短而细，几呈圆筒形，上、下有缺刻，两侧各有一隆起嵴。头中等大，侧扁。吻稍尖。眼小，脂眼睑不发达；眼间隔宽。口前位，口裂微斜；上颌骨后缘仅达眼前缘下方；上颌骨宽，后上角圆弧形。上下颌、犁骨、腭骨及舌面中央均有排列成带状的尖锐细齿。幽门盲囊指状，约有 120 ～ 213 个。体被小圆鳞；侧线在胸鳍上方有一小弧度；侧线鳞 175 ～ 210，无棱鳞。背鳍 2 个。第一背鳍的起点在胸鳍基后上方，鳍棘 6 ～ 7，甚短；第二背鳍很长。臀鳍与第二背鳍同形。胸鳍比腹鳍短。尾鳍深分叉。体背部青蓝色，腹部银白色。体侧从吻端至尾柄有一明显的黄色纵带。尾鳍下叶末端黄色。

分布范围：我国渤海、黄海、东海；日本以南海域，太平洋、印度洋、大西洋温带、亚热带水域。

生态习性：为暖温性中上层鱼类。栖息于沿岸或离岸较远的岩礁海域，栖息水深 3 ～ 825 m。体长可达近 2 m。

线粒体 DNA COI 片段序列：

CCTCTATCTAGTATTTGGTGCCTGAGCCGGCATGGTCGGTACAGCCTTAAGTTTACTCATCCGAGCAGAACTG
AGCCAACCCGGTGCTCTTCTGGGAGACGATCAAATTTATAACGTAATCGTTACAGCGCACGCGTTTGTAATAA
TTTTCTTTATAGTAATGCCAATTATGATTGGAGGGTTTGGGAACTGACTCATCCCCTTGATGATTGGGGCTCCC
GATATAGCATTCCCCCGAATAAACAATATGAGCTTCTGACTCCTTCCCCCTTCGTTCCTCCTACTTTTAGCCTC
TTCAGGCGTTGAAGCCGGGGCCGGAACGGGTTGAACAGTCTACCCGCCTCTAGCCGGCAACCTCGCTCACG
CAGGAGCATCCGTAGACTTAACAATTTTCTCCCTTCATTTAGCTGGAATCTCCTCAATTCTAGGAGCTATTAAC
TTTATTACGACCATCATCAACATGAAACCCCATGCCGTTTCCATGTACCAAATTCCCCTATTCGTTTGAGCTGT
ACTAATCACGGCCGTGCTCCTGCTCCTATCACTTCCAGTTTTAGCCGCCGGCATTACAATGCTTCTGACAGAC
CGAAACTTAAATACTGCCTTCTTTGACCCAGCTGGAGGAGGGGACCCCATCCTATACCAACACCTA

线粒体 DNA 12S rRNA 片段序列：

CACCGCGGTTATACGAGAGGCCTAAGTTGACGGACAGCGGCGTAAAGAGTGGTTAAGGAAAACACAAAC
TAAAGCCGAACGCCTTCAGAACTGTCATACGTCTTCGAAGGTATGAAGCCCAACCACGAAAGTGGCTTTATC
CCTCCTGAACCCACGAAAGCTAAGAAA

杜氏鰤

Seriola dumerili (Risso，1810)

分　　类：鲹科 Carangidae；鰤属 *Seriola*

英 文 名：greater amberjack

别　　名：高体鰤，鰤，红甘，红甘鲹，竹午，汕午，红头午

形态特征：体呈纺锤形，稍侧扁，体高大于头长。头中等大。吻稍长。眼大，上侧位，位于吻端中轴线以上。脂眼睑不发达。口大，前位，倾斜。前颌骨能伸缩，下颌稍长于上颌或上下颌等长。上颌骨后角圆弧形，后端伸达眼中部下方。两颌齿尖细，上颌前部有齿 3 ~ 6 行，下颌前部有齿 3 ~ 4 行，侧面有齿 2 ~ 3 行；犁骨、腭骨及舌上具齿带。鳃耙 4 ~ 6+12 ~ 16。具假鳃。幽门盲囊 64 个。体被小圆鳞；颊部、鳃盖上部及胸部也被鳞。侧线稍弯曲，无棱鳞。尾柄两侧各具 1 个弱皮嵴。背鳍 2 个，稍分离。第一背鳍短小，具 5 ~ 6 枚鳍棘，前方还有 1 枚向前平卧的倒棘，成鱼棘埋于皮下；第二背鳍基底长，有 1 枚鳍棘、29 ~ 36 枚鳍条。臀鳍与第二背鳍同形，前方有 2 枚游离短棘，鳍条 18 ~ 22 枚。腹鳍胸位。尾鳍叉形，尾柄处有凹槽。幼鱼时，头部具斜暗带，体侧具 5 条暗带。成鱼时，体侧及各鳍呈黄色、橄榄色或琥珀色；头部斜暗带逐渐不显著，体侧暗带则已消失。成鱼体色变化大，体背蓝灰至橄榄色，腹面银白至淡褐色；体侧另具 1 条黄色纵带，但有时不显；各鳍色暗，尾鳍下叶末端淡色或白色。

分布范围：我国黄海、东海、南海、台湾海域；日本南部海域，东太平洋以外的温带、热带水域。

生态习性：主要栖息于较深礁石区海域，偶尔可发现于近岸内湾区。栖息区域较广，于水深 18 ~ 360 m 处三两成群游动。主要以无脊椎动物及小鱼为食。

线粒体 DNA COI 片段序列：

CGGGGCTCTCCTGGGAGACGATCAAATTTACAACGTAATCGTTACAGCACACGCGTTTGTAATAATTTTCTTT
ATAGTAATGCCAATTATGATTGGAGGATTTGGGAACTGACTCATCCCTTTAATGATTGGAGCTCCCGATATAGC
ATTCCCTCGAATGAATAATATGAGCTTCTGACTCCTCCCTCCTTCATTCCTTCTACTCCTAGCCTCTTCGGGTG
TTGAAGCCGGAGCCGGGACAGGTTGGACAGTTTACCCGCCTCTGGCCGGCAACCTCGCCCACGCAGGAGC
ATCCGTAGACTTAACAATTTTCTCCCTTCACTTAGCTGGGATCTCCTCAATTCTAGGAGCTATTAACTTCATCA
CAACCATCGTCAATATGAAACCCCACGCCGTTTCCATGTACCAAATTCCCCTGTTTGTCTGAGCTGTCCTTAT
CACGGCTGTACTCCTACTCCTATCACTTCCAGTCCTAGCCGCCGGTATTACAATGCTTCTTACAGACCGAAAC
TTAAACACTGCCTTCTTTGACCCAGCTGGAGGAGGGGATCCCATCCTTTACCAACACCTGTTT

线粒体 DNA 12S rRNA 片段序列：

CACCGCGGTTATACGAGAGGCCTAAGTTGACAGACAGCGGCGTAAAGAGTGGTTAAGGAAAACGCAAAAC
TAAAGCCGAACGCCTTCAGAACTGTTATACGTCTTCGAAGGTATGAAGCCCAACCACGAAAGTGGCTTTATC
CCTCCTGAACCCACGAAAGCTAAGGAA

黑纹小条鲕

Seriolina nigrofasciata (Rüppell，1829)

分　　类：鲹科 Carangidae；小条鲕属 *Seriolina*

英 文 名：blackbanded trevally

别　　名：黑甘，油甘，软骨甘，软钻

形态特征：体长卵圆形，稍侧扁；尾柄短，尾鳍基背腹缘各具1个深凹。吻钝圆。口裂大，上颌骨伸达眼中部后方。鳃耙少。眼中等大，上侧位；脂眼睑不发达。两颌齿尖细，尖端向里弯，排列成宽带状；犁骨和腭骨均有绒毛状齿。鳃孔大，前鳃盖骨和鳃盖骨后缘光滑。鳃耙1～2+5～8。体被小圆鳞，颊部、鳃盖上部及胸部也被鳞。侧线完全，无棱鳞。背鳍2个，分离。第一背鳍短小，有6～8枚鳍棘，各鳍棘间有膜相连；第二背鳍基底长，有1枚鳍棘、30～37枚鳍条，前部鳍条较长，略呈三角形。臀鳍基较第二背鳍基短，有1枚鳍棘、15～18枚鳍条，前方还有1枚游离短棘。腹鳍较长，胸位。尾鳍叉形。体背深蓝色，腹侧灰白色。体侧具不明显灰褐色斜横带5～6条，幼鱼的斜横带略呈斑块状，随着体长增加，体侧横带消失或不明显。尾柄背侧具暗色鞍状带，侧隆脊弱。胸鳍浅灰褐色，其他各鳍黑色，背鳍、臀鳍及尾鳍末端白色。

分布范围：我国东海、南海、台湾海域；日本南部海域，印度洋—西太平洋暖水域。

生态习性：暖温性中上层鱼类。栖息于岩礁底质近海或沙泥底质内湾，栖息水深20～150 m。捕食小型甲壳类、乌贼和小鱼。

线粒体 DNA COI 片段序列：

CCTTTATCTAGTATTCGGTGCCTGAGCCGGCATGGTCGGTACAGCCCTAAGTCTGCTCATCCGAGCAGAATTA
AGTCAACCCGGGGCTCTCCTGGGAGATGATCAAATTTATAACGTAATCGTTACAGCGCATGCGTTTGTAATAA
TTTTCTTTATAGTAATGCCAATCATAATTGGAGGCTTTGGAAACTGACTTATTCCCTTAATGATTGGAGCCCCT
GACATAGCATTTCCTCGAATAAACAATATGAGCTTTTGACTTCTTCCCCCCTCATTTCTCCTGCTTTTAGCATC
TTCAGGCGTCGAAGCCGGGGCTGGTACGGGTTGGACAGTTTACCCGCCCCTGGCCGGCAACCTCGCCCATG
CTGGAGCATCCGTAGACTTAACTATCTTCTCCCTTCATTTAGCAGGGATTTCCTCTATTCTAGGGGCTATTAAC
TTTATCACAACCATTATCAACATGAAACCCCATGCCGTCTCTATGTACCAGATCCCTCTGTTCGTTTGAGCCGT
CCTAATTACGGCTGTACTTTTACTCCTCTCTCTCCCAGTATTAGCCGCTGGCATTACGATGCTTCTTACAGACC
GAAATTTAAACACTGCCTTCTTCGACCCAGCAGGAGGGGGAGACCCAATCCTTTACCAACACCTATTT

线粒体 DNA 12S rRNA 片段序列：

CACCGCGGTTATACGAGAGGCCCTAAGTTGACAGACAGCGGCGTAAAGAGTGGTTAAGGAAAGCACAAAAC
TAAAGCCGAACGCCTTCAGAACTGTCATACGTCTTCGAAGGTATGAAGCCCAACCACGAAAGTGGCTTTATT
CCCCCTGAACCCACGAAAGCTAAGGAA

大甲鲹

Megalaspis cordyla (Linnaeus，1758)

分　　类：鲹科 Carangidae；甲鲹属 *Megalaspis*

英 文 名：torpedo scad

别　　名：铁甲，铁甲鲲，狗梗，扁甲

形态特征：体呈纺锤形，稍侧扁；尾柄宽而平扁。头近圆锥形，吻钝尖。眼大，上侧位；脂眼睑非常发达，前后均伸达眼中部，仅瞳孔中央露出 1 条缝。口中等大，前位；上颌骨后端伸达眼中部下方。两颌齿细尖，尖端向里弯；上颌具齿数行，呈带状；下颌齿前端 2 ~ 3 行，两侧各 1 行；犁骨、腭骨及舌上均具细齿带。鳃孔大，前鳃盖骨和鳃盖骨边缘光滑，具假鳃。体被小圆鳞，只胸部侧下和腹面无鳞。侧线完全，前部弧形，直线部长于弯曲部；棱鳞存在于弧形后部及直线全部，强大，排列似羽状，在尾柄处连接形成 1 条显著隆起的脊。背鳍 2 个，分离。第一背鳍稍高，前方有 1 枚向前平卧的棘；第二背鳍前部略呈三角形，后有 8 ~ 9 个分离的小鳍。臀鳍与第二背鳍同形，前方有 2 枚游离短棘，后有 7 ~ 8 个分离小鳍。胸鳍长大，镰形。腹鳍小。尾鳍叉形。体背部灰蓝色带金黄色光泽，腹部银白色，鳃盖后缘上方有 1 块黑色斑。背鳍、尾鳍棕黑色，具黑色边缘；胸鳍基部棕黑色，后端黄色；腹鳍、臀鳍乳白色。

分布范围：我国东海、台湾海域和南海；印度洋—西太平洋海域，西起红海和非洲东岸，东至印度尼西亚，北至日本，南至澳大利亚。

生态习性：暖水性中上层鱼类。栖息水深 20 ~ 100 m。洄游于热带和亚热带近海海域。喜结群，游泳速度快。摄食浮游动物、小鱼和小虾。

线粒体 DNA COI 片段序列：
AAGCCTCCTGATCCGAGCAGAACTTAGTCAACCTGGCGCCCTTTTAGGGGATGACCAAATTTATAACGTAAT
CGTTACGGCCCATGCCTTTGTAATAATTTTCTTTATAGTAATACCAATCATGATTGGAGGCTTCGGAAACTGAC
TTATCCCCTTAATGATCGGAGCCCCCGACATGGCATTCCCCCGAATAAATAATATGAGCTTCTGACTCCTCCCT
CCTTCATTCCTTCTGCTTTTGGCCTCTTCAGGAGTAGAAGCCGGGGCTGGAACAGGTTGAACTGTATACCCT
CCACTAGCTGGCAATCTCGCTCATGCCGGAGCATCAGTAGATCTAACTATCTTCTCCCTCCACTTAGCAGGGG
TCTCATCAATCCTTGGGGCTATTAATTTCATTACTACGATTATTAATATAAAACCGCCCGCAGTTTCAATATACC
AAATTCCATTATTTGTCTGAGCCGTGCTGATTACAGCCGTCCTCCTCCTCCTCTCTCTTCCAGTCCTAGCTGCT
GGGATCACGATACTTCTCACAGACCGAAACCTAAACACTGCCTTCTTTGATCCGGCAGGAGGTGGAGATCCA
ATTCTTTATCAACACCTATTC

线粒体 DNA 12S rRNA 片段序列：
CACCGCGGTTATACGAGAGGCTCAAGTTGACAGACAACGGCGTAAAGCGTGGTTAAGGAAATTATTCAACT
AAAGCGGAACCTCCTCCTAGCTGTTATACGCTTCCGAGGAAGTGAACCCCAACTACGAAAGTGGCTTTATTT
AACCTGAACCCACGAAAGCTAAGAAA

乌鲳

Parastromateus niger (Bloch，1795)

分　　类：鲳科 Carangidae；乌鲳属 *Parastromateus*

英 文 名：black pomfret

别　　名：乌鲳，黑鲳

形态特征：体呈卵圆形，高而甚侧扁。背部和腹部轮廓隆起，甚突出。头中等大，侧扁。吻钝圆。眼小，眼间隔很隆起。脂眼睑不发达。口小，前位，下颌略突出于上颌。上、下颌各有1列圆锥状小齿；犁骨、腭骨和舌面均无齿。鳃孔大，鳃盖膜不与峡部相连。鳃耙粗短，排列稀疏。无假鳃。体被小圆鳞，胸部完全具鳞；背鳍及臀鳍上覆盖有鳞片。侧线前部稍弯曲，沿体侧延伸至尾柄处而直走；棱鳞仅存在于尾柄处，各棘相连而形成一隆起嵴。背鳍Ⅱ～Ⅵ - 41～46；第一背鳍弱，成鱼时消失。胸鳍长，镰刀形。腹鳍长，但随着成长而消失。臀鳍Ⅱ - 35～40。尾鳍叉形。体色一致为草绿色至蓝褐色。各鳍皆暗色。幼鱼体侧具横斑，腹鳍则为黑色。

分布范围：我国黄海、东海、台湾海峡和南海；广泛分布于西起非洲东岸、北至日本南部、南抵澳大利亚北部之海域。

生态习性：通常白天游动于底层，晚上则于表层休息。经常聚集成群于水深15～40 m的沙泥底海域。以浮游性动物为食。

线粒体 DNA COI 片段序列：

GAGCCTTCTTATTCGAGCAGAACTAAGCCAACCTGGCGCCCTCCTTGGGGACGACCAAATTTATAACGTTAT
TGTTACGGCCCACGCCTTTGTAATAATTTTCTTTATAGTAATGCCAATCATGATTGGAGGCTTCGGAAACTGAC
TTATCCCTCTAATGATCGGAGCCCCTGATATAGCATTCCCACGAATAAACAATATGAGTTTCTGACTTCTACCC
CCTTCTTTCCTTCTACTACTAGCCTCTTCAGGGGGTTGAAGCTGGGGCGGGAACTGGCTGAACAGTTTATCCC
CCATTAGCTGGGAACCTTGCTCATGCCGGAGCATCAGTTGATTTGACTATTTTCTCCCTTCACTTAGCAGGGG
TTTCATCAATTCTAGGGGCAATTAATTTTATTACCACTATCATTAATATGAAACCCCCTGCAGTATCAATATACC
AAATCCCACTGTTTGTCTGAGCCGTCCTGATTACGGCCGTTCTTCTTCTCCTATCCCTCCCAGTCTTAGCTGCT
GGCATTACAATGCTTCTCACAGATCGAAATCTAAATACTGCATTCTTCGACCCCGCAGGAGGTGGAGACCCA
ATCCTCTACCAACACCTATTC

线粒体 DNA 12S rRNA 片段序列：

CACCGCGGTTATACGAGAGGCTCAAGTTGACAGACAACGGCGTAAAGAGTGGTTAAGGAAAATACACTAAC
TAAAGCGGAACACCCTCATAGCTGTTATACGCTTCCGAGGGCATGAACCCCAACCACGAAGGTGGCTTTACA
TTACCTGAACCCACGAAAGCTAAGAAA

间断仰口鲾

Deveximentum interruptum (Valenciennes，1835)

分　　类：鲾科 Leiognathidae；仰口鲾属 *Deveximentum*

英 文 名：pig-nosed ponyfish

别　　名：鹿斑鲾，金钱仔

形态特征：体呈卵圆形，侧扁而高，腹部轮廓更突出。头小，背部较凹。吻端不呈截形。眼大；眼间隔凹。脂眼睑不发达。眼上缘具一明显鼻后棘。口小，倾斜；下颌呈垂直状，微凹；上、下颌可向前伸出，形成向上斜口管。上、下颌各有 1 列细齿，犁骨、腭骨和舌面均无齿。鳃孔大。鳃盖膜与峡部相连，前鳃盖骨下缘有明显的锯齿。匙骨前缘上部和中部各有 1 枚显著的小棘。头部无鳞，胸部和身体均被小圆鳞；侧线弯曲，末端不达尾鳍基。背鳍、臀鳍鳍棘弱，皆以第二鳍棘最长，前部鳍基有鳞鞘。胸鳍亚胸位，基部有 1 个大的腋鳞。尾鳍叉形。体灰褐色，腹侧银白色，体背侧具 9 ～ 11 条褐色横带。眼眶至额部有一黑线纹。沿背鳍基底有暗色纵纹。

分布范围：我国东海、南海、台湾海域；印度洋—西太平洋暖水域。

生态习性：为暖水性沿岸鱼类。栖息于近岸浅海区。体长约 5.9 cm。

线粒体 DNA COI 片段序列：

CCTTTATATAGTATTTGGTGCCTGAGCTGGCATAGTCGGAACCGCCCTAAGTTTACTCATCCGAGCAGAATTA
AGCCAACCCGGCGCTCTCCTAGGAGATGACCATATTTATAACGTTATTGTTACCGCACATGCATTCGTAATAAT
TTTCTTTATAGTAATACCCATTATAATCGGAGGCTTCGGAAACTGACTTATTCCCCTAATAATTGGAGCCCCAG
ACATAGCATTCCCACGAATAAACAACATAAGCTTCTGACTTCTTCCCCCATCATTTCTTCTATTACTAGCATCT
TCAGGAATTGAAGCCGGTGCAGGAACAGGATGAACCGTGTACCCCCCTCTAGCAGGCAACCTTGCCCACGC
AGGAGCCTCTGTTGACTTAACAATTTTCTCCCTTCACCTAGCAGGAATTTCCTCAATCCTGGGCGCTATTAAT
TTTATCACAACAATTATCAACATAAAACCCCCAGCCATTTCACAATTCCAAACTCCCCTATTTGTGTGAGCTG
TCTTAATTACGGCCGTACTCCTTCTCCTTTCCCTACCAGTCCTTGCTGCCGGAATTACAATACTATTAACTGAC
CGAAATCTAAACACCACCTTCTTTGACCCCGCAGGAGGAGGTGATCCAATCCTCTACCAACACTTATTC

线粒体 DNA 12S rRNA 片段序列：

CACCGCGGTTATACGAGAGACCCAAATTGATAGTACTCGGCATAAAGTGTGGTAAAGAAAACAAACAATAA
AGCCGAACTCTTCCAAGGCTGTTATACGCAACCGAAAGAAAGAAGACCAACAACGAAAGTGACTTTACCTC
ATCTGAACCCACGAAAGCTAGGAAA

横带髭鲷

Hapalogenys analis Richardson，1845

分　　类：石鲈科 Haemulidae；髭鲷属 *Hapalogenys*

英 文 名：broadbanded velvetchin

别　　名：十六枚，石飞鱼，打铁婆

形态特征：体近椭圆形，侧扁，背缘隆起很高，吻端至第一背鳍之间的坡度陡峭。头中等大。吻尖。眼中等大，上侧位；眼间隔微突。口中等大，前位，稍倾斜。上颌骨短，为眶前骨所遮盖。两颌齿细小呈绒毛带状，犁骨、腭骨及舌上均无齿。颏部密生小髭，颏孔 5 对，最前面的 2 对颏孔隐于颏须之下。前鳃盖骨边缘具细锯齿，鳃盖骨后缘有 1 枚小扁棘。体被小栉鳞；头部除吻端、颏部、上下颌外，大部分被鳞。背鳍和臀鳍基部具鳞鞘。侧线完全，侧线鳞 43 ～ 48。背鳍单一，前方有 1 枚向前平卧的棘，有 11 枚鳍棘、15 枚鳍条，鳍棘部与鳍条部间具缺刻，鳍棘强大，尤以第三棘为甚。臀鳍小，有 3 枚强棘、9 枚鳍条。胸鳍宽短。腹鳍短于胸鳍。尾鳍圆形。体灰褐色，腹部淡色。体侧具 6 条暗褐色斜横带。腹鳍灰黑色；背鳍鳍棘和臀鳍鳍棘的棘膜黑褐色，背鳍鳍条部、臀鳍鳍条部及尾鳍淡黄色，有黑色边缘；胸鳍浅黄褐色。

分布范围：我国渤海、黄海、东海、南海、台湾海域；日本南部海域、朝鲜半岛海域，西北太平洋温热水域。

生态习性：暖水性近海恋礁性中小型鱼类，最大体长可达 208 mm。主要栖息于水深 30 ～ 50 m 的礁岩区或是沙泥底的交汇区。肉食性，以底栖的甲壳类、鱼类及贝类等为主食。通常喜好成群游动，白天躲藏在洞穴中，夜间出外捕食。

线粒体 DNA COI 片段序列：

CGGTGTATTTTTAGGAAATGATCATCTTTACAATGTGATCGTTACAACACATGCATTCGTAATAATCTTTTTTAT
AGTTATACCAATCATGATTGGTGGATTTGGCAATTGGCTAGTTCCCCTCATGATTGGGGCCCCCGACATGGCC
TTTCCACGAATAAACAACATAAGCTTCTGGCTTCTCCCCCCATCCTTCCTTCTTCTTATTACCTCTGCAGGGTT
GGAGACTGGGGCAGGAACTGGATGGACTGTTTACCCACCTCTAGCAGGCAACCTCGGCCACGCAACTGCAT
CAATTGAATTAGCTATTTTTTCCCTTCATCTAGCAGGGGCATCCTCAATTCTTGGAGCAATTAACTTTATTTCA
ACCATTGCCAACATAAAACCCCCTGGAATAACACAATACCAAACACCCCTATTCGTATGGTCCGTTCTAGTCA
CCGCCTTCCTCCTACTACTATCACTTCCAGTCCTTGCTGCTGCCATTACAATGCTTCTGACAGACCGCAACCT
AAATACAACCTTCTTTGACCCCTCAGGAGGTGGTGATCCAATTCTCTACCAACACCTATTC

线粒体 DNA 12S rRNA 片段序列：

CACCGCGGTTATACGAGAAGCCCAAGTTGTTAGATACCGGCGTAAAGTGTGGTTAAGACTTAAACCCTAAGA
CTAAAGCTGAATGCCTTCTAGGCCGTTATACGTACCTGAAAGTAAGAAAACCAATTACGAAAGTAGCTTTAC
TACTTCTGACTCCACGAAAGCCAGGAAA

斜带髭鲷

***Hapalogenys nigripinnis* (Temminck & Schlegel，1843)**

分　　类：石鲈科 Haemulidae；髭鲷属 *Hapalogenys*

英 文 名：short barbeled velvetchin

别　　名：十八枚，打铁鱼，包公鱼

形态特征：体呈长椭圆形，高而侧扁。体背缘弯曲弧度较大，腹面圆钝。尾柄短，侧扁。头较大，吻端至背鳍之间的坡度陡。吻钝。眼中等大，侧上位；眼间隔突。口前位，微斜，上、下颌等长。两颌上的齿呈绒毛带状；犁骨、腭骨及舌上无齿。下颌密布极短的颏髭；颏孔 4 对，最后 1 对呈裂孔状。鳃孔大，前鳃盖骨边缘有细齿。有假鳃。鳃耙短小，内缘有细锯齿。体被细栉鳞。侧线完全，与背缘平行。背鳍前端有 1 枚向前的倒棘。背鳍有 11 枚鳍棘、15 ～ 16 枚鳍条，第四鳍棘长小于第三鳍棘长。臀鳍小，有 3 枚鳍棘、9 ～ 10 枚鳍条。尾鳍末缘圆形。体黄褐色，体侧有 2 条宽幅斜带。背鳍、尾鳍、臀鳍后缘不呈黑色。

分布范围：我国渤海、黄海、东海、南海、台湾海域；日本南部海域、朝鲜半岛海域，西太平洋温热水域。

生态习性：为暖温性近海中小型鱼类，常见体长不足 40 cm。主要栖息于水深 3 ～ 50 m 的礁岩区或沙泥底质海区。喜好成群游动，白天躲藏在洞穴中，夜间外出觅食。肉食性，主要以底栖甲壳类、鱼类及贝类为食。

线粒体 DNA COI 片段序列：

TGGCGCTCTACTGGGCGACGACCAGATCTATAATGTAATCGTTACAGCCCATGCATTTGTAATAATCTTTTTTA
TAGTGATACCCATCATAATCGGAGGCTTTGGAAACTGACTCATCCCACTCATGATTGGAGCCCCTGATATAGC
CTTTCCACGAATAAACAACATAAGCTTTTGATTACTTCCCCCTTCCTTCCTTCTACTCCTAGCCTCGTCAGGA
GTAGAAGCAGGAGCTGGAACTGGGTGAACCGTATATCCACCTCTAGCAGGTAACCTCGCACATGCGGGGGC
ATCTGTAGACCTAACTATTTTTTCCCTCCACTTGGCCGGAGTGTCCTCAATTCTTGGAGCTATCAATTTTATCA
CAACTATTATTAACATAAAACCCCTGCCATCTCACAATACCAGACACCCTATTCGTTTGAGCCGTCCTAATT
ACTGCTGTTCTCCTACTCCTCTCACTTCCAGTTCTTGCCGCCGGCATTACAATACTTTTAACAGACCGTAATCT
AAATACAACCTTCTTTGACCCTGCGGGAGGGGGGGACCCCATTCTCTATCAACATCTATTC

线粒体 DNA 12S rRNA 片段序列：

CACCGCGGTTATACGAGAGACCCAAGTTGCTAGACACCGGCGTAAAGTGTGGTTAAGATTCTAATACAAAGC
TAAAGCCGAACATCTTCAAAGCTGTTATACGCACCCGAAGGTAAGAAGACCAATTACGAAGGTAGCTTTAAC
TCTATCCGACTCCACGAAAGCCAGGAAA

黄鳍棘鲷

Acanthopagrus latus (Houttuyn，1782)

分　　类：鲷科 Sparidae；棘鲷属 *Acanthopagrus*

英 文 名：yellow-fin seabream

别　　名：黄鳍鲷，黄鳍，赤翅仔，赤翅，花身，镜鲷

形态特征：体高而侧扁，呈椭圆形，背缘隆起，腹缘圆钝。头中等大，前端尖。头背缘和眼间隔均稍隆起。口端位，上、下颌约等长。上颌前端具圆锥齿 2 ~ 3 对，两侧具臼齿 4 列；下颌前端具圆锥齿 2 ~ 3 对，两侧具臼齿 3 列；犁骨、腭骨及舌面皆无齿。体被薄栉鳞，背鳍及臀鳍基部均具鳞鞘，基底被鳞。侧线完整，侧线鳞 43 ~ 48，侧线上鳞 4，侧线至背鳍基底之间有 3.5 列鳞。背鳍单一，有 11 枚鳍棘、10 ~ 11 枚鳍条，鳍棘部与鳍条部间无明显缺刻，鳍棘强，第四或第五鳍棘最长；臀鳍小，与背鳍鳍条部同形，有 3 枚鳍棘、8 枚鳍条，第二鳍棘强大；胸鳍中长，长于腹鳍；尾鳍叉形。体灰白至淡色，体侧具金黄色之点状纵带；鳃盖具黑色缘；侧线起点及胸鳍腋部各有 1 个黑点。背鳍灰色至透明无色；胸鳍、腹鳍及臀鳍在鱼体鲜活时会呈现鲜黄色，有时在鳍膜间具黑纹；尾鳍灰色，具暗色缘，下叶具黄色光泽。

分布范围：我国东海、南海、台湾海域；日本南部海域、菲律宾海域，印度洋—西太平洋暖水域。

生态习性：主要栖息在泥质底或沙质底的大陆架或沿岸海域，最大栖息水深可达 50 m 左右，亦会进入河口或淡水水域中。幼鱼时期栖息在湾内平缓的半咸淡水水域。以多毛类、软体动物、甲壳类、棘皮动物及其他小鱼为主食。

线粒体 DNA COI 片段序列：

CCTTTATCTCGTATTTGGTGCTTGAGCTGGAATAGTAGGAACTGCCTTAAGCCTGCTCATTCGAGCCGAATTA
AGCCAACCTGGAGCTCTCCTAGGAGACGATCAAATTTATAATGTTATTGTTACAGCACATGCGTTTGTAATAA
TTTTTTTTTATAGTAATACCAATTATGATTGGAGGCTTCGGAAATTGATTAGTACCACTTATGATCGGTGCTCCTG
ATATAGCATTCCCCCGAATAAACAACATAAGCTTCTGACTTCTTCCCCCATCATTCCTCCTACTGCTAGCTTCT
TCTGGCGTCGAAGCTGGGGCCGGCACTGGATGGACAGTCTACCCCCCACTGGCAGGAAACCTCGCTCACGC
AGGTGCATCAGTTGACCTGACTATTTTTTCTCTTCACCTGGCTGGGGTTTCATCTATTCTTGGTGCCATTAATT
TTATTACTACCATTATTAATATGAAGCCACCAGCTATTTCACAATATCAAACGCCCCTATTTGTGTGGGCCGTTT
TAATTACTGCCGTTCTACTTCTCTTGTCTCTTCCAGTTCTTGCTGCCGGAATTACAATGCTCCTTACAGATCGA
AACCTGAATACCACCTTCTTTGATCCAGCTGGAGGGGGAGACCCTATTCTTTACCAACACTTATTC

线粒体 DNA 12S rRNA 片段序列：

CACCGCGGTTATACGGGAGGCCCAAGTTGTCAGAAGTCGGCGTAAAGGGTGGTTAAGAACAAGACTAAAAT
TAAAGCCGAACATCTTCCGAGCTGTTATACGCATCCGAAGGTAAGAAGCTCAACTACGAAAGTAGCTTTATA
CATTCTGAGTCCACGAGAGCTGAGATA

黑棘鲷

Acanthopagrus schlegelii (Bleeker，1854)

分　　类：鲷科 Sparidae；棘鲷属 *Acanthopagrus*

英 文 名：blackhead seabream

别　　名：黑鲷，铜盆鱼，乌格，黑格，厚唇，乌毛，乌鲹，黑颊

形态特征：体呈长椭圆状，侧扁，背面狭小，由头顶向吻端渐倾斜，腹面钝圆，近于平直。吻尖。眼睛中等大小，侧位而高，距鳃盖后上角约与距吻端相等。眼间隔宽，突起，其宽大于眼径。每侧鼻孔 2 个，紧位于眼前方，前鼻孔小，圆形，具 1 个瓣膜，后鼻孔裂缝状。口中等大，前位，倾斜，上、下颌等长，上颌后端达眼前缘下方。上颌前端具犬齿 6 枚，两侧臼齿 4 ~ 5 列，每列后端者皆大，向前依次减小；犁骨、腭骨及舌上均无齿。体被中等大的栉鳞。颊鳞 7 行，背鳍和臀鳍鳍棘部有发达的鳞鞘。侧线完全；侧线鳞 51 ~ 55。背鳍有 11 枚鳍棘、11 枚鳍条，鳍棘与鳍条相连，鳍棘强大；臀鳍有 3 枚鳍棘、8 枚鳍条，第二鳍棘强大；胸鳍长，末端达臀鳍起点上方；腹鳍短，位于胸鳍基下方。尾鳍叉形。体银灰色，体侧有许多不太明显的暗褐色横带；鳃盖上角及胸鳍腋部各具一黑点；侧线开始处有 1 个不规则的黑斑。除胸鳍黄色外，其余鳍暗灰色。

分布范围：我国渤海、黄海、东海、南海、台湾海域；日本北海道以南海域、朝鲜半岛海域，西北太平洋温暖水域。

生态习性：广温、广盐性中等大小的鱼类，记载最大体长可达 500 mm。黑棘鲷是鲷科家族中对水质的耐受性最强的鱼类，但性情敏感多疑，警戒性强，会以尾鳍挖土，行动极为敏捷。属于温、热带沿岸杂食性底栖鱼类，喜栖于沙泥底内湾水域，有时会进入河口区域。以底栖甲壳类、软体动物、棘皮动物及多毛类为食。个体发育存在性逆转现象。

线粒体 DNA COI 片段序列：

TGGCGCTCTCCTAGGAGATGATCAAATTTATAATGTAATTGTTACAGCACATGCGTTTGTAATAATTTTCTTTA
TAGTAATACCAATTATGATTGGGGGCTTTGGAAATTGATTAGTACCACTTATGATTGGTGCCCCTGACATAGCA
TTCCCCCGTATAAACAACATAAGCTTCTGACTTCTTCCTCCATCATTCCTTCTGCTGCTAGCTTCTTCTGGTGT
CGAAGCTGGGGCCGGTACCGGGTGGACAGTTTACCCCCCACTGGCAGGAAACCTCGCCCACGCAGGTGCA
TCAGTTGACTTAACCATCTTTTCTCTTCACCTAGCCGGAATTTCATCTATTCTTGGGGCCATCAATTTTATTACC
ACTATTATTAATATGAAACCGCCAGCTATCTCACAATATCAAACACCCCTATTTGTGTGGGCCGTTTTAATTAC
TGCTGTCCTACTCCTCTTGTCCCTCCCAGTTCTTGCTGCCGGAATTACAATACTCCTTACAGACCGAAATCTA
AATACCACCTTCTTTGACCCAGCTGGAGGAGGAGACCCTATTCTCTATCAACACCTATTC

线粒体 DNA 12S rRNA 片段序列：

CACCGCGGTTATACGGGAGGCCCAAGTTGCTAGGAGTCGGCGTAAAGGGTGGTTAAGAACAAAACTAAAAT
TAAAGTCGAACATCTTCCGAGCTGTTATACGCATCCGAAGGTAAGAAGCTCAAATGCGAAAGTAGCTTTATAT
CTTCTGAATCCACGAAAGCTGAGATA

二长棘犁齿鲷

Evynnis cardinalis (Lacepède，1802)

分　　类：鲷科 Sparidae；犁齿鲷属 *Evynnis*

英 文 名：threadfin porgy

别　　名：二长棘鲷，盘仔

形态特征：体呈长卵圆形，甚侧扁。左、右额骨分离。眼中等大小，侧上位；眼间隔突起。口小，端位。颌前端具 4～6 枚犬齿，两侧具 2 行臼齿。犁骨、腭骨及舌上均无齿。前鳃盖骨后缘平滑；鳃盖骨后端有 1 个扁平的钝棘。体被中等大小的栉鳞。颊鳞 6 行。侧线完全，与背缘平行；侧线鳞 58～62。背鳍有 12 枚鳍棘、10 枚鳍条，第一、第二鳍棘短小，第三、第四鳍棘呈丝状延长。尾鳍叉形。体背侧红色，腹侧粉红色。主鳃盖骨后缘和背鳍延长的鳍棘深红色，体侧有数纵行青绿色点线。

分布范围：我国东海、南海、台湾海域；西北太平洋温暖水域。

生态习性：为暖温性中小型底层鱼类。栖息于沙泥底质海域，栖息水深 0～100 m。最大体长约 35 cm。肉食性，主要以小鱼、小虾或软体动物为食。

鲈形目 Perciformes

线粒体 DNA COI 片段序列：

AAGCCTGCTCATTCGAGCTGAGCTTAGCCAGCCCGGGGCTCTCCTAGGCGACGACCAGATTTATAATGTAAT
TGTTACAGCACACGCATTTGTAATAATTTTCTTTATAGTAATGCCAATTATGATTGGGGGCTTTGGAAACTGAT
TAATTCCACTCATGATTGGTGCCCCTGATATAGCATTCCCTCGAATGAACAACATGAGCTTCTGACTGCTGCC
TCCATCTTTCCTTCTTCTACTCGCCTCCTCAGGAGTTGAAGCTGGGGCTGGCACTGGGTGAACAGTTTACCC
GCCACTGGCAGGCAATCTCGCCCACGCAGGAGCATCGGTCGACCTGACCATCTTTTCTCTTCACCTAGCAGG
TATCTCATCAATTCTTGGTGCAATTAATTTTATTACTACCATCATCAACATGAAACCCCCTGCTATCTCCCAGTA
CCAAACTCCCCTGTTCGTTTGGGCGTTCTTATCACGGCTGTTCTTCTTCTTTTATCCCTACCAGTTCTTGCTG
CCGGAATTACAATACTCCTCACCGATCGTAACCTGAACACTACCTTCTTTGACCCAGCTGGGGGAGGGGACC
CAATTCTTTACCAACACTTATTC

线粒体 DNA 12S rRNA 片段序列：

CACCGCGGTTATACGGGAGGCCCAAGTTGATAGAAATCGGCGTAAAGGGTGGTTAGGAGAAAGTTTAAAT
TAAAGCCGAACGCCTTCAAGGCTGTTATACGCATCCGAAGGTAAGAAGCCCAATCACGAAAGTGGCTTTATA
TATTCTGACCCCACGAAAGCTAAGAAA

真鲷

Pagrus major (Temminck & Schlegel，1843)

鲈形目 **Perciformes**

分　　类：鲷科 Sparidae；真鲷属 *Pagrus*

英 文 名：red seabream

别　　名：真赤鲷，红加吉，正鲷，加腊，铜盆鱼

形态特征：体呈长椭圆形，侧扁；背缘钝圆，从背鳍前部向吻端逐渐倾斜。头大，前端稍尖。眼中等大，侧上位。眼间隔宽，隆起。口小，前位，稍倾斜，上、下颌约等长；上颌骨后端伸达眼前缘下方。上颌前端有 4 枚犬齿，两侧有 2 列臼齿；下颌前端有 6 枚犬齿，两侧有 2 列臼齿；犁骨、腭骨及舌上均无齿。前鳃盖骨后缘平滑；鳃盖骨后缘有一个扁平的钝棘。体被弱栉鳞，颊鳞 6 行。侧线完全，弧形，与背缘平行。背鳍有 12 枚鳍棘、9～10 枚鳍条，鳍棘部与鳍条部相连，中间无缺刻；背鳍鳍棘不呈丝状延长。腹鳍胸位。臀鳍短，有 3 枚鳍棘、8 枚鳍条。尾鳍叉形。体呈淡红色，在体侧背部散布若干个鲜艳的蓝色小点，尾鳍边缘暗色。

分布范围：我国沿海；日本海域、朝鲜半岛海域。

生态习性：暖水性大中型底层鱼类，体长一般在 30 cm 左右，最长可达 1 m。通常栖息于 30 m 以浅的沙砾及泥沙质海区。喜集群，游泳迅速。性凶猛，主要以贝类和甲壳类为食。生殖季节游向近岸。

线粒体 **DNA COI** 片段序列：

CCTGTGGCAATCACACGCTGATTTTTCTCAACCAACCATAAAGACATCGGCACCCTTTATCTTGTATTTGGTGCTTGGGCCGGGATAGTAGGGACTGCCTTAAGCCTGCTCATCCGAGCTGAGCTTAGCCAGCCCGGGGGCTCTCCTAGGCGACGACCAGATTTATAATGTAATTGTTACAGCACACGCATTTGTAATAATTTTCTTTATAGTAATGCCAATTATGATTGGGGGCTTTGGAAACTGATTAATTCCACTTATAATTGGTGCCCCTGATATGGCCTTCCCCCGAATGAACAACATAAGCTTCTGACTACTCCCCCCATCTTTCCTTCTTCTACTCGCTTCCTCCGGGGTTGAAGCCGGGGCTGGCACTGGGTGAACAGTTTATCCACCACTGGCGGGTAATCTTGCCCATGCAGGAGCATCAGTCGACCTAACCATCTTTTCTCTTCACTTAGCGGGTATTTCATCAATTCTTGGTGCAATTAACTTTATTACTACCATCATCAATATGAAACCCCCTGCTATTTCCCAGTATCAGACCCCCTTGTTCGTTTGGGCCGTTCTTATTACCGCTGTCCTTCTTC

线粒体 **DNA 12S rRNA** 片段序列：

CACCGCGGTTATACGGGAGGCCCAAGTTGTTAAAAATCGGCGTAAAGGGTGGTTAAGAGCAAGCTTAAAATTAAAGCCGAACGCCTTCTAGGCTGTTATACGCATCCGAAGGTAAGAAGCCCAATCACGAAAGTAGCTTTATATTTTCTGACCCCACGAAAGCTAAGATACAAACTGGGATTAGATACCCCACTATGCTTAGCCGTAAACATTGACAGTTGAATACATTTTCTGTCCGCCCGGGTACTACGAGCATTAGCTTAAAACC

金线鱼

Nemipterus virgatus (Houttuyn，1782)

分　　类：金线鱼科 Nemipteridae；金线鱼属 *Nemipterus*

英 文 名：golden threadfin bream

别　　名：金线鲢，黄线，红杉

形态特征：体呈长纺锤形，侧扁；头端略尖，头背呈弧形，两眼间隔区不隆突。吻中大。眼大；眶下骨的后上角无锐棘，下缘平滑，上缘不具前向棘。口中等大，端位；上颌具 3～4 对犬齿，不呈水平突出；犁骨、腭骨及舌面均不具齿。前鳃盖骨后缘平滑，颊鳞 3 列。第一鳃弓鳃耙数 12～16。体被大栉鳞。侧线完全，位高，与背缘平行。侧线鳞 47～48；侧线上鳞 3。背鳍连续而无深刻，有 10 枚鳍棘、9 枚鳍条；臀鳍有 3 枚鳍棘、8 枚鳍条；胸鳍长，末端达臀鳍起点；腹鳍长，达臀鳍起点；尾鳍分叉，上、下叶末端呈尖形，上叶延长成丝状。头部上方及体背呈粉红色，愈近腹部体色愈淡，腹部为银白色，体侧具 5～6 条金黄色纵带；侧线起始处下方具 1 块小而呈长卵形的淡红色斑。背鳍淡粉红色，基部有 1 条黄色纵纹，另具带红色光泽的鲜黄色缘；臀鳍淡粉红色，有 2 条黄色纵纹；尾鳍粉红色，具鲜黄色缘；余鳍淡粉红色或透明。

分布范围：我国黄海、东海、南海、台湾海域；日本南部海域，西北太平洋温暖水域。

生态习性：暖温性中小型底层鱼类。栖息于沙泥底质海区，栖息水深 1～220 m。最大体长约 35 cm。食性广，主食短尾类和长尾类等底栖动物，也食小型头足类和鱼类。产浮性卵。

线粒体 **DNA COI** 片段序列：

AAGTTTGTTAATTCGAGCAGAGCTTAGTCAACCAGGGGCCCTCCTAGGCGACGACCAGATTTATAACGTTAT
TGTTACGGCTCACGCTTTTGTAATAATTTTCTTTATAGTAATACCAATTATAATCGGCGGGTTCGGAAACTGAC
TAATCCCCCTCATGATCGGAGCCCCCGACATGGCATTCCCCCGAATAAATAACATAAGCTTCTGACTTTTACC
CCCTTCTTTCCTTTTACTTCTTGCTTCGTCCGGCATTGAGGCAGGGGCAGGAACAGGCTGAACAGTCTATCC
CCCTCTTGCAGGCAACCTAGCACACGCAGGAGCATCCGTTGATTTAACCATTTTCTCACTCCACCTGGCTGG
GATTCTTCAATTTTAGGGGCTATTAACTTTATTACTACTATTATTAATATGAAGCCTCCAGCTATTTCCCAATAC
CAAACACCCTTATTCGTATGGGCAGTTTTAATTACAGCTGTCCTCCTCCTTCTTTCTCTTCCCGTTTTAGCAGC
CGGTATTACAATGCTTCTAACTGACCGAAACCTAAACACAACCTTCTTCGACCCTGCAGGCGGAGGAGATCC
TATTCTTTACCAACACCTTTTC

线粒体 **DNA 12S rRNA** 片段序列：

CACCGCGGTTATAGGAGGAACTCAAGTTGACAAGCCCCGGCGTAAAGCGTGGTTAAATATATTTATAAAATA
AAGCCGAAAACATTCACAGCAGTTATACGCATGAGAGTAATAAGCCCGCTTACGAAAGTAGCTTTATAGTATT
TGAATCCACGAAAACTGGGGCA

四指马鲅

Eleutheronema tetradactylum (Shaw, 1804)

分　　类：马鲅科 Polynemidae；四指马鲅属 _Eleutheronema_

英 文 名：fourfinger threadfin

别　　名：四丝马鲅，竹午，大午

形态特征：体延长而侧扁。头中等大，前端圆钝。吻短而圆，突出于口上方。眼较大，位于头的前部；脂眼睑发达，呈长椭圆形。口大，下位，口裂近水平。下颌唇不发达，只有近口角部分保留唇之构造。上下颌两侧均有齿，其外侧有小齿；犁骨齿群三角形，腭骨齿群长条形。体被栉鳞，背鳍、臀鳍及胸鳍基部均具鳞鞘，胸鳍及腹鳍基部腋鳞长尖形，两腹鳍间另具 1 个三角形鳞瓣。侧线直，且向后方缓慢倾斜；有孔的侧线鳞数为 71 ~ 80，侧线上鳞 9 ~ 12（通常为 10），侧线下鳞 13 ~ 15（通常为 14）。背鳍 2 个，第一背鳍由 8 枚鳍棘组成。胸鳍位低，下方有 4 枚游离丝状鳍条。臀鳍与第二背鳍同形，起点略后于第二背鳍，有 3 枚鳍棘、14 ~ 16 枚鳍条。尾鳍深叉形。除第一背鳍及胸鳍游离鳍条外，各鳍均被细鳞。体背灰褐色，腹侧乳白色。背鳍、胸鳍和尾鳍灰褐色，胸鳍后缘和游离鳍条以及尾鳍下缘浅色，臀鳍和腹鳍乳白色。

分布范围：我国沿海；印度洋—西太平洋海域，包括印度至东南亚各沿海，北至日本，南至巴布亚新几内亚、澳大利亚北部等沿海。

生态习性：暖水性中到大型鱼类，最大体长可达 1 m 左右。主要栖息于沙泥底质环境，包括沿岸、河口、红树林等半淡咸水水域，栖息水深 23 m 以浅。喜群栖性，常成群洄游，有季节洄游习性，会随着渔期到来而大量涌现。性凶猛，以虾、蟹、鱼类及蠕虫等为食。雌雄同体，雄性先熟。

线粒体 DNA COI 片段序列：

CCTCTACCTGATCTTTGGGGCATGGGCCGGAATAGTAGGAACGGCTCTAAGCCTCTTAATTCGTGCAGAACT
AAGCCAACCCGGCGCACTTCTAGGCGACGATCAGATTTACAATGTTATCGTTACCGCACATGCTTTCGTAATA
ATCTTCTTTATAGTAATACCAATCATGATTGGTGGCTTCGGAAACTGACTTGTACCTCTAATGATTGGTGCCCC
CGACATGGCATTTCCCCGCATAAACAACATGAGTTTCTGACTCCTCCCCCCTTCCTTCTTACTCCTCCTAGCC
TCCTCTGGAGTAGAAGCCGGAGCCGGAACAGGTTGAACTGTATACCCCCCTTTAGCAGGAAACCTTGCCCA
CGCGGGAGCATCGGTAGACCTAACCATTTTTTCTCTCCATCTAGCAGGAGTATCCTCAATTCTTGGTGCTATTA
ACTTTATTACAACTGTCCTAAACATAAAACCTGCCGCCGCTTCAATATATCAACTACCCCTATTCGTTTGAGCT
GTCCTAGTCACGGCCCGTATTACTTCTTCTATCCCTCCCTGTCCTAGCCGCTGGAATTACCATGCTATTAACAGA
CCGGAACCTCAATACTGCATTTTTTGACCCTGCAGGTGGGGGAGACCCAATTCTTTATCAGCACTTATTC

线粒体 DNA 12S rRNA 片段序列：

CACCGCGGTTATACGAGAGGCCCAAGTTGACAGACCACGGCGTAAAGAGTGGTTAGGGAAATTTCTAAACT
AAAGCCGAACGCTTCCTGAGAGCTGTTATACGCATATCGAAGTATGAAGACCAACAACGAAAGTGGCTTTA
ACCTTTAACCTGAACCCACGAGAGCTAAGGAA

六指马鲅

Polydactylus sextarius (Bloch & Schneider，1801)

分　　类：马鲅科 Polynemidae；多指马鲅属 *Polydactylus*

英 文 名：blackspot threadfin

别　　名：六指多指马鲅，黑斑马鲅，多指马鲅，六丝马鲅，午仔，须午仔

形态特征：体延长而侧扁。头中等大，前端圆钝。吻短而圆，突出于口上方。眼较大，眼径大于吻长，位于头的前部，脂眼睑发达，呈长椭圆形，完全遮盖眼睛。口大，下位，口裂近水平。下颌唇发达，但未达下颌缝合处；上、下颌两侧均有齿，其外侧无小齿；犁骨齿退化；腭骨具齿，呈窄带形。鳃耙细长。鳔不具侧肢。体被中大栉鳞，背鳍、臀鳍及胸鳍基部均具鳞鞘，胸鳍及腹鳍基部腋鳞长尖形，两腹鳍间另具 1 个三角形鳞瓣。侧线直，位于鱼体中上部，且向后方缓慢倾斜。背鳍 2 个，第一背鳍由 8 枚鳍棘组成，第二背鳍起点前于臀鳍起点。臀鳍与第二背鳍同形。胸鳍位低，下方有 6 枚游离丝状鳍条。尾鳍深叉形，上下叶不延长如丝。体背侧淡青色，腹侧乳白色，鳃盖上缘侧线起点处有 1 个大黑斑。腹鳍浅色，其余各鳍后部呈灰黑色。

分布范围：我国东海、台湾海峡和南海；印度洋—西太平洋海域，西起红海、非洲东部，东至中国东部海域。

生态习性：近海中小型鱼类，常见体长在 30 cm 以下。主要栖息于沙泥底混浊水域或珊瑚礁干净水域，不过仍以沙泥底质环境较常见，河口、港湾、红树林等海域亦能发现其踪迹。为群栖性，常成群洄游，以浮游动物或沙泥地中的软体动物为食。

线粒体 DNA COI 片段序列：

CCTCTACCTGATTTTTGGGGCATGAGCCGGAATAGTCGGAACCGCCCTAAGCCTTTTAATCCGTGCAGAGCT
GAGCCAACCCGGAGCACTTCTGGGGGATGACCAAATTTATAACGTCATCGTCACCGCACACGCTTTCGTAAT
AATTTTCTTTATAGTTATACCCATCATGATTGGGGGCTTTGGAAACTGACTTATTCCCCTTATGATCGGTGCCCC
CGACATGGCATTCCCCCGAATAAACAACATAAGTTTTTGACTACTTCCTCCTTCCTTCCTACTCCTCCTTGCCT
CCTCCGGGGTTGAAGCTGGGGCCGGAACAGGCTGAACCGTCTACCGCCTTTAGCAGGCAACCTCGCCCAC
GCAGGAGCATCCGTCGACCTAACCATTTTCTCCCTTCATCTGGCGGGGGTATCCTCCATTCTCGGCGCAATTA
ATTTTATTACAACGGTATTTAACATAAAACCTGCCGCCTCCTCAATATATCAACTACCATTGTTTGTCTGGGCC
GTCCTAATTACAGCTGTCCTCCTCCTCCTTTCTCTCCCCGTTCTAGCTGCCGGGATTACCATGCTACTAACCGA
CCGAAATTTAAATACCGCCTTCTTTGACCCTGCCGGAGGAGGAGACCCCATCCTTTATCAACACCTGTTT

线粒体 DNA 12S rRNA 片段序列：

CACCGCGGTTATACGAGGGACCCAAGTTGATGGACTACGGCGTAAAGCGTGGTTAGGGAAAATTTTAAAATA
AAGCCGAAGGCTCATCAGGGCTGTTATACGCACACGAGAGTATGAAGAACAACAACGAAAGTGGCTTTACC
CCTCCTGACCCCACGAAAGCTAAGAAA

日本白姑鱼

Argyrosomus japonicus (Temminck & Schlegel，1843)

分　　类：石首鱼科 Sciaenidae；白姑鱼属 *Argyrosomus*

英 文 名：Japanese meagre

别　　名：日本黄姑鱼，大白姑鱼

形态特征：体延长，侧扁。背缘浅弧形。头中等大，侧扁，尖突。吻尖突，吻上有 4 个小孔。吻褶完整。眼较小，上侧位，位于头的前半部；眼间隔宽而平坦。口大，前位，斜裂，两颌约等长，上颌骨后端伸达眼中部下方或稍后。上颌齿排成 2 行，外行齿较大，圆锥形，内行齿细小；下颌齿 2 行；犁骨、腭骨及舌上均无齿。颏孔 6 个，无颏须。鳃孔大，鳃盖膜不与峡部相连。前鳃盖骨后缘有细齿，鳃盖骨后缘有 2 枚扁棘。鳃盖条 7。有假鳃。体被栉鳞。侧线完全，伸达尾鳍后端。背鳍连续，鳍棘部与鳍条部之间有凹陷，有 10 ~ 11 枚鳍棘、27 ~ 29 枚鳍条。臀鳍有 2 枚鳍棘、7 ~ 8 枚鳍条。尾鳍双凹型。鳔小，鳔侧有 26 对侧肢，有腹分支，无背分支。体银灰色至黑褐色，胸鳍腋部有 1 个黑斑。

分布范围：我国东海、台湾海域和南海；日本相模湾以南海域，西太平洋暖水域。

生态习性：为暖水性近海大型中下层鱼类。主要栖息于岩礁浅海区，以鱼、虾、蟹及蠕虫等底栖生物为食。体长约 36 cm，最大体长可达 1.81 m、重 75 kg。

线粒体 DNA COI 片段序列：

CCTTTACCTAGTTTTTGGTGCATGAGCCGGAATAGTAGGCACAGCCTTGAGCCTCCTAATCCGAGCAGAACT
AAGTCAGCCCGGCTCACTCCTCGGAGATGACCAGGTTTATAACGTAATTGTTACGGCGCATGCCTTCGTTATA
ATTTTCTTTATAGTAATACCCGTCATGATTGGAGGGTTCGGGAACTGGCTTATCCCCCTAATGATTGGAGCCCC
CGACATGGCCTTCCCTCGAATGAACAATATGAGCTTCTGGCTTCTCCCCCCTTCTTTCCTCTTACTCCTGACT
TCTTCAGGGGTAGAGGCGGGAGCCGGAACAGGGTGAACAGTTTATCCGCCCCTCGCTGGAAACCTCGCACA
CGCAGGTGCCTCCGTCGACTTGGCCATCTTTTCCCTTCACCTCGCAGGTGTCTCGTCAATTCTGGGGGCCATC
AACTTTATTACAACAATTATTAATATAAAACCCCCGCCATCTCCCAATACCAAACACCTTTATTCGTATGGGC
TGTCTTAATTACAGCGGTCCTCCTACTACTCTCACTCCCTGTGTTAGCTGCCGGCATTACAATGCTTCTAACAG
ACCGGAACCTTAATACAACTTTCTTCGACCCCGCAGGCGGAGGAGACCCAATTCTTTACCAACACTTATTC

线粒体 DNA 12S rRNA 片段序列：

CACCGCGGTTATACGAGAGGCCCAAGTCGATAGTCAGCGGCGTAAAGAGTGGTTAGAAGGAACCCGTTACT
AAAGCCGAACACCCTCAAAGCTGTTATACGCACCCGAAGGTGAGAAGCCCATCCACGAAAGTGGCTTTACA
ACCTTGAATCCACGAAAGCTATGATA

尖头黄鳍牙鲀

Chrysochir aureus (Richardson，1846)

分　　类：石首鱼科 Sciaenidae；黄鳍牙鲀属 *Chrysochir*
英 文 名：Reeve's croaker，golden corvina
别　　名：鲀仔鱼，红三牙

形态特征：体延长，侧扁，头部上下扁平，成三角形。吻稍突出，上颌长于下颌，口闭合时上颌外列齿的犬齿外露，下颌最内列齿扩大。吻缘孔 5 个，沿吻缘叶侧裂，在外侧缘孔处吻缘叶呈 3 片状；吻上孔 3 个，呈弧形排列；颏孔 6 个，中央 2 孔很接近，内侧颏孔为长缝形，外侧为尖锥形。鼻孔 2 个，长圆形后鼻孔较圆形前鼻孔大。眼眶下缘距前上颌骨末端水平线有一小间隙。前鳃盖具锯齿缘，鳃盖具 2 枚扁棘；具假鳃；鳃耙细长，最长鳃耙略短于鳃丝。吻端、眼周围、颊部及喉部被圆鳞，余皆被栉鳞；背鳍鳍条基部有 3 列鳞鞘，尾鳍基有小圆鳞。胸鳍基上缘点在腹鳍基起点前，鳃盖末端下方；腹鳍基起点稍前于背鳍起点；尾鳍尖形。腹腔膜有灰褐色斑点，胃为卜字形，幽门盲囊 6 ~ 7 个，肠为 2 次回绕型。鳔前部不突出，附肢 29 ~ 30 对，不延伸至头部，仅有腹分支而无背分支。体侧上半部灰黄色，下半部白色。背鳍鳍棘部浅褐色，鳍条基部 1/3 以上为黄褐色；尾鳍褐色，上、下缘黄色；臀鳍及腹鳍前半部橙黄色，后半部具黄褐色细斑；胸鳍橙黄色，鳍基内缘具 1 块深褐色斑。鳃盖青紫色，鳃腔黑色。口腔粉红色。

分布范围：我国黄海、东海、南海、台湾海域；印度洋—太平洋温暖水域。

生态习性：暖水性近海中下层鱼类，常见体长 25 cm，最大可达 30 cm。栖息于沙泥底质近海。以虾、蟹等底栖动物为食。

线粒体 DNA COI 片段序列：
CCTCTATCTAGTCTTCGGTGCATGAGCCGGAATAGTAGGCACTGCCTTGAGCCTTCTAATCCGAGCAGAGCTC
AGTCAACCCGGCCCCCTCCTCGGGGACGACCAAATCTATAATGTAATCGTTACAGCCCATGCCTTCGTCATGA
TTTTCTTTATAGTAATACCGGTAATGATCGGCGGGTTTGGAAACTGACTTGTACCCCTGATGATTGGTGCCCCT
GATATGGCATTCCCCCGAATGAACAATATAAGCTTCTGGCTTCTTCCCCCTTCCTTTCTTCTACTCTTGACCTC
TTCAGCGGTAGAGGCAGGCGCCGGGACAGGCTGAACAGTTTACCCCCCACTTGCCGGAAACCTTGCACACG
CAGGGGCCTCCGTTGACTTAGCCATCTTCTCTTTACACCTCGCAGGTGTGTCCTCCATCCTAGGGGCTATCAA
CTTCATTACAACCATCATTAATATAAAGCCCCCGCCATCTCCCAATATCAAACACCCCTATTTGTCTGAGCCG
TCCTAATCACAGCCGTCCTTTTACTATTATCCCTCCCGGTTTTAGCCGCTGGCATTACAATGCTTTTAACAGAC
CGAAACCTGAACACAACCTTCTTTGACCCCGCAGGCGGAGGAGACCCTATCCTCTATCAACACTTATTC

线粒体 DNA 12S rRNA 片段序列：
CACCGCGGTTATACGAAAGGCCCAAGTTGATAGTCAACGGCGTAAAGGGTGGTTAGAGAAAATTTTACACTA
AAGCCGAACGCCCTCCGGGCCGTTGTACGCATACCGAGGGTGAGAAGCCCAACCACGAAGGTGGCTTTATT
AATCTTGAATCCACGAAAGCTAAGGCA

棘头梅童鱼

Collichthys lucidus (Richardson，1844)

分　　类：石首鱼科 Sciaenidae；梅童鱼属 *Collichthys*

英 文 名：big head croaker

别　　名：小眼梅鱼，黄皮，大头鱼

形态特征：体呈长椭圆形，中等侧扁。顶枕部的中央有 1 条纵棘棱，棘棱前后端各有 1 枚棘，中间有 2 ~ 4 枚小棘。吻钝短，圆突。眼稍小，侧位，略高，眼后缘距吻端较距鳃盖膜的后端近。眼间隔中央圆突。口稍大，甚斜，前位而稍低。前颌骨能伸缩，前颌骨联合处呈凹刻状；上颌骨隐于皮下，后端附近有 1 个小圆孔；下颌稍突出于上颌，下颌联合在背面与腹面稍呈突起状，腹面无显著的小孔。上、下颌均有绒毛状齿群；上颌前端数齿微大，而凹刻处无齿；下颌的前方齿及两侧的内行齿略大；犁骨、腭骨及舌无齿。唇薄，舌钝尖，周缘及前端游离。前鳃盖骨角圆形，尖棘稀少；主鳃盖骨后端只有 1 枚薄软的扁棘。鳃孔大。鳃盖膜突及鳃盖膜薄软且大；鳃盖膜前下端微连，左侧下端插在右侧下端的凹窝内，与颊部分离。鳃盖条 7。鳃耙细弱。有假鳃。头体被小圆鳞；鳞稍小，易脱落，基端有约 6 条辐状条纹。背鳍 2 个，第一背鳍始于鳃盖膜突后端的稍前方，由鳍棘组成，与第二背鳍间有一深凹刻。尾鳍尖形。鳔大，亚圆锥形，有 21 ~ 22 对侧肢。鳃腔几乎全为白色或灰色。头体的背侧约为浅黄褐色，向下渐为金黄色，而背鳍的上缘及尾鳍的末端渐为灰黄色。

分布范围：我国沿海；西太平洋，自菲律宾沿海至朝鲜西海岸、日本沿海。

生态习性：暖温性近海小型鱼类，常见体长 80 ~ 160 mm。主要栖息于河口及深度可达 90 m 之沙泥底质中下层水域。以小型甲壳类等底栖动物为食。群聚性较弱，一般较少被大量捕获。

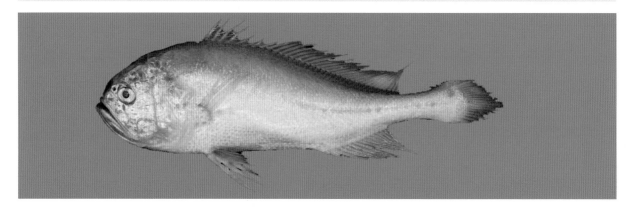

线粒体 DNA COI 片段序列：

CCTCTATCTAATTTTTGGTGCATGAGCCGGAATAGTGGGCACAGCCCTAAGTCTTCTTATTCGAGCAGAGCTG
AGCCAGCCCGGCTCACTTCTCGGAGACGATCAAATTTTTAACGTAATTGTTACGGCACATGCCTTCGTTATAA
TTTTCTTTATAGTAATGCCCGTTATGATTGGAGGTTTCGGAAACTGGCTGGTACCTTTAATAATTGGTGCCCCC
GACATAGCATTCCCCCGAATAAATAACATAAGCTTCTGACTCATCCCCCCATCCTTCCTCCTGCTTTTAACCTC
ATCAGGGGTTGAAGCGGGGGCCGGAACGGGGTGGACAGTCTACCCCCCACTTGCTGGAAACCTTGCACAC
GCAGGGGCTTCAGTTGACTTAGCAATTTTTTCTCTCCACCTCGCAGGTGTATCCTCAATCCTGGGGGCTATTA
ACTTCATTACAACAATTATTAACATAAAACCCCCAGCTATTTCTCAATACCAAACACCCCTGTTTGTCTGAGCT
GTCCTCATTACAGCAGTACTACTATTACTCTCACTCCCTGTTTTAGCTGCCGGCATCACAATGCTTCTAACAGA
TCGCAATCTCAATACGACCTTTTTCGACCCCGCAGGCGGAGGCGACCCCATCCTTTACCAACACCTGTTC

线粒体 DNA 12S rRNA 片段序列：

CACCGCGGTTATACGAGAGGCCCAAGTCGATAGTCAACGGCGTAAAGAGTGGTTAGATACAACCCATTACTA
AAGCCGAACGCCTTCAAAGCTGTTATACGCACCCGAAGGTGAGAAGCCCACCCACGAAAGTGGCTTTACAA
TCTTGAACCCACGAAAGCTATGACA

黑鳃梅童鱼

Collichthys niveatus Jordan & Starks，1906

分　　类：石首鱼科 Sciaenidae；梅童鱼属 *Collichthys*

英 文 名：collichthys niveatus

别　　名：梅童鱼，梅子，大头宝，烂头宝

形态特征：体长而侧扁，背部弧形，腹部较平直，尾柄细长。头大而圆钝，额部隆起，高低不平，黏液腔发达。枕骨棘棱显著，马鞍状，具前后 2 棘，两棘之间平凹无小棘。吻短而圆钝，吻褶完整，无缺刻。眼中大，上侧位，位于头的前半部；眼间隔宽突，大于眼径。鼻孔 2 个。前鼻孔小，圆形；后鼻孔较大，长圆形。口前位，口裂宽大，深斜。上、下颌约等长；上颌骨伸达眼后缘下方；下颌缝合处有一突起与上颌中间凹陷相对。上颌齿细小，列成带状；下颌外行齿稍大，略向后弯曲，犁骨及腭骨均无齿。舌发达。颏孔不显著，无颏须。鳃孔大。鳃盖膜不与峡部相连。前鳃盖骨边缘无细锯齿。鳃盖骨后上缘有一软弱扁棘。鳃盖条 7。具假鳃。鳃耙细长。鳞片大而薄，易脱落；头部及全身均被圆鳞。侧线鳞 47。腹部在腹鳍前后、臀鳍上方、尾柄腹面及鳃盖骨上具有显著腺体。侧线明显。背鳍连续，起点在胸鳍基部上方，鳍棘部与鳍条部之间具一凹陷，具 9 枚鳍棘、23 ~ 25 枚鳍条。臀鳍起点在背鳍第十二鳍条下方，具 2 枚鳍棘、11 ~ 12 枚鳍条，鳍棘细弱。胸鳍尖长，超过腹鳍尖端。腹鳍起点稍后于胸鳍起点。尾鳍尖形。体腔大，腹膜浅色。肠短，作 2 次盘绕。胃大，长囊状。幽门盲囊细长，10 ~ 14 个。鳔大，前端弧形，两侧不突出成短囊，后端尖长，鳔侧具 14 ~ 15 对侧肢，各侧肢分为背分支和腹分支，背、腹分支在鳔的背部中央几相遇。脊椎骨 26 ~ 27。背侧面灰黄色，腹侧面金黄色，鳃腔上部深黑色，唇橙红色，口腔浅色，各鳍淡黄色。

分布范围：我国东海及黄海；朝鲜西海岸。为黄海及东海常见小型鱼类，尤以长江口以北水域较多。

生态习性：为暖温性中下层鱼类。栖息于近岸沙泥底质海区，栖息水深小于 80 m。体长一般80 ~ 120 mm。

线粒体 DNA COI 片段序列：

CCTCTATCTAATTTTTGGTGCATGAGCCGGAATAGTGGGCACAGCCCTAAGTCTCCTTATTCGAGCAGAACTG
AGCCAACCCGGCTCACTTCTCGGAGACGACCAGATTTTTAATGTAATTGTTACGGCACATGCCTTCGTTATAA
TTTTCTTTATAGTAATGCCCGTTATGATTGGAGGTTTCGGGAACTGGCTCGTGCCCTTAATAATCGGCGCCCCC
GACATAGCATTCCCCCGGATAAATAACATGAGCTTCTGACTCATCCCTCCTTCTTTCCTCCTGCTCCTAACCTC
ATCAGGGGTCGAAGCGGGAGCCGGAACAGGGTGAACAGTCTACCCCCCACTTGCTGGAAACCTTGCACAC
GCAGGGGCTTCAGTTGACTTAGCCATCTTTTCTCTACACCTCGCAGGTGTATCCTCAATCCTGGGGGCTATCA
ACTTCATTACAACAATCATTAACATAAAACCCCCCGCCATCTCCCAATACCAGACACCCCTGTTTGTCTGAGC
CGTCCTCATTACAGCAGTACTCCTGCTACTTTCACTACCTGTCTTAGCTGCCGGCATCACAATGCTCTTAACA
GACCGCAATCTTAACACAACCTTTTTCGACCCTGCAGGAGGAGGCGACCCCATCCTTTACCAACACCTC

线粒体 DNA 12S rRNA 片段序列：

CACCGCGGTTATACGAGAGGCCCAAGTCGATAGTCAACGGCGTAAAGAGTGGTTAGATAGAATCAATTACTA
AAGCCGAACGCCTTCAAAGCTGTTATACGCACCCGAAGGTGAGAAGCCCACCCACGAAAGTGGCTTTATAG
TCTTGAATCCACGAAAGCTATGACA

叫姑鱼

Johnius grypotus (Richardson，1846)

鲈形目 **Perciformes**

分　　类：石首鱼科 Sciaenidae；叫姑鱼属 *Johnius*

英 文 名：croaker

别　　名：加网，瓜宝

形态特征：体稍侧扁。眼中等大，眼间隔宽，约为体长的 8.0% ~ 9.7%。鼻孔紧贴在眼的前方。吻钝圆。口下位；上颌圆突，上颌骨向后伸达瞳孔后缘下方。颏孔"似五孔型"，无颏须。颌齿绒毛状，排列呈齿带。鳃耙短而弱，鳃耙数 6 ~ 7+1 + 10 ~ 14。体被栉鳞，极易脱落；背鳍、臀鳍鳍条被多行小圆鳞。侧线鳞 49 ~ 50、侧线上鳞 7 ~ 9、侧线下鳞 12 ~ 17。背鳍起始于胸鳍基上方，有 10 ~ 12 枚鳍棘、24 ~ 48 枚鳍条，第三鳍棘最长。臀鳍第二和第三鳍棘强大，有 7 ~ 9 枚（常为 8 枚）鳍条。尾鳍楔形。鳔呈 T 形，从侧面发出许多附肢。脊椎骨 24 ~ 26。体银灰褐色，腹侧银白色，具 6 ~ 8 条暗横纹。奇鳍灰黑色，偶鳍色浅。

分布范围：我国东海、台湾海域和南海；印度洋—西太平洋海域，西至阿拉伯海，东至印度尼西亚，北至日本和朝鲜半岛海域。是中国海域叫姑鱼属最常见的种类。

生态习性：为暖水性底层小型鱼类，最大体长 13.7 cm。栖息于近岸沙泥底质海域，水深 25 ~ 110 m。

线粒体 DNA COI 片段序列：

CATGTGAAATAATTCCAAACCCCGGAAGAATTAAAATATACACCTCAGGATGACCGAAAAATCAAAATAAGT
GCTGATAAAGAATGGGATCACCACCTCCCGCTGGGTCAAAAAATGTTGTATTTAAATTTCGATCCGTCAACA
ACATAGTAATACCAGCAGCTAAAACTGGAAGAGACAAAAGAAGCAACACCGCTGTAATTAAAACGGATCAC
ACAAATAAAGGTGTCTGATATAAAGAAACAGCCGGAGCTTTCATATTAATAATAGTAGTAATAAAGTTGATTG
CCCCTAAAATAGAAGAAATACCTGCAAGATGAAGAGAAAAAATAGCTAAATCAACAGAACCCCCCGCATGA
GCAAGATTACCTGCAAGAGGTGGATAAACTGTTCATCCCGTACCAGCCCCAGCTTCAACTGCTGAAGAAGCT
AAAAGGAGAAGCAAGGAAGGCGGAAGAAGCCAAAAGCTCATATTATTTATTCGCGGGAACGCTATATCGGG
CGCACCAAGCATAAGCGGCACCAACCAGTTCCCAAAACCACCGATCATGGTGGGCATAACTATAAAAAAAA
TCATGACAAACGCATGGGCTGTAACAATTACATTGAAAATCTGATCATTCCCAAGTAAAGAACCCGGCTGAC
TAAGTTCTGCTCGAATCAAAAGACTCAAAGCAGAGCCAACCATACCAGCCCATAAACCGAAGACAAGATAA
AGAGTACCAATATCTTTATGATTAGTAGAAAAAAATCAACGAGTAATGACCATGGTAGTGTGGCTGAGTATTA
AGCGATG

线粒体 DNA 12S rRNA 片段序列：

CACCGCGGTTATACGAGAGGCCCAAGTTAATAATTAGCGGCGTAAAGAGTGGTTAGAGAAAATTTGTTATTA
AAGCCGAATCTCTTCTAAACTGTCATACGCTTACCGAAGATGAGAAGCCCATCTACGAAAGTGGCTTTATTCT
CTTGAGTCCACGAAAGCTAAGACA

皮氏叫姑鱼

Johnius belangerii (Cuvier，1830)

分　　类：石首鱼科 Sciaenidae；叫姑鱼属 *Johnius*

英 文 名：Belanger's croaker

别　　名：黑鮸，加网

形态特征：体延长，侧扁。吻圆突。口裂小，近水平。口下位，上颌长于下颌，上颌骨后缘达瞳孔中央下方。上颌最外列齿大，排列稀疏，内齿 5～6 列，均细小；下颌齿细小，呈绒毛状，内外列同大。犁骨和腭骨均无齿。吻缘孔 5 个，中央孔呈三角形，内、外侧缘孔沿吻缘叶侧裂，吻缘叶凹入呈 5 片状。吻上孔 5 个，中央 3 个孔圆而大，呈弧形排列，左右各有 1 个外侧孔，孔小且向中央侧裂。颏孔 5 个，呈弧形排列，中央颏孔隔成 2 孔，内侧颏孔为长裂形，外侧颏孔大，呈三角形。眼眶下缘距前上颌骨水平线有一宽鳞片。鼻孔 2 个，圆形，后鼻孔较大。前鳃盖具锯齿缘，鳃盖具 2 枚扁棘；具假鳃；鳃耙短小，最长鳃耙只有鳃丝的 1/3。除吻端、颊部及喉部被圆鳞外，余皆被栉鳞；背鳍鳍条部、臀鳍及尾鳍布满小圆鳞。耳石为叫姑鱼型，印迹头区半圆形，尾端扩大为圆锥形。背鳍基与腹鳍基起点约相对；胸鳍基上缘点在背鳍起点前、鳃盖末缘下方。尾鳍楔形。腹腔膜灰褐色，胃为卜字形，幽门盲囊 6 个，肠为 2 次回绕型。鳔为叫姑鱼型，前端呈左右突球状，附肢 14～15 对，第一对伸入头区。体侧上半部灰褐色，体背在背鳍基下方具 5～6 块黑斑；下半部浅灰褐色，有银白亮光。背鳍褐色，鳍棘部边缘黑色；腹鳍、臀鳍上半部黄褐色，下半部黑色；尾鳍前半部黄褐色，后半部黑色；胸鳍浅褐色，鳍基内缘有褐色腋斑。鳃盖青紫色，在 2 枚扁棘间有一暗斑；鳃腔黑褐色；口腔白色。

分布范围：我国沿海；印度洋—西太平洋区，西起巴基斯坦东部，东至日本、韩国等。

生态习性：近海中下层小型鱼类，常见体长 85～160 mm。主要栖息于沿岸沙泥底质和岩礁附近水域，大多栖息于浅水域，栖息水深 1～40 m，会进入河口区。一般在底层活动觅食，肉食性，以底栖生物为食。夜行性。鳔能发声，尤其在生殖期间声音特别响，发出"喀喀"声，如蛙鸣。

线粒体 DNA COI 片段序列：

TCTTTATCTTGTTTTTGGCTTGTGGGCTGGTATGGTTGGCTCAGCTTTAAGTCTTTTGATCCGAGCAGAACTC
AGTCAGCCGGGCTCTTTGCTTGGGAATGATCAGATTTTTAATGTGATTGTTACGGCCCATGCGTTTGTYATGA
TCTTTTTTTATAGTTATGCCTACTATAATCGGTGGCTTTGGTAATTGACTGGTGCCACTTATGTTAGGGGCTCCTG
ATATAGCATTCCCTCGAATAAATAATATAAGCTTTTGACTTCTTCCCCCTTCTCTTCTTCTTCTTTTAGCTTCTTC
AGCAGTTGAGGCGGGTGCTGGGACAGGGTGAACAGTTTATCCGCCTCTCGCAGGTAATCTTGCTCATGCTGG
GGGTTCTGTTGATTTGGCTATTTTCTCCCTTCATTTGGCAGGTATTCTTCTATTTTAGGGGCGATTAATTTTATT
ACAACAATTCTTAATATAAAAGCTCCGGCTGTTTCGTTATATCAAACACCTTTGTTTGTGTGGTCAGTTTTAAT
TACTGCAGTCTTGCTGCTTCTGTCTCTTCCAGTCCTAGCTGCTGGAATTACGATGTTGTTGACGGACCGTAAT
TTAAATACAACTTTTTTTGACCCGGCAGGTGGGGGTGATCCTATTCTTTATCAGCATTTATTT

线粒体 DNA 12S rRNA 片段序列：

CGCCGCGGTTATACGAGAGGGCCCAAGTTAATAATTAACGGCGTAAAGAGTGGTTAATAAAGTTTAGTACTAA
AGCCGAACCCCTTCTAGATTGTTATACGTTTAATTGAAGGTGGGAAGTTCAGCTACGAAAGTGGCTTTATACT
TATGAATCCACGAAAGCTAAGGCA

鳞鳍叫姑鱼

Johnius distinctus (Tanaka，1916)

分　　类：石首鱼科 Sciaenidae；叫姑鱼属 *Johnius*

英 文 名：Ting's croaker

别　　名：丁氏鲩，丁氏叫姑鱼，帕头

形态特征：体延长，侧扁。吻不突出；口裂大，亚端位，倾斜，上颌稍长于下颌，上颌骨后缘达瞳孔后缘下方。上颌最外列齿较大，约 9～10 枚，余内列齿 3～5 列，均细小；下颌最内列齿较大，余均细小。吻缘孔 5 个，中央缘孔为半圆形侧裂孔，吻缘叶呈 3 片状；吻上孔 5 个，中央 3 孔圆形，呈弧形排列，左右各有一外侧上孔，孔小，为裂缝形孔；颏孔为"似 5 孔型"，呈弧形排列，中央颏孔隔成 2 孔。眼眶下缘距前上颌骨水平线有一宽鳞片。鼻孔 2 个，前鼻孔为圆形，后鼻孔较大，为圆锥形。前鳃盖具锯齿缘，鳃盖具 2 枚扁棘；有假鳃；鳃耙短小。头部除眼后头顶部外皆被圆鳞，身体被栉鳞；背鳍鳍条部、臀鳍及尾鳍布满小圆鳞。耳石为叫姑鱼型，印迹头区半圆形，尾端扩大为圆锥形。胸鳍基上缘点在背鳍基起点前、鳃盖后下方；尾鳍楔形。腹腔膜为黑色，胃为卜字形，幽门盲囊 9～10 个，肠为 2 次回绕型。鳔为叫姑鱼型，附肢 16 对。体侧上半部紫褐色，下半部银白色；自胸鳍基后，体中央有一条 2～3 列鳞片宽的银白色带，沿侧线另有一条细银白色带；背鳍鳍棘部中央为白色，末端黑褐色，鳍条部中央为白色，外缘黑色，基部有一黑色条纹；尾鳍黄褐色；臀鳍及腹鳍橙黄色；胸鳍浅褐色，鳍基内缘具一褐色腋斑；鳃盖青紫色；鳃腔褐色；口腔白色。

分布范围：我国东海、台湾海域和南海；日本中部以南海域，西北太平洋温暖水域。

生态习性：为暖水性底层鱼类。主要栖息于沿岸沙泥底质水域，大多栖息于浅水域，栖息水深 1～40 m，会进入河口区。一般在底层活动觅食，肉食性，以底栖生物为食。夜行性。鳔能发声，尤其在生殖期间声音特别响，发出"喀喀"声，如蛙鸣。常见体长在 20 cm 以下，最大体长约 22 cm。

线粒体 DNA COI 片段序列：

TGTGCGAAATAATTCCAAACCCTGGGAGAATTAAAATATAAACTTCTGGATGACCAAAGAACCAAAACAAG
TGCTGATAAAGAATGGGATCACCCCCTCCCGCGGGGTCAAAGAATGTTGTATTTAAATTACGATCAGTTAATA
ACATCGTAATACCAGCAGCTAGCACAGGAAGCGACAGAAGAAGGAGAACAGCAGTAATCAAAACTGATCA
CACAAACAAAGGTGTCTGGTAAAGAGAAATAGCGGGAGCCTTCATATTAATAATTGTTGTAATAAAATTAATT
GCACCTAAAATCGAGGAAATACCTGCAAGATGAAGAGAAAAAATAGCTAAATCAACAGAAGCCCCTGCATG
AGCGAGATTTCCAGCAAGAGGGGGATAAACTGTCCACCCCGTCCCAGCCCCTGCTTCAACTGCTGAAGAAG
TCAGGAGTAAAAGAAGCGACGGCGGAAGAAGTCAAAAACTTATATTATTTATTCGAGGAAACGCCATGTCAGG
CGCCCCAAGCATAAGCGGCACAAGCCAATTCCCAAAACCACCAATTATAGTAGGCATTACTATAAAAAAAATCAT
GACAAACGCATGAGCTGTAACAATAACATTGAAGATTTGATCGTTCCCAAGTAGCGAACCTGGCTGACTAAGCT
CTGCCCGAACTAAAGACTTAAAGCAGAACCAATCATACCGGCCCACAAGCCGAAAACAAGATAAAGGGAAC
CAATGTCTTTGTGATTAGTAGAAAAAAATCAACGAGTAATGACCATAGGTAGAATGGCTGAGTGTTAAGCGGTG

线粒体 DNA 12S rRNA 片段序列：

CACCGCGGTTATACGAGAGGCCCAAGTTAATAATTAGCGGCGTAAAGAGTGGTTAGAGAAAATTTGTTATTA
AAGCCGAATCTCTTCTAAACTGTCATACGCTTACCGAAGATGAGAAGCCCATCTACGAAAGTGGCTTTATTCT
CTTGAGTCCACGAAAGCTAAGACA

大黄鱼

Larimichthys crocea (Richardson，1846)

分　　类：石首鱼科 Sciaenidae；黄鱼属 *Larimichthys*

英 文 名：large yellow croaker

别　　名：黄鱼，大黄花鱼，大鲜，鲵仔鱼，红三牙

形态特征：体延长，侧扁，体侧腹面有多列发光颗粒。头钝尖形。口裂大，端位，倾斜。吻不突出。上颌长等于下颌，上颌骨后缘达眼眶后缘。上颌最外列齿扩大为犬齿，前端齿较大，但较疏，在前端中央无齿；下颌内列齿较大，外列齿紧贴内列齿，前端中央聚成一撮。吻缘孔5个，直缝形孔的中央缘孔在吻缘叶上方，内、外侧缘孔沿吻缘叶侧裂，吻缘叶完整不被分割；吻上孔3个，呈弧形排列，中央上孔为直列缝型，外侧上孔圆形；颏孔4个或6个，中央4个孔呈四方排列在颐缝合周围，前2孔细小。鼻孔2个，长圆形后鼻孔较圆形前鼻孔大。眼眶下缘伸达前上颌骨顶端水平线。前鳃盖后缘具锯齿，鳃盖具2枚扁棘；具假鳃；鳃耙细长，最长鳃耙与鳃丝等长。头部除头顶后部外皆被圆鳞，体侧前1/3被圆鳞外，余被栉鳞；鳞片较小，背鳍与侧线间鳞8~9列。耳石为黄花鱼型，即呈盾形。臀鳍7~9(通常为8)；腹鳍基起点在胸鳍基上缘点垂线之后；尾鳍楔形。腹腔膜墨黑色，胃为卜字形，肠为2次回绕型，幽门盲囊16个。鳔前部圆形，不突出为侧囊，后端细尖；侧肢31~33对，每个侧肢具有腹分支及背分支，背分支呈翼状开展，腹分支分上下两小支，下小支又分为前后两小支，前后两小支等长，互相平行，沿腹膜下延伸至腹面。体侧上半部为黄褐色，下半部各鳞下都具金黄色腺体。背鳍浅黄褐色；尾鳍浅黄褐色，末缘黑褐色；臀鳍、腹鳍及胸鳍为鲜黄色。口腔内白色，口缘浅红色。鳃腔上部黑色，下部粉红色。

分布范围：我国南海、东海及黄海南部；西北太平洋区。

生态习性：暖温性近海集群洄游鱼类，主要栖息于沿岸及近海沙泥底质水域，大多栖息于中底层水域，栖息水深10~70 m，会进入河口区。厌强光，喜混浊水流，黎明、黄昏或大潮时多上浮，白昼或小潮则下潜至底层。主要以小鱼及虾蟹等甲壳类为食。鳔能发声。于生殖季节，群聚洄游至河口附近或岛屿、内湾的近岸浅水域。

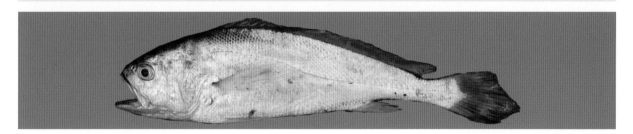

线粒体 DNA COI 片段序列：

CCTCTACCTAATTTTTGGTGCATGAGCCGGAATAGTGGGCACAGCCCTAAGTCTCCTAATTCGAGCAGAACTA
AGCCAGCCCGGCTCACTTCTCGGAGACGACCAGATTTTTAATGTAATCGTTACGGCACATGCTTTCGTTATAA
TCTTCTTTATAGTAATACCCGTTATAATTGGAGGGTTCGGGAACTGGCTTGTGCCTTTAATAATTGGCGCCCCC
GACATAGCATTCCCCCGAATGAATAACATAAGCTTCTGGCTCATCCCCCCTTCTTTCCTACTGCTCCTCGCCTC
ATCAGGGGTTGAAGCAGGGGCCGGAACAGGGTGGACAGTCTACCCCCCGCTTGCTGGAAACCTGGCGCAC
GCAGGGCCTTCAGTCGACTTAGCTATTTTTTCCCTACACCTCGCAGGTGTTTCCTCAATCCTGGGGGCCATCA
ACTTCATTACAACAATTATTAATATGAAACCCCCGGCATCACCCAATATCAAACACCTCTGTTTGTCTGAGC
CGTTCTAATTACAGCCGTCCTCCTGCTGCTCTCACTACCTGTTTTAGCCGCCGGCATCACAATGCTTTTGACT
GACCGCAATCTGAATACAACTTTCTTCGACCCTTCGGGCGGAGGCGATCCCATCCTCTACCAACACCTATTC

线粒体 DNA 12S rRNA 片段序列：

CACCGCGGTTATACGAGAGGCCCAAGTCGATAGTCAACGGCGTAAAGAGTGGTTAGATGAGACCTATTACTA
AAGCCGAACGCCTTCAAAGCTGTTATACGCACCCGAAGGTGAGAAGCCCGCCCACGAAAGTGGCTTTATAA
TCTTGAATCCACGAAAGCTATGACA

小黄鱼

Larimichthys polyactis (Bleeker，1877)

分　　类：石首鱼科 Sciaenidae；黄鱼属 *Larimichthys*

英 文 名：small yellow croaker

别　　名：小黄花，小鲜，黄花鱼，花鱼

形态特征：体延长，侧扁，背、腹缘均为广弧形。尾柄长为尾柄高的 2.5 倍。头大，尖钝，侧扁，有发达的黏液腔。吻短，钝尖，吻上有 4 个小孔。眼中等大，上侧位；眼间隔宽而圆突。鼻孔 2 个。口前位，口裂大而斜，上、下颌约等长；上颌骨后端伸达眼后缘下方。齿小，尖锐；上颌齿多行，排列成齿带，外侧的齿较大；下颌齿 2 行，内侧的齿较大。犁骨、腭骨及舌上均无齿。颏孔不明显，无颏须。鳃孔大，鳃盖膜不与峡部相连。前鳃盖骨后缘有弱棘；鳃盖骨后上缘有 2 枚扁棘。假鳃发达。鳃耙细长。头部和体前部被圆鳞，体后部被栉鳞。侧线发达，前部稍弯曲，后部平直，延伸至尾鳍后端。侧线上鳞 5 ~ 6。背鳍连续，起点在胸鳍基部上方；鳍棘部与鳍条部之间有一个缺刻；背鳍有 10 ~ 11 枚鳍棘、31 ~ 36 枚鳍条。臀鳍有 2 枚鳍棘、9 ~ 10 枚鳍条，第二鳍棘稍短，小于眼径。尾鳍尖长，略呈楔形。鳔大，前部圆，后端尖细；鳔侧有 26 ~ 32 对侧肢，每个侧肢有背、腹分支；腹分支分为上、下两小支，下小支再分前、后两小支，后小支短小，前小支细长，沿腹膜下延伸达腹面。体背侧黄褐色，腹侧橙黄色。各鳍灰黄色。唇橘红色。

分布范围：我国渤海、黄海、东海；朝鲜半岛海域、日本南部海域、西北太平洋温暖水域。

生态习性：为暖温性中下层鱼类。主要栖息于沿岸及近海泥沙底质海域，栖息水深小于 120 m，偶尔也进入河口区。常见体长 14 ~ 27 cm，最大可达 40 cm。喜浑浊水流，厌强光，白天下移至底层，黎明、黄昏时多数上浮。主要以小鱼及虾、蟹等甲壳类为食。鳔能发声。生殖季节在春季和初夏，会洄游至河口或岛屿和内湾的近岸浅水区，秋、冬季则洄游至较深海域。小黄鱼是我国重要海洋经济鱼类之一。

线粒体 DNA COI 片段序列：

CCTCTATCTAATTTTTGGTGCATGAGCCGGAATAGTGGGCACCGGCCTAAGTCTCATTATTCGAGCAGAGCTAAGCCAGCCCGGCTCGCTTCTCGGAGACGACCAGATTTTTAACGTAGTTGTTACGGCACATGCCTTCGTTATAATCTTCTTTATAGTAATACCCGTAATAATCGGAGGGGTTCGGAAACTGACTCGTGCCTTTAATAATTGGCGCCCCCGACATAGCATTTCCCCGAATAAATAACATAAGCTTCTGACTTATCCCCCCTGCTTTCATTATGCTCGCAGCCTCATCAGCGGTTGAAGCAGGGGCCGGAACAGGGTGAACAGTCTACCCCCCACTTGCTGGAAATCTCGCACACGCAGGAGCTTCAGTCGACTTAGCCATTTTCGCCCTGCACCTTGCGGGTGTCTCTTCAATCCTGGGGGCCATCAACTTCATCACAACGATTCTTAACATAAAACCCCCGGTATAACCCAATACCAAACACCCCTGTTTGTGTGATCCGTTCTGATTACAGCAGTCCTCCTCCTACTATCACTGCCCGTCCTAGCTGCCGGCATCACAATGCTTTTAACAGACCGCAACCTCAACACAACCTTTTTTGACCCCTCAGGTGGAGGCGATCCCATCCTTTATCAACACCTATTC

线粒体 DNA 12S rRNA 片段序列：

CACCGCGGTTATACGAGAGGCCCAAGTCGATAGTCAACGGCGTAAAGAGTGGTTAGATAGAACCCAAAACTAAAGCCGAACGCCTTCAAAGCTGTTATACGCACCCGAAGGTAAGAAGCCCACCCACGAAAGTGGCTTTACAATCTTGAACCCACGAAAGCTATGACA

鮸

Miichthys miiuy (Basilewsky，1855)

分　　类：石首鱼科 Sciaenidae；鮸属 *Miichthys*

英 文 名：mi-iuy croaker

别　　名：鳘鱼，敏子，敏鱼，毛常鱼，米鱼

形态特征：体延长，侧扁，背缘和腹缘浅弧形。头中等大，尖突。吻短而钝尖，吻上中央有1个小孔，上行数孔不显著。颏孔4个。无颏须。眼中等大，上侧位，在头的前半部；眼间隔稍圆突。鼻孔2个。口前位，口裂大，倾斜。上、下颌约等长；上颌骨延长达眼后缘下方。上颌外行齿、下颌内行齿扩大，呈犬齿状。鳃孔大，鳃盖膜与峡部不相连。前鳃盖骨边缘有细锯齿，鳃盖骨后上缘有1枚扁棘。有假鳃。鳃耙细长。体被栉鳞，吻部和鳃盖骨被小圆鳞，颏部及上、下颌无鳞；背鳍、臀鳍基部被鳞，鳞区长约占鳍条长的1/2。背鳍连续，鳍棘部和鳍条部之间有一缺刻，有9～10枚鳍棘、28～30枚鳍条。臀鳍有2枚鳍棘、7枚鳍条。尾鳍楔形。鳔大，圆锥形，侧面有34对侧肢。体褐色，腹部稍淡，胸鳍后半部黑色。背鳍、臀鳍、尾鳍黑褐色。

分布范围：我国黄海、东海、南海；日本中南部海域、朝鲜半岛海域，西北太平洋温暖水域。

生态习性：为暖温性中下层鱼类。栖息于大陆沿岸和近海，栖息水深15～100 m。最大体长可达80 cm。主要以小鱼及虾、蟹等甲壳类为食。喜分散活动。有南北洄游习性，每年秋冬季游入较深海域或南下越冬，4—5月从深水向近岸作生殖洄游。

线粒体 DNA COI 片段序列：

CCTCTATCTAGTTTTCGGTGCATGGGCCGGAATAGTAGGCACAGCCCTGAGTCTCCTTATTCGAGCAGAACTA
AGTCAACCCGGCTCACTCCTTGGGGACGACCAAATCTTTAATGTAATTGTTACAGCACATGCCTTCGTCATAA
TTTTCTTTATAGTAATGCCCGTTATAATCGGAGGGTTCGGAAACTGACTTGTACCCTTAATGATCGGCGCCCC
GATATGGCATTCCCCCGAATGAATAACATAAGTTTCTGACTCCTTCCCCCCTCTTTCCTCCTACTCCTGACTTC
GTCAGGGGTTGAGGCAGGGGCTGGGACAGGGTGGACAGTCTACCCCCCACTTGCTGGAAACCTTGCACAT
GCAGGGGCCTCCGTCGACTTGGCCATCTTTTCCCTTCACCTCGCAGGTGTTTCCTCAATTCTAGGTGCCATCA
ACTTTATTACAACTATTATCAACATAAAACCCCCAGCCATCTCCCAGTACCAGACACCCTTATTCGTATGGGCC
GTCCTGATCACAGCAGTCCTCCTCCTGCTCTCACTCCCTGTCTTAGCTGCCGGCATTACAATACTTCTAACAG
ACCGTAACCTAAACACAACCTTCTTCGACCCCGCAGGCGGAGGCGACCCCATCCTTTACCAACATTTATTC

线粒体 DNA 12S rRNA 片段序列：

CGCCGCGGTTATACGAGAGGCCCAAGTTGATAGTCTACGGCGTAAAGAGTGGTTAGAAAGAGCCCGTTACTA
AAGCCGAACGCCTTCAAAGCTGTTATACGCATCCGAAGGTGAGAAGCCCATCCACGAAAGTGGCTTTACAA
CCTTGAACCCACGAAAGCTACGACA

黄姑鱼

Nibea albiflora (Richardson，1846)

分　　类：石首鱼科 Sciaenidae；黄姑鱼属 *Nibea*

英 文 名：yellow drum

别　　名：黄姑子，黄铜鱼，罗鱼，铜罗鱼，花蛯鱼，黄婆鸡

形态特征：体延长，侧扁。头中等大，侧扁，稍尖突。吻短而钝，吻端有 4 个小孔。眼中等大，上侧位，位于头的前半部；眼间隔宽突。鼻孔 2 个。口中等大，斜裂，亚端位，上颌较下颌稍长而突出，上颌骨后端几乎达眼后缘下方。两颌均具齿 2 行，上颌外行齿尖长；犁骨、腭骨均无齿。颏孔 5 个；无颏须。鳃盖膜与峡部不相连。前鳃盖骨后缘有小锯齿，下角有小棘；鳃盖骨后缘有 2 枚弱的扁棘。有假鳃。鳃耙细长。体及头的后部被栉鳞，头前部被小圆鳞，颏部无鳞。侧线发达，伸达尾鳍后端。背鳍连续，有 11 枚鳍棘、28 ～ 30 枚鳍条。臀鳍有 2 枚鳍棘、7 枚鳍条，第二鳍棘粗长。尾鳍楔形。体橙黄色，体侧具暗褐色斜带，但斜带在侧线上方多中断，排列不规律。背鳍鳍棘部黑色，鳍条部浅褐色。偶鳍橙黄色。

分布范围：我国渤海、黄海、东海、南海、台湾海域；日本山阴海域、高知以南海域，西北太平洋温暖水域。

生态习性：为暖温性中下层鱼类。栖息于泥、沙泥底质浅海，栖息水深 25 ～ 80 m。常见体长 21 ～ 35 cm，最大体长约 43.5 cm。以小型甲壳类及小鱼等底栖动物为食。生殖季节会集群洄游至岛屿、内湾的近岸浅水区，秋冬季则游入较深海域或南下越冬。

线粒体 DNA COI 片段序列：

CCTCTACCTAATTTTCGGTGCATGAGCCGGAATAGTAGGCACAGCCCTGAGTCTACTAATCCGAGCAGAACT
AAGTCAACCCGGCTCCCTCCTTGGGGACGACCAAGTTTATAACGTAATTGTTACGGCACATGCATTCGTCATA
ATTTTCTTTATGGTCATGCCCGTCATGATCGGAGGCTTCGGAAACTGGCTCGTACCCCTAATGATTGGGGCGC
CCGACATAGCATTTCCTCGAATAAATAACATAAGCTTCTGGCTCCTCCCCCCCTCCTTCCTCCTCCTGCTTACT
TCCTCAGGCGTTGAAGCGGGGGCCGGAACCGGGTGAACAGTATACCCCCCACTTGCTAGCAATCTGGCCCA
CGCAGGGGCCTCCGTCGATCTAGCCATCTTCTCCCTCCATCTCGCAGGGGTTTCCTCTATTCTAGGGGCCATT
AACTTTATTACAACCATTATTAACATAAAACCCCTGCCATCACGCAATACCAGACGCCTCTGTTTGTATGAG
CTGTCCTAATTACAGCAGTTCTCCTGCTCCTCTCCCTCCCTGTCTTAGCCGCCGGTATTACAATGCTTTTAACA
GACCGCAACCTAAATACAACCTTTTTTGACCCTGCTGGCGGAGGTGACCCCATTCTCTATCAACACTTATTC

线粒体 DNA 12S rRNA 片段序列：

CACCGCGGTTATACGAGAGGCCCAAGTTGATAGTCCACGGCGTAAAGAGTGGTTAGAGAACTCCCATTACTA
AAGCCGAACCCCTTCAAGGCTGTTATACGCACACCGAAGAGGAGAAGCCCGCCCACGAAAGTGGCTTTACA
ATCTTGAACCCACGAAAGCTAAGGTA

银姑鱼

Pennahia argentata (Houttuyn，1782)

分　　类：石首鱼科 Sciaenidae；银姑鱼属 *Pennahia*

英 文 名：silver croaker

别　　名：白姑鱼，白果子，白姑子，白江，白口，帕头，黄顺，加网

形态特征：体延长，侧扁，背部浅弧形，腹部圆形。头中等大，侧扁。吻不突出，吻上具 4 个小孔，排成 2 行，上行 3 个孔，下行中间 1 个孔较大。吻褶完整，不分叶，边缘波状。眼中大，上侧位，在头的前半部。眼间隔微突起，略大于眼径。鼻孔 2 个，互相接近，前鼻孔小，圆形；后鼻孔大，卵圆形，位于眼的前方。口大，前位，口裂稍斜，上颌稍长于下颌，后端延伸达眼中部下方。唇薄。上颌齿细小，排列成齿带，外行齿较大；下颌齿 2 行，内行齿较大；犁骨、腭骨及舌上均无齿。颏孔 6 个，排成 2 行，上行 2 个孔，下行 4 个孔。无颏须。鳃孔大，鳃盖膜与峡部不连。前鳃盖骨后缘具细锯齿，鳃盖骨后缘具 2 枚扁棘。鳃盖条 7；假鳃存在。鳃腔灰黑色。鳃耙 5+10，最长鳃耙约为眼径的 1/2。体被栉鳞，背鳍、臀鳍基部具 1 行鳞鞘。侧线前部浅弧形、后部平直，伸达尾鳍末端。背鳍连续，起点在胸鳍基底上方，鳍棘部和鳍条部之间有一个凹陷，具 11 枚鳍棘、25 ～ 27 枚鳍条，第一鳍棘短小，第三、第四鳍棘最长。臀鳍具 2 枚鳍棘、7 枚鳍条，第一鳍棘弱，第二鳍棘与眼径等长。胸鳍尖形，起点在腹鳍基部的前方。尾鳍楔形。体腔中大，膜灰色。肠短，在右侧作 2 次弯曲。鳔大，银色，前端圆形，不向两侧突出，后端细尖，鳔侧具侧肢 25 对，侧肢较粗短，具腹分支，无背分支。体侧面灰褐色，腹部银白色。背鳍鳍条部中间有 1 条白色带纹，尾鳍、胸鳍淡灰色。

分布范围：我国东海、南海；日本以南海域，印度洋—西太平洋温暖水域。

生态习性：为暖温性近海中下层鱼类。常见体长 12 ～ 30 cm，最大体长可达 40 cm。常栖息于泥沙质海域，栖息水深 40 ～ 100 m。肉食性，以小虾、海胆及小型鱼类为食。生殖季节集群向近海洄游。

线粒体 DNA COI 片段序列：

CCTATACCTAGTTTTTGGTGCATGAGCCGGAATAGTAGGCACAGCCCTGAGTCTTCTAATCCGGGCGGAACTA
AGCCAACCCGGTTCCCTTCTCGGGGATGATCAAATTTATAACGTTATCGTTACAGCCCATGCCTTTGTCATGAT
TTTCTTTATAGTAATACCCGTTATGATCGGAGGTTTTGGAAACTGACTTATCCCCTTAATAATTGGTGCCCCTG
ATATAGCATTCCCCCGAATAAACAACATGAGTTTCTGACTTCTTCCCCCTTCCTTCCTTCTTCTCCTGACTTCT
TCAGGAGTTGAAGCGGGAGCTGGAACAGGATGAACAGTCTACCCCCCACTCGCTGGAAACCTCGCACATGC
AGGAGCCTCCGTCGACTTGGCCATTTTCTCCCTTCACCTCGCAGGTGTCTCTTCTATTCTAGGGGCTATCAAC
TTTATTACAACAATTATTAACATAAAACCCCTGCCATTTCTCAGTATCAGACACCCTTATTTGTATGGGCCGT
CCTGATTACAGCAGTTCTTCTACTACTATCACTACCCGTACTAGCTGCTGGCATTACAATACTTTTAACTGATC
GCAACCTAAACACAACCTTCTTCGACCCGGCAGGCGGGGGAGATCCAATTCTTTACCAACACTTATTC

线粒体 DNA 12S rRNA 片段序列：

CACCGCGGTTATACGAGAGGGCCCAAGTCGATAGTCAACGGCGTAAAGAGTGGTTAGAGAAACCCCGTTACT
AAAGCCGAACCCCTTCAAGGCTGTTATACGCTTACCGAAGAGGAGAAGCCCACCTACGAAAGTAGCTTTATA
ATCTTGAACCCACGAAAGCTAAGAAA

细刺鱼

Microcanthus strigatus (Cuvier，1831)

分　　类：鳕科 Kyphosidae；细刺鱼属 *Microcanthus*

英 文 名：stripey，cinvict fish，butterflyfish

别　　名：柴鱼，斑马，条纹鲽，花身婆，米统仔

形态特征：体高而侧扁，呈长卵形。头较小，背缘陡，吻尖。眼较大，侧上位，距吻端与鳃盖后上角约相等；眼间隔宽，稍圆突。口小，前位，口裂近水平，上、下颌约等长，上颌骨后端伸达眼前缘下方。鼻孔 2 个，紧相邻，前鼻孔小，圆形，具鼻瓣，后鼻孔裂缝状。颌齿多行，尖细，呈刷毛状；犁骨、腭骨均无齿。前鳃盖骨后缘有细锯齿。鳃孔大。有假鳃。鳃盖膜相连，不连于峡部。鳃耙短小。体被小栉鳞。侧线完全，侧线鳞 56 ~ 60。背鳍连续，有 11 枚鳍棘、16 枚鳍条；臀鳍有 3 枚鳍棘、14 ~ 16 枚鳍条；尾鳍微凹。生活时体黄色，体侧有 6 条稍呈弧形黑褐色带。背鳍鳍棘上半部鳍膜黑色，并延至背鳍鳍条部的前半部。腹鳍灰褐色。

分布范围：我国黄海、东海、南海、台湾海域；日本、澳大利亚海域。

生态习性：为暖水性中下层小型鱼类。主要栖息于近岸岩礁海区。常见体长在 16 cm 以下，最大体长约 20 cm。杂食性，以海藻及底栖动物为食。

线粒体 DNA COI 片段序列：

AAGTCTACTCATCCGAGCAGAACTAAGCCAACCAGGCGCCCTCCTCGGGGACGACCAGATTTACAATGTAAT
CGTTACAGCACATGCCTTTGTAATGATTTTCTTTATAGTAATACCAATTATGATTGGAGGCTTTGGAAACTGAC
TTATCCCCCTTATGATTGGTGCTCCAGATATGGCATTCCCTCGAATGAATAATATAAGCTTCTGACTTCTTCCCC
CCTCTTTCCTGCTACTTCTTGCCTCTTCTGGTGTAGAAGCCGGAGCAGGTACCGGTTGGACCGTCTACCCCCC
GCTCGCCGGTAATTTAGCTCACGCAGGAGCATCCGTGGACCTTACGATCTTCTCCTTGCATCTAGCAGGGATT
TCTTCAATTCTCGGAGCTATTAACTTCATCACAACTATCATCAACATGAAACCCCCTGCTATTTCCCAATATCA
AACGCCCCTGTTCGTATGAGCAGTGCTAATCACTGCCGTCCTTCTTCTCCTCTCCCTCCCCGTCCTTGCTGCC
GGCATTACAATACTACTGACAGACCGAAACCTTAACACCACCTTCTTCGACCCTGCAGGCGGAGGAGACCCT
ATTCTCTACCAACACCTATTC

线粒体 DNA 12S rRNA 片段序列：

CACCGCGGTTATACGAGAGACCCAAGTTGATAGACTACGGCGTAAAGAGTGGTTAAGATATATTTTAAACTA
AAGCCGAACGCCCTCAAAGCTGTTATACGCCTTCGAGGGTAAGAAGCCCAATCACGAAAGTGGCTTTAACA
CTTCCGAACCCACGAAAGCTATGACA

条石鲷

Oplegnathus fasciatus (Temminck & Schlegel，1844)

分　　类：石鲷科 Oplegnathidae；石鲷属 *Oplegnathus*
英 文 名：barred knifejaw
别　　名：石鲷，七色，海胆鲷
形态特征：体呈椭圆形，侧扁而高。尾柄短而高。头短小，背缘略斜直。吻圆锥形，钝尖。眼较小，上侧位，位于头的前半部。眼间隔宽，稍隆起。鼻孔小，每侧2个，互相靠近。口小，前位，不能伸缩；上、下颌约等长；上颌骨末端伸达后鼻孔下方。两颌齿愈合成鹦鹉喙状。腭骨无齿。鳃孔大。前鳃盖骨边缘有锯齿；鳃盖骨边缘有1枚扁棘。鳃盖膜不与峡部相连。假鳃发达。鳃耙短而细。体被细小栉鳞；背鳍和臀鳍基底有鳞鞘。侧线上侧位，与背缘平行，伸达尾鳍基。背鳍连续，起点在胸鳍基稍后上方，鳍条部高于鳍棘部。腹鳍胸位。尾鳍截形。体灰褐色，体侧常有7条黑色横带，随着生长有时会愈合。腹鳍黑色，奇鳍有黑缘。
分布范围：我国黄海、东海、台湾海域；日本海域、朝鲜半岛海域，西北太平洋温暖水域。
生态习性：为暖温性近岸中下层鱼类。幼鱼随着海藻漂移，成鱼主要栖息于岩礁海区。最大体长约80 cm。肉食性，齿锐利，可咬碎贝类或海胆等的坚硬外壳。

线粒体 DNA COI 片段序列：
AAGCTTACTCATCCGAGCAGAACTAAGCCAACCAGGCGCTTTCCTCGGAGACGACCAGATCTATAATGTAAT
TGTTACAGCACATGCCTTCGTAATAATCTTCTTTATAGTAATGCCAATTATGATTGGAGGTTTTGGAAACTGAC
TCATCCCCCTCATGATTGGTGCGCCAGACATGGCATTTCCTCGAATAAATAACATGAGCTTTTGACTGCTCCC
ACCCTCTTTCTTGCTACTGCTGGCCTCTTCCGGAGTAGAAGCTGGAGCAGGCACCGGATGAACCGTTTATCC
GCCTCTCGCAGGTAATTTAGCCCATGCAGGAGCGTCTGTTGATTTAACAATCTTCTCTCTACACTTAGCAGGT
ATTTCCTCAATCCTCGGGGCAATCAACTTTATTACAACTATTATTAACATGAAACCCCCTGCCATTTCCCAATA
TCAAACCCCACTATTTGTGTGAGCAGTCCTAATTACTGCTGTTCTACTTCTCCTTTCCCTCCCCGTTCTCGCTG
CTGGCATCACCATGCTCCTAACAGACCGAAACCTAAATACCACCTTTTTTGACCCTGCAGGAGGAGGAGACC
CCATCCTTTACCAACACCTCTTC
线粒体 DNA 12S rRNA 片段序列：
CACCGCGGTTATACGAGAGGCCCAAGTTGATAGACTCCGGCGTAAAGCGTGGTTAAGACAAATTTTAAACTA
AAGCCGAACGCCCTCAGAGCTGTTATACGCTCCCGAGGGTAAGAAGCCCAATCACGAAAGTGGCTTTATAC
CAACTGAACCCACGAAAGCTATGACA

金钱鱼

Scatophagus argus (Linnaeus，1766)

分　　类：金钱鱼科 Scatophagidae；金钱鱼属 *Scatophagus*

英 文 名：spotted scat

别　　名：金鼓鱼

形态特征：体高而侧扁。体背缘在背鳍起点附近和背鳍鳍条部附近、腹缘在腹鳍起点附近和臀鳍鳍棘基底各形成一个钝角，使身体略呈钝角六边形。头较小，背缘在眼上方稍凹下，枕部高起。吻钝而宽。眼中等大，前侧位；眼间隔宽，圆突。鼻孔 2 个。口小，前位，横裂；上、下颌约等长。上颌骨短小，后端不达眼前缘下方。两颌有齿，呈细刚毛状，有 3 个齿尖，呈带状排列；犁骨和腭骨均无齿。前鳃盖骨边缘有锯齿。鳃孔大。鳃盖膜与峡部愈合。鳃耙短而细弱。体被小栉鳞。侧线完全，约与背缘平行，延伸至尾鳍基。背鳍前方有一向前倒棘，常为皮肤覆盖，仅尖端外露。背鳍连续，起点在鳃盖后缘上方，鳍棘部与鳍条部之间有深凹刻。臀鳍鳍棘 4 枚。尾鳍后缘为浅双凹形。体呈褐色，腹侧色淡。体侧散布大小不一的黑褐色圆斑，背鳍、臀鳍和尾鳍上也有黑色斑点及条纹。幼鱼体侧的黑斑多而明显，头部一般有 2 条黑色横带。

分布范围：我国东海、南海、台湾海域；日本和歌山以南海域，印度洋—太平洋暖水域。

生态习性：为暖水性中下层鱼类。栖息于近岸岩礁海区或海藻丛水域，稚鱼常进入内湾咸淡水区或河流。常见体长 15 cm 左右，最大体长约 35 cm。杂食性，主要以蠕虫、甲壳类、水生昆虫及藻类细屑为食。本种的背鳍鳍棘有毒性。

线粒体 DNA COI 片段序列：

AGGGGCTCTCCTTGGAGACGACCAGATCTATAATGTAATCGTAACAGCACATGCCTTCGTAATAATTTTCTTTA
TAGTTATGCCAGTAATAATTGGAGGGTTTGGAAATTGACTAGTTCCCCTAATGATTGGGGCACCAGATATAGC
ATTCCCCCGAATAAATAATATAAGCTTCTGACTTCTTCCCCCTTCTTTCCTTCTTCTTCTAGCTTCCTCTGGCGT
AGAGGCCGGAGCTGGGACAGGATGAACAGTATACCCTCCTCTTGCTGGTAACCTAGCACATGCAGGAGCCT
CCGTAGATCTAACCATCTTTTCACTTCACTTAGCAGGGATTTCTTCAATCCTTGGGGCTATTAACTTCATCACC
ACTATTATTAACATAAAATCTCCTGCTGCTTCTCAGTATCAAACTCCTCTATTCGTCTGAGCAGTTCTAATCAC
TGCTGTCTTACTACTCCTTTCTCTACCTGTTCTTGCTGCTGGTATTACAATGCTCCTAACAGACCGAAACCTG
AACACCTCTTTCTTTGACCCCGCAGGAGGAGGAGACCCAATTCTTTACCAACATCTATTC

线粒体 DNA 12S rRNA 片段序列：

TACCGCGGTTATACGAGAGGCCCAAATTGTTAGCATATCGGCGTAAAGCGTGGTTAAGAAAACAAACTTTTA
CTAAAGCCGAACACCTTCAAAGCTGTCATACGCACATCGAAGGAAAGAAGACCAACTACGAAAGTGGCTTT
ATTACATCTGAACCCACGAAAGCTAGGAAA

克氏棘赤刀鱼

Acanthocepola krusensternii (Temminck & Schlegel，1845)

分　　类：赤刀鱼科 Cepolidae；棘赤刀鱼属 *Acanthocepola*

英 文 名：red-spotted bandfish

别　　名：红帘鱼，长尾鱼，红带，红娘子，赤立鱼

形态特征：体甚延长而侧扁，呈带形，体长可达体高的 10 倍以上，为头长的 9 倍。眼较大，前侧上位；眼间隔狭窄，稍凹。鼻孔 2 个，位于眼前上方。口端位，上、下颌约等长，上颌骨末端伸达瞳孔后下方。口裂宽大而倾斜，吻极短。两颌齿细尖，尖端向内弯曲，呈 1 行，排列较疏松，前端稍大，向后逐渐变小；上颌中央缝合部无齿；犁骨及腭骨均无齿。前鳃盖骨下角具 1 枚棘，后缘锯齿状，约具 5 枚强棘。鳃裂大，鳃盖膜彼此分离，且与峡部分离。鳃耙细长。肛门位于胸鳍下方。体被细小圆鳞，排列规则，头上除吻部外余皆被鳞；侧线自鳃孔上角上升至背鳍基底，向后逐渐不明显。背鳍及臀鳍基底长，并与尾鳍相连，无鳍棘，仅有鳍条，但分节不明显，后端鳍条也不分枝。背鳍 72 ~ 82，臀鳍 76 ~ 82。尾鳍尖形。活体体呈赤色，在体侧背部有 12 ~ 13 个黄色椭圆形斑，背鳍、臀鳍以及尾鳍边缘略呈褐色。背鳍前部鳍条上方无黑斑。

分布范围：我国东海、南海、台湾海域；日本南部海域、澳大利亚海域，西太平洋暖水域。

生态习性：暖水性近岸底栖性鱼类，常见体长在 40 cm 以下。栖息于较浅的沙或泥底质水域，栖息水深 3 ~ 50 m。通常挖掘洞穴，藏身其中，并以头上尾下的立姿于洞穴周围捕获食物。

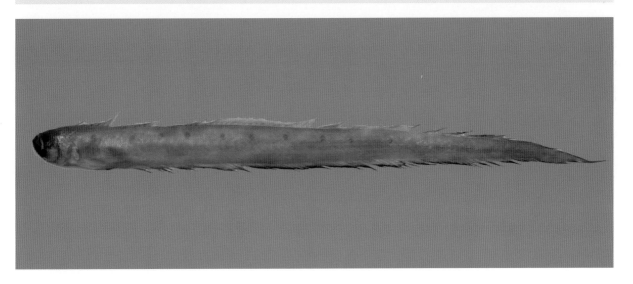

线粒体 DNA COI 片段序列：

CTACTTATTCGAGCAGAACTAAGCCAACCGGGCGCTCTCCTTGGAGACGACCAAATTTATAATGTAATCGTTA
CAGCACATGCCTTCGTAATGATTTTCTTTATAGTAATGCCAATTATGATTGGAGGTTTTGGGAACTGGTTAATT
CCCCTAATGATCGGAGCCCCAGATATAGCATTTCCTCGTATGAATAATATAAGTTTCTGACTTCTACCCCCTTC
CTTCCTACTACTACTTGCCTCCTCTGGTGTAGAAGCAGGTGCCGGAACCGGATGAACAGTGTACCCGCCCCT
GGCTGGTAATTTAGCCCACGCAGGAGCATCAGTCGACCTGACAATCTTTTCACTTCACCTGGCAGGTATTTC
CTCAATCCTTGGGGCTATCAATTTTATTACCACAATTATTAATATGAAACCTCCAGCTATCTCTCAGTACCAGA
CACCTCTATTTGTGTGAGCCGTCCTAATTACCGCTGTTCTTCTCCTTCTCTCTTTACCAGTCCTCGCTGCCGGC
ATCACAATGCTCCTTACCGACCGAAACCTTAATACCACCTTCTTTGACCCGGCCGGGGGAGGGGACCCAATC
CTTTACCAGCACTTATTCTGATTCTTCGGTC

线粒体 DNA 12S rRNA 片段序列：

CACCGCGGTTATACGAGAGGCCCAAGCTGATAGCCATCGGCGTAAAGAGTGGTTAGGAAAAACAAGAACTA
AAGCCGAACAGATTTGAGGTTGTTATACACGTACAAATACCGGAAGCCCTATCACGAAAGTAGCTTTACAAG
ATCTGAACCCACGAAAGCCAGGGAA

鲈形目 Perciformes

印度棘赤刀鱼

***Acanthocepola indica* (Day，1888)**

分　　类：赤刀鱼科 Cepolidae；棘赤刀鱼属 *Acanthocepola*

英 文 名：bandfish

别　　名：赤条，婆带，脚连带

形态特征：体颇延长，呈带状，侧扁；体长为体高的 7.4 ～ 9.8 倍。头小，短钝。吻颇短，在吻端与眼间隔中间有一个低的隆起脊。眼较大，上侧位，位于头的前部。眼间隔宽平。鼻孔每侧 2 个，相距较近。口大，前位，倾斜。上、下颌约等长；上颌骨末端宽大，后端达瞳孔下方；下颌向下微突。两颌各有 1 行细齿，齿尖端稍向内弯，前端缝合部无齿；犁骨和腭骨无齿。鳃孔大。前鳃盖骨后下角有 5 ～ 6 枚强棘，鳃盖骨后缘有 1 枚平棘。鳃耙细长，排列紧密，鳃耙数 14 ～ 15+28 ～ 30。体被细小圆鳞，吻部无鳞。侧线沿背鳍基部下方向后渐不明显。背鳍 1 个，基底颇长，皆由鳍条组成，向后有鳍膜与尾鳍相连。臀鳍与背鳍同形，向后有鳍膜与尾鳍相连。胸鳍短。尾尖形，中间鳍条延长。体为橘红色，背部色深，腹部较淡。背鳍、臀鳍和尾鳍边缘深红色，背鳍第九至第十二鳍条之间靠近基部具 1 块长条形黑斑，胸鳍红色，腹鳍乳白色。

分布范围：我国东海、台湾海域和南海；日本相模湾以南海域，印度洋—西太平洋温暖水域。

生态习性：热带和亚热带底栖鱼类。通常栖息于水深 300 m 以浅的沙或泥沙底质海区。喜穴居。捕食小型无脊椎动物或小鱼。

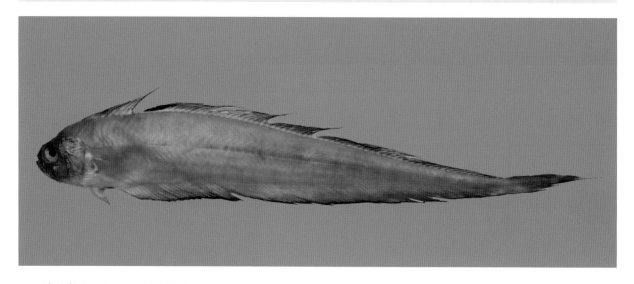

线粒体 DNA COI 片段序列：

TCTTTATCTAATATTTGGTGCCTGGGCCGGCATGGTGGGGACAGCCTTAAGTCTCTTAATTCGAGCTGAACTT
AGCCAACCCGGCCCCTTTTTAGGGGACGATCAAATCTACAATGTAATTGTCACAGCGCATGCTTTTGTGATGA
TTTTCTTTATAGTAATACCAATTATGATCGGGGGGATTCGGCAACTGATTAGTACCCCTAATGATTGGGGCCCCA
GACATGGCATTCCCCCGAATGAACAATATGAGCTTCTGGCTCCTCCCCCCCTCCCTCCTTCTCCTCTTGGCTT
CTTCAGGTGTCGAAGCGGGGGCGGGCACAGGTTGAACCGTCTACCCGCCTCTGGCGGGTAACCTAGCACAT
GCCGGGGCATCTGTTGACTTGACCATTTTCTCCCTTCACCTTGCCGGGATTTCCTCAATTCTGGGCGCCATTA
ACTTTATTACCACTATTATTAACATAAAACCCCTGCTGCCTCCCCTATCAAACACCCCTGTTTGTGTGGGCC
GTCCTAATTACAGCAGTTCCTACTACTCTCACTACCAGTTCTTGCAGCTGGCATTACAATGCTTCTTACCGA
TCGAAACTTAAATACTACATTCTTTGACCCCGCCGGGGGAGGAGACCCAATCCTTTATCAACACCTATTC

线粒体 DNA 12S rRNA 片段序列：

CACCGCGGTTATACGAGAGGCCCAAGCTGATAGCCACCGGCGTAAAGAGTGGTTAGGAAAAATTAAAACTA
AAGCCGAATACCTTTGATGCTGTTATACGCGTTCAAACATAAGAAGCCCTGTCACGAAAGTAGCTTTACAAA
ATCTGAATCCACGAAAGCCAGGGAA

背点棘赤刀鱼

Acanthocepola limbata (Valenciennes，1835)

分　　类：赤刀鱼科 Cepolidae；棘赤刀鱼属 *Acanthocepola*
英 文 名：blackspot bandfish
别　　名：红娘子，长尾鱼，红刀
形态特征：本种与印度棘赤刀鱼形态相似，背鳍前部均具一明显的大黑斑，但体形较印度棘赤刀鱼更为细窄。体甚延长而侧扁，呈带形，体长可达体高的 14.3～17.7 倍。口裂宽大而倾斜，吻极短。颌齿细弱，1 列，尖端微向后弯；犁骨及腭骨均无齿。前鳃盖骨下角具 1 枚棘，后缘锯齿状，具 6～7 枚强棘。前颌骨与上颌骨间无黑斑。鳃裂大，鳃盖膜彼此分离，且与峡部分离。肛门位于胸鳍下方。体被细小圆鳞。侧线在鳃盖后缘向上升至背鳍基处，向后纵行逐渐不明显。背鳍及臀鳍基底长，并与尾鳍相连，无鳍棘，仅有鳍条，但分节不明显，后端鳍条也不分枝。背鳍 102～104，臀鳍 105～107。尾鳍尖形。体橘红色，背部色深，腹部较淡；体侧无任何斑纹。背鳍无黑边。

分布范围：我国东海、台湾海域和南海；日本本州岛中部以南海域，西北太平洋暖水域。
生态习性：暖水性底栖鱼类，栖息于深度在 80～100 m 的沙或泥底质水域。最大体长约 50 cm。通常挖掘洞穴，藏身其中，并以头上尾下的立姿于洞穴周缘捕获食物。

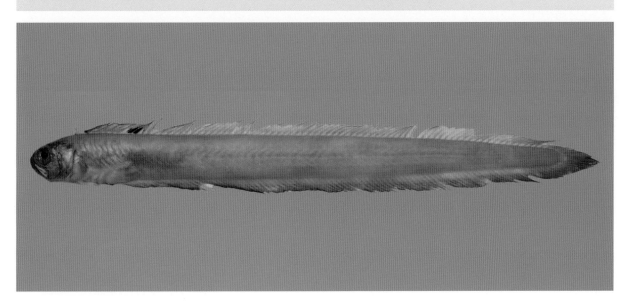

线粒体 DNA COI 片段序列：
AGCCCTCAGCCTACTTATTCGAGCAGAACTAAGCCAACCGGGCGCTCTCCTTGGAGACGACCAAATTTATAATGTAATCGTTACAGCACATGCCTTCGTAATGATTTTCTTTATAGTAATGCCAATTATGATTGGAGGTTTTGGGAACTGGTTAATTCCCCTAATGATCGGAGCCCCAGATATAGCATTTCCTCGTATGAATAATATAAGTTTCTGACTTCTACCCCCTTCCTTCCTACTACTACTTGCCTCCTCTGGTGTAGAAGCAGGTGCCGGAACCGGATGAACAGTGTACCCGCCCCTGGCTGGTAATTTAGCCCACGCAGGAGCATCAGTCGACCTGACAATCTTTTCACTTCACCTGGCAGGTATTTCCTCAATCCTTGGGGCTATCAATTTTATTACCACAATTATTAATATGAAACCTCCAGCTATCTCTCAGTACCAGACACCTCTATTTGTGTGAGCCGTCCTAATTACCGCTGTTCTTCTCCTTCTCTCTTTACCAGTCCTCGCTGCCGGCATCACAATGCTCCTTACCGACCGAAACCTTAATACCACCTTCTTTGACCCGGCCGGGGGAGGGGACCCAATCCTTTACCAGCACTTATTCTGATTCTTCGGTC
线粒体 DNA 12S rRNA 片段序列：
CACCGCGGTTATACGAAAGGCCCAAGCTGATAGCCATCGGCGTAAAGGGTGGTTAGGAAATAATTGAAACTAAAGCCGAATATATTTAAGGCTGTTGCACGCATTCAAATACAAGAAGCCCAATCACGAAAGTAGCTTTATTAAATCTGAACCCACGAAAGCCAGGGAA

花鳍副海猪鱼

Parajulis poecilepterus (Temminck & Schlegel，1845)

分　　类：隆头鱼科 Labridae；副海猪鱼属 *Parajulis*

英 文 名：multicolorfin rainbowfish

别　　名：红点龙，红倍良，青倍良

形态特征：体延长，侧扁，背、腹缘弯曲弧度不大。尾柄侧扁，尾柄高大于尾柄长。头较小。吻部略呈圆锥状。眼较小，侧位而高；眼间隔突起。鼻孔2个，位于眼前上方。口中等大，口裂水平状；上颌骨短，后端伸达前鼻孔的下方。上、下颌均有1行细齿，前端各有2对犬齿，在口角处有1枚向前伸的犬齿。唇发达。前鳃盖骨边缘平滑；鳃盖骨无棘，边缘呈膜状。左右鳃盖膜与峡部相连。鳃耙短小，末端有刺突。体被圆鳞；背鳍前鳞10；头部裸露无鳞。侧线完全，与背缘平行，伸达尾鳍基底。背鳍鳍棘部与鳍条部完全相连，中间无缺刻，有9枚鳍棘、14枚鳍条。尾鳍末缘圆形。雄鱼体呈淡褐色，背部色暗，在胸鳍基底后上方有1个大黑斑，体侧有1条暗色纵带，常不明显；头部从口角向后至鳃盖边缘有1条淡色纵带，另有1条淡色纵带从吻部经眼达鳃盖后消失；背鳍鳍膜间有暗色网纹，臀鳍灰褐色，边缘有1条淡色纵纹，鳍膜间有淡色斑点。雌鱼体色较雄鱼浅，体侧中央有1条明显的褐色纵带，沿背鳍基底另有1条褐色纵带；各鳞片均有黑色小点，相连形成细纵线，共有约6条；各鳍色浅，无斑点与条纹。

分布范围：我国东海南部、台湾海域及南海；自朝鲜半岛和日本至菲律宾海域。

生态习性：暖水性热带种类，常见体长约 16 cm，最大体长 34 cm。主要生活在岩礁和珊瑚礁海区，为浙江外海岛礁的游钓鱼类之一。

线粒体 DNA COI 片段序列：

CCTTCTTATTCGAGCTGAACTGAGCCAACCTGGCGCACTCCTAGGGGACGATCAGATCTACAATGTGATCGT
CACGGCCCATGCCTTCGTAATAATTTTCTTTATAGTAATACCAATTATGATTGGAGGATTTGGAAACTGACTGA
TTCCCCTAATGATTGGAGCCCCTGATATAGCCTTCCCCCGAATAAATAATATGAGCTTTTGACTTTTACCCCCT
TCCTTCCTACTTCTCCTTGCCTCCTCAGGCATTGAAGCAGGAGCTGGCACCGGCTGAACAGTGTACCCTCCC
CTAGCCGGGAACCTAGCCCACGCCGGCGCATCTGTAGACCTTACTATCTTTTCACTACACTTAGCCGGTATTT
CATCTATTTTAGGTGCAATTAATTTTATTACAACAATTGTCAACATAAAACCCCCAGCAATTTCACAATACCAG
ACCCCTCTATTTGTTTGAGCTGTCCTAATTACAGCAGTACTGCTCCTTCTCTCACTGCCTGTCCTTGCTGCGG
GGATTACGATGCTCCTTACAGACCGAAACCTTAACACAACATTCTTCGATCCTGCAGGAGGAGGAGACCCAA
TTCTGTACCAACATCTATTCTGA

线粒体 DNA 12S rRNA 片段序列：

CACCGCGGTTATACGAGAGACCCAAGTCGATGGTCGTCGGCGTAAAGAGTGGTTAAGAGATAAGAAAACTA
AAGCCAAACGACTTCAAAGCTGTTATACGCACATGAAAGCACTGAGGCCCTACCACGAAAGTGGCTTTAATT
ACCTGAACCCACGAAAGCTATGATA

方氏云鳚

Pholis fangi (Wang & Wang, 1935)

分　　类：锦鳚科 Pholidae；云鳚属 *Pholis*

英 文 名：longnosed stargazer

别　　名：方氏锦鳚，高粱叶

形态特征：体延长，带状。头短小。吻短，吻长小于眼径。眼小，侧高位；眼间隔窄，圆突。口小，前位，斜向前上方；上、下颌齿粗短。鳃孔大，鳃盖膜相连，与峡部分离。鳃耙细长。体被微小圆鳞，无侧线。背鳍 1 个，始于鳃孔背角上方，全由粗短而尖的鳍棘组成。臀鳍与背鳍相似，前端有 2 枚鳍棘。胸鳍较长，后缘圆弧形。腹鳍喉位，短小，有 1 枚鳍棘、1 枚鳍条。尾鳍长圆形，前缘与背鳍和臀鳍微连。体淡黄褐色，腹侧色淡。从眼间隔至眼下有一黑褐色横带。背侧与体侧均有 14 ~ 15 个黑褐色云状斑，各斑中央尚有 1 条浅色横纹。背鳍、臀鳍和尾鳍也有云状斑。

分布范围：我国黄海、渤海和东海北部。

生态习性：为冷温性底层鱼类。栖息于近岸岩礁或沙泥底质海区。最大体长约 15 cm。

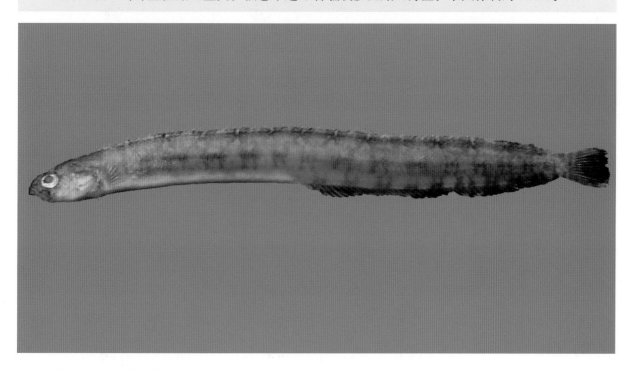

线粒体 **DNA COI** 片段序列：

CCTTTATCTAGTATTTGGTGCATGAGCCGGAATAGTGGGCACAGCTCTAAGTCTCCTCATTCGAGCAGAGTTA
AGCCAGCCCGGCGCCCTACTAGGCGACGACCAAATTTATAATGTAATTGTTACAGCACATGCATTCGTAATAA
TTTTCTTTATAGTAATGCCAATCATGATCGGGGGGTTTCGGAAACTGGCTTATTCCGCTAATGATCGGGGCCCCA
GACATGGCATTTCCCCGTATAAATAACATGAGTTTTTGGCTTCTTCCTCCTTCTTTCCTTCTTCTCCTTGCCTCT
TCTGGGGTTGAGGCAGGAGCTGGTACAGGGTGAACGGTGTACCCGCCCCTTTCTGGTAATTTAGCGCACGC
CGGGGCCTCTGTTGACTTAACAATCTTTTCTCTTCACCTGGCGGGGATTTCTTCAATTCTTGGGGCAATTAAT
TTTATCACAACCATTATTAACATGAAACCCCCTGCCATTTCTCAGTATCAAACACCGCTCTTCGTTTGATCCGT
ACTCATTACCGCCGTTCTTCTACTCCTCTCACTCCCCGTGCTTGCAGCCGGAATCACCATACTCCTAACAGAC
CGTAATCTGAACACCACCTTTTTCAGCCCCGCAGGAGGGGGCGACCCGATTCTTTACCAACACTTG

线粒体 **DNA 12S rRNA** 片段序列：

CACCGCGGTTATACGAGAGGCCCAAGTTGACAGACAGCGGCGTAAAGAGTGGTTAAGTTAAAATTGTACTA
AAGCCGAACACCCTCCAGGCTGTTATACGCATCCGAAGGTAAGAAGTTCAACCACGAAGGTGGCTTTATTTA
ATCTGAACCCACGAAAGCTACGACA

矶鳚

Parablennius yatabei (Jordan & Snyder，1900)

鲈形目 Perciformes

分　　类：鳚科 Blenniidae；鳚属 *Parablennius*

英 文 名：blenny

别　　名：八部副鳚

形态特征：体侧扁，略呈长方形。头高，圆钝，侧扁。吻短而钝，向下陡斜。眼小，圆形，上侧位，上缘有一羽状皮质突起，长于眼径。眼间隔颇狭，凹入，约为眼径的 1/2。鼻孔 2 个，位于眼前方，前鼻孔后缘具一细小羽状皮质突起。口中大，端位，口裂近平行。上颌稍突出，上颌骨后端伸达眼后缘下方。唇发达，下颌中央具一亚圆形肉质突起。齿小，侧扁，上、下颌各 1 行，最后一齿为犬齿，犁骨及腭骨无齿。前鳃盖骨及鳃盖骨无棘。鳃孔宽大，左、右鳃盖膜相连，不与峡部相连。鳃耙尖细，假鳃发达。鳃盖条 6。体无鳞。侧线只见于体的前半部，略呈弧形。背鳍延长，鳍棘与鳍条间具一缺刻，鳍条长于鳍棘，最后鳍条有膜连于尾柄，与尾鳍基底有一小隙相隔。臀鳍起点在背鳍第十或第十一鳍棘的下方，鳍条较背鳍鳍条短，鳍膜边缘具缺刻。雄性鳍棘具肉囊。胸鳍圆形，由不分枝鳍条组成，下部鳍条较粗大。腹鳍喉位，后端不伸达肛门。尾鳍圆形。体黄褐色，具黑色小点。背侧常具 2 纵行斑块，头侧有黑色小点，颊部具 2 个暗色斜条纹。背鳍和胸鳍基底具黑色小点。臀鳍、尾鳍、胸鳍、腹鳍均灰黑色。

分布范围：我国黄海及东海北部；日本南部沿海。

生态习性：温带岩礁区小型鱼类，最大体长在 90 mm 以下，以藻类及其他碎屑为食。卵借助其黏性会黏成卵团。

线粒体 DNA COI 片段序列：

CCTCTACCTCGTATTTGGTGCCTGAGCCGGTATAGTAGGCACAGCCTTGAGCCTACTAATCCGAGCTGAACTG
AGTCAACCAGGAGCTCTTCTTGGGGATGACCAGATTTACAATGTAATTGTTACCGCTCACGCCTTCGTAATGA
TTTTCTTTATAGTAATACCAATTATGATTGGGGGTTTCGGAAATTGACTTATTCCCCTAATGATCGGAGCACCA
GACATGGCCTTCCCACGTATGAACAATATGAGCTTCTGACTCCTTCCTCCTTCTTTCCTCCTACTCTTAGCTTC
ATCTGGGGTTGAAGCTGGTGCTGGAACAGGTTGAACTGTTTACCCCCCTCTATCAGGCAACCTCGCTCATGC
AGGGGCCTCGGTAGATCTAACCATCTTTTCCCTCCATCTAGCAGGTGTCTCATCAATTCTTGGGGCTATTAATT
TTATTACAACCATTATTAATATGAAACCCCTGCCATCTCTCAATACCAAACTCCCCTGTTCGTCTGAGCTGTA
CTAATTACAGCCGTGCTTCTCCTCCTCTCTTCCAGTACTGGCGGCAGGGATTACAATACTCCTTACAGATC
GAAACCTTAATACAACATTCTTCGACCCGGCTGGAGGGGGAGACCCTATCTTATACCAACACCTC

线粒体 DNA 12S rRNA 片段序列：

CACCGCGGTTATACGAGAGGCCCAAGCTGACAGCCCTTCGGCGTAAAGCGTGGTTAGAATAGAAAGATAAA
TTAAAGCCGAATGCTCCCTAAGCTGTTATACGCTCTCGAGAGCTAGAAGATCTTTTACGAAAGTAGCTTTATT
ACATTGAATCCACGAAAGCTAAGATA

东方披肩䲢

Ichthyscopus pollicaris Vilasri，Ho，Kawai & Gomon，2019

分　　类：䲢科 Uranoscopidae；披肩䲢属 *Ichthyscopus*

英 文 名：oriental fringe stargazer

别　　名：鱼䲢，角鱼，山鸟鱼䲢，大头丁，披肩䲢，披肩瞻星鱼

形态特征：体延长，前端粗钝，稍平扁，向后渐变细，侧扁。头粗大，覆盖有骨板，无棘和棱。吻短。眼甚小，位于头背；眼间隔宽长。眶前骨前缘圆，无棘突。顶枕部中央微凹。鼻孔每侧 2 个。口较大，几乎直立；唇发达，口缘有许多皮质突起。前颌骨能伸缩；上颌骨几乎直立。下颌有 1 行犬齿，上颌、犁骨和腭骨有绒毛状小齿。前鳃盖骨下半部外露，无棘突；间鳃盖骨发达；下鳃盖骨与主鳃盖骨均无棘。鳃盖膜发达，左右相连，与峡部分离。在后肩部有 1 块羽状皮膜，与胸鳍基上方的羽状皮瓣形成纵管状。体被圆鳞，多退化，埋于皮下。侧线完整，位高。背鳍 1 个，有 2 枚短棘。胸鳍有 16～17 枚鳍条。腹鳍喉位。尾鳍后缘截形。体背褐色，有许多白色大斑点；腹侧色淡。背鳍浅褐色，具 2 纵列白斑。

分布范围：我国东海、南海、台湾海域；日本南部海域。

生态习性：为暖水性较深海底层鱼类。主要栖息于大陆架边缘沙泥底质海域。常见体长 20～30 cm，最大体长约 60 cm。

线粒体 **DNA COI** 片段序列：

CTTATACCTAGTGTTTGGCGCATGAGCTGCCATGGTAGGAACGGCCCTCAGCCTTCTTATTCGTGCCGAACTA
AACCAACCAGGAGCCCTCCTAGGAGACGATCAAATCTACAACGTAATCGTCACAGCACACGCCTTTGTGATA
ATTTTCTTTATAGTAATACCCGTAATGATCGGAGGGTTTGGAAACTGACTAATTCCGTTGATAATTGGGGCTCC
TGACATAGCATTCCCCCGAATGAACAATATAAGCTTCTGACTTCTCCCCCCCATCCCTGCTACTCCTTCTCGCCT
CCTCCGGCGTAGAAGCAGGGGCCGGCACGGGCTGAACTGTGTACCCCCCACTTGCAGGAAATCTAGCCCAC
GCAGGAGCATCCGTAGATCTCACTATCTTCTCCCTTCACCTGGCAGGAATTTCCTCAATCCTTGGGGCAATTA
ACTTTATCACTACCATTATTAATATAAAACCACCTGGAACCTCCATATACAACATCCCCCTGTTTGTATGGGCC
GTATTGGTCACAGCCGTCCTCCTCCTACTCTCACTCCCCGTTCTAGCCGCTGCAATTACTATGCTTCTCACGG
ACCGAAACCTAAATACCACCTTCTTCGATCCCGCCGGTGGAGGAGACCCTATTCTTTACCAGCACCTC

线粒体 **DNA 12S rRNA** 片段序列：

CACCGCGGTTATACGAGTGACCCAAGCTGATAGTCGTCGGCGTAAAGCGTGGTTAGGGAAATACCCCAAATA
AAGCCGAACACCCTCAAAGCTGTTGTACGCATCCGAAAGGTAGAAGAACAATCACGAAAGTAGCTTTATCT
GACCTGATTCCACGTAAGCTGGGGTA

日本䲢

Uranoscopus japonicus Houttuyn，1782

分　　类：䲢科 Uranoscopidae；䲢属 *Uranoscopus*

英　文　名：Japanese stargazer

别　　名：角鱼，铜锣槌

形态特征：体长形，前端稍平扁，向后渐侧扁。头粗大，略平扁，背面及两侧被骨板，略呈四棱形。吻很短，背面中央与眼间隔之间形成一凹窝。眶前骨下缘有 2 枚短骨突。眼小，位于头背侧；眼间隔中等宽，中央凹入，两侧为骨棱状。眼后部粗糙，有骨质纵棱，棱在鳃孔后上方有 2 枚尖的肩棘。鼻孔 2 个，很小，位于吻前缘。口大，几乎直立；前颌骨能伸缩，上颌骨大部分外露，下颌骨稍突出。下颌有 2 行犬齿；上颌、犁骨、腭骨及下咽骨有绒毛状齿丛。下颌内侧有三角形宽皮瓣。唇发达，在上、下缘有许多小须状皮质突起。前鳃盖骨下方有 4 ~ 5 枚尖棘。下鳃盖骨下方有 1 枚埋在皮内的尖棘。鳃盖骨发达。鳃孔宽大。鳃盖膜的后缘有短毛状小突起；鳃盖膜相连，与峡部分离。鳃耙为短刺毛状。假鳃发达。在鳃孔后方有肱棘 2 枚，后棘特别尖长。体被小圆鳞，不易脱落，项背、侧线前上方无鳞。侧线 1 条，位高。背鳍 2 个，第一背鳍有 4 ~ 5 枚鳍棘，细弱。腹鳍喉位。尾鳍后缘截形。体背侧黄褐色，体两侧及背部有虫斑或白色网状斑；腹侧灰黄色。第一背鳍黑色，第二背鳍淡黄色。尾鳍黄色，后缘白色。

分布范围：我国黄海、渤海、东海、台湾海域；日本海域、朝鲜半岛海域，西太平洋温暖水域。

生态习性：为暖温性底层中小型鱼类。栖息于泥沙底质海区，有时深度可达 300 m。常见体长在 18 cm 以下，最大体长约 28 cm。游动性不大，常分散潜伏在海底沙中，露出两眼及口角，偷袭其他小型鱼类和无脊椎动物。分散产卵，在东海的产卵期为 6—7 月。

线粒体 **DNA COI** 片段序列：

AAGGTGTTGGTAAAGAATTGGGTCTCCTCCTCCGGCAGGGTCGAAGAAAGTTGTATTTAGGTTGCGGTCTGT
CAGAAGTATCGTAATGGCAGCAGCTAAGACGGGCAGGGAGAGGAGTAGAAGAATGGCGGTGACAAGAACA
GCCCAGACGAATAGGGGTATTTGGTATTGAGAGGCCCCAGGGGGGTTTTATATTAATAATAGTAGTAATGAAAT
TAATGGCCCCTAGAATTGATGAGATACCTGCTAGGTGGAGGGAGAAAATAGTGAGGTCTACGGATGCCCCTG
CGTGGGCTAGGTTCCCTGCTAAAGGGGGGTAAACGGTCCAGCCGGTGCCGGCACCAGCTTCAACTCCGGAAGA
CGCGAGGAGGAGAATTAAGGATGGGGGGAGGAGCCAGAAGCTTATATTATTTATTCGGGGGAATGCTATGTCGG
GGGCGCCGATCATTAGTGGGACTAATCAATTGCCAAAGCCCCCAATTATGACTGGTATGACCATGAAGAAGATTA
TTACGAAGGCATGTGCTGTAACAATCACATTGTAGATCTGGTCATCACCAAGGAGGGCGCCGGGTTGGCTAAGT
TCTGCCCGAATGAGTAGGCTTAGGGCTGTTCCTACTATTGCGGCCCAGGCACCAAATACTAGGTATAGG

线粒体 **DNA 12S rRNA** 片段序列：

CACCGCGGTTATACGAGAGGCTCAAGCTGATAGCCCAACGGCGTAAAGAGTGGTTAAGGGAGTATTTTCAAT
AAAGCCGAGAATCAACAAAGCAGTTATACGCACCCGAAAAAAAAAGACCGATCACGAAAGTAGCTTTAAC
ACCCCTGAGCCCACGAAAGCTAGGACA

项鳞䲢

Uranoscopus tosae (Jordan & Hubbs，1925)

分　　类：䲢科 Uranoscopidae；䲢属 *Uranoscopus*

英 文 名：Tosa stargazer

别　　名：土佐䲢，大头丁，眼镜鱼

形态特征: 体长形，前端稍平扁，向后渐侧扁。头粗大，稍平扁，近四棱形。吻短而钝，中央微凹，形成一凹刻。眶前骨在吻的前缘有 2 枚短的棘突。眼小，背侧位；眼间隔微凹。头顶部中央微凹入，两侧各有 1 个低的纵骨棱；鳃孔上方有 2 枚短的肩棘。眶下骨宽大。鼻孔 2 个，很小，位于吻前端。口中等大，几乎直立。前颌骨能伸缩。上颌骨大部分外露，后端宽大。下颌前端骨棱突出于口前。下颌齿尖长；上颌、犁骨、腭骨均有绒毛状齿丛。唇发达，在上、下颌边缘均有 1 行小的须状突起。舌上有一长丝状肉质突起。肱棘尖长。前鳃盖骨下缘有 6 枚短棘，下鳃盖骨下端有 1 枚短棘。鳃孔宽大，前端伸达口下方。鳃盖膜相连，与峡部分离。假鳃发达，鳃耙短绒毛状。体被小圆鳞，半埋于皮下，不易脱落。侧线完全，位高。背鳍 2 个，第一背鳍鳍棘细弱；腹鳍喉位，腰带骨每侧有 2 枚尖棘。尾鳍后缘截形。头、体背侧黄褐色，腹侧灰白色。体无明显的斑纹。第一背鳍黑色，下缘黄白色。其他鳍灰黄色。

分布范围：我国东海、南海、台湾海域；日本南部海域。

生态习性：为暖水性底层鱼类。栖息于沙泥底质海区，栖息水深 55 ~ 420 m。最大体长约 25 cm。

线粒体 DNA COI 片段序列:

GAAGAGGTGTTGATAGAGAATTGGGTCTCCTCCCCCAGCGGGGTCAAAGAAGGTGGTATTTAGGTTACGGTCTGTTAGGAGCATAGTGATAGCAGCGGCTAAAACGGGTAAGGAGAGCAGAAGAAGGACGGCGGTGACAAAGACAGCCCAGACAAACAAGGGGACTTGGTACTGGGAGGTGCCGGGTGGTTTTATATTAATAATAGTAGTAATAAAATTAATAGCCCCTAAAATAGAGGAAATTCCTGCTAGGTGAAGGGAGAAAATAGCAAGGTCCACGGATGCCCCTGCGTGGGCGAGGTTACCCGCCAAGGGTGGGTAAACAGTTCAACCGGTGCCGACTCCGGCCTCAACTCCGGAAGATGCGAGTAGCAGGACAAGAGAGGGGGGTAGGAGCCAGAAGCTCATGTTGTTCATTCGGGGGAATGCTATATCGGGGGCGCCAATTATTAATGGGACTAATCAGTTACCAAAGCCTCCAATTATTACTGGCATAACCATAAAAAAGATTATTACAAAAGCATGTGCTGTAACAATCACATTGTAGATTTGATCGTCCCCGAGTAGGGCGCCGGGCTGATTAAGCTCGGCTCGGATGAGTAGGCTCAGGGCTGTTCCTACTATTGCTGCTCAAGCACCAAATACCAAGTAAAGG

线粒体 DNA 12S rRNA 片段序列:

CACCGCGGTTATACGAGAGGCTCAAGCTGATAGACCACGGCGTAAAGCGTGGTTAGGGAAAATCATACAATAAAGCCGAGAATCGACAGAGCAGTTATAAGCGTCCGAGAGAAAAAGACCAATCACGAAAGTAGCTTTACCACCCCTGAACCCACGAAAGCTAGGGCC

青䲁

Xenocephalus elongatus (Temminck & Schlegel，1843)

分　　类：䲁科 Uranoscopidae；奇头䲁属 *Xenocephalus*

英 文 名：elongate stargazer

别　　名：青奇头䲁，大头丁，眼镜鱼

形态特征：体长形。头中等大，扁平，后部渐侧扁。眼较小，背侧位；眼间隔凹陷。吻短而钝。鼻孔2个，紧靠吻前缘。口中等大，口裂宽，几乎直立状。下颌有2行齿，上颌、犁骨及腭骨上的齿细小，呈绒毛状。上颌骨后端宽大。下颌前方有骨质突起。唇发达，口缘有1行短毛状皮质突起。前鳃盖骨后缘无小突起。鳃孔大；鳃盖膜相连，与峡部分离。有假鳃。鳃耙呈绒毛群状。肱棘弱。体被圆鳞，很小，退化，多埋入皮下。侧线完全，位高。项背有鳞。背鳍1个，仅具鳍条。臀鳍长于背鳍。腹鳍喉位。尾鳍后缘截形。腰带骨外侧无棘。体背青绿色，具许多不规则的蓝绿色斑点。胸鳍淡黄色，尾鳍青灰色。

分布范围：我国沿海；日本沿海、朝鲜半岛沿海，西北太平洋温暖水域。

生态习性：为暖温性较深海底层中型鱼类。常见体长20～30 cm，最大体长约40 cm。主要栖息于大陆架边缘沙质底的较深海区。

线粒体 DNA COI 片段序列：

CCTTTATTTAAGTATTTGGTGCGTGAGCTGCCATAGTAGGAACAGCTCTTAGCCTACTCATTCGAGCCGAATT
AAGCCAGCCCGGCACACTCCTTGGAGACGACCAAATCTATAACGTAATCGTTACAGCGCACGCCTTCGTAAT
AATTTTCTTTATAGTAATACCCGTAATGATTGGGGGGCTTTGGGAATTGACTTATCCCCCTAATGATTGGGGCCC
CAGACATAGCCTTCCCTCGGATAAACAACATGAGCTTTTGACTTCTCCCCCCCTCTCTACTACTTCTCCTCGC
CTCCTCCGCCGTAGAGGCTGGGGCCGGGACCGGTTGAACAGTTTATCCTCCCCTAGCAGGAAACCTCGCCC
ACGCAGGCGCCTCTGTCGACCTCACAATTTTTTCTCTGCACTTGGCAGGAATCTCTTCAATTCTTGGGGCTAT
TAATTTCATTACAACTATTATTAACATAAAACCCCCAGGAATATCACAATACCAGACCCCCCTGTTCGTATGAT
CCGTATTAGTTACAGCCGTCCTCTTACTACTTTCCTTCCCGTCCTAGCTGCCGGCATCACAATACTTCTTACA
GACCGAAACTTAAATACCACCTTCTTTGATCCCGCAGGAGGGGGAGACCCCATCCTCTACCAACACCTCTTC

线粒体 DNA 12S rRNA 片段序列：

CACCGCGGTTAGACGAGAGGCTCAAGCTGACAGACTACGGCGTAAAGAGTGGTTAAGGGTAATTATTAATA
AAGCCGAAAGCCCTCAATGCTGTTATACGCATGCCGAGAATAAGAAGCTCAATCACGAAAGTGGCTTTACCT
CCCCCCTGATTCCACGTAAGCCAGGGCA

饰鳍斜棘鳉

***Repomucenus ornatipinnis*(Regan，1905)**

分　　类：鳉科 Callionymidae；斜棘鳉属 *Repomucenus*

英 文 名：Japanese ornate dragonet

别　　名：老鼠鳉，狗圻

形态特征：体延长，纵扁。枕骨区平滑。鳃孔背位。前鳃盖骨强棘长为头长的 0.18 ~ 0.2 倍，强棘末端稍向上弯曲，腹缘平滑，基部具一倒棘，背缘具 2 ~ 3 枚大棘。侧线从眼延伸至尾鳍第三分枝鳍条的末端，具一分叉的前鳃盖骨分支，枕骨区及尾柄背部各具 1 条横向侧线连接体侧两侧线。雄鱼第一背鳍高，各棘稍延长成丝状，前两棘最长，但也只高于第二背鳍少许；雌鱼第一背鳍较第二背鳍低，不延长成丝状；雌、雄鱼第二背鳍鳍缘平直或稍凹；背鳍与臀鳍除最后一鳍条外，其余鳍条均不分叉；胸鳍延伸至臀鳍第二或第三鳍条基部；雌、雄鱼尾鳍均稍延长。保存标本体呈棕色，背部具许多白点及白斑，腹部及喉部白色，体侧具 1 列深斑；眼灰色；雄鱼第一背鳍灰色，具许多白点及白斑，第三鳍棘膜缘具一小黑斑，雌鱼第一及第二鳍棘膜白色，第三及第四鳍棘膜黑色；雌、雄鱼第二背鳍透明，鳍基具一水平列的黑点，鳍缘具不规则散布的黑点，鳍膜具白斑；雌、雄鱼臀鳍白色；雌、雄鱼尾鳍中央具黑斑，尾鳍上下缘具白点及白斑。

分布范围：我国东海、黄海、台湾北部海域；西北太平洋区，包括日本北海岸、日本内海、有明海等海域。

生态习性：主要栖息于沙泥底质水域，以底栖生物为食。最大体长 17 cm。

线粒体 DNA COI 片段序列：

CCTTTACTTAATTTTTGGTGCATGGGCCGGTATAGTAGGTACTGCTCTTAGCCTTCTTATTCGGGCAGAGCTAA
ACCAGCCAGGAGCCCTCCTTGGTGACGACCAAATTTATAATGTTATTGTTACTGCACATGCATTTGTAATAATC
TTTTTTATGGTCATGCCAATTATGATCGGGGGGATTCGGAAACTGACTAATCCCTATAATGATTGGGGCCCCCGA
CATAGCCTTTCCTCGAATAAATAATATGAGTTTTTGGCTCTTGCCACCATCTTTCCTTCTTCTCCTAGCATCTTC
AGGGGTAGAAGCTGGGGCCGGGACAGGTTGAACCGTCTATCCCCCTCTATCGAGCAACCTCGCGCATGCAG
GTGCCTCTGTAGACTTAACTATCTTCTCGCTCCACCTGGCAGGGATTCTTCTATTCTTGGCGCTATTAATTTC
ATTACAACAATTACAAACATAAAACCTCCAGCTATGACCCAGTACCAGACCCCTTTATTCGTCTGAGCCGTTC
TAATTCAGCTGTACTGCTACTACTATCCTTCCCGTACTCGCTGCAGGCATTACTATACTCCTTACAGACCGA
AACTTAAATACCACTTTTTTTTGACCCGGCAGGAGGAGGTGACCCCATCCTTTACCAACACCTTTTT

线粒体 DNA 12S rRNA 片段序列：

CACCGCGGTTATACGAGAGACCCAAATTGATTAGTAACGGCGTAAAGGGTGGTTAAACTAATTATTATTAAAG
CCAAATTCGCCCCCTGACTGTTATACGTTACGGAATGAAGAAGAACTAATACGAAAGTAGCTTTAAAATTTTG
AATCCACGAAAGCTAGGGAA

乌塘鳢

Bostrychus sinensis Lacepède，1801

分　　类：塘鳢科 Eleotridae；乌塘鳢属 *Bostrychus*

英 文 名：four-eyed sleeper

别　　名：中华乌塘鳢

形态特征：体延长，粗壮，前部亚圆筒形，后部侧扁；背缘、腹缘浅弧形隆起。尾柄较长。头中大，前部钝尖，略平扁，后部高而侧扁；具7个感觉管孔。颊部微突，有2条水平状（纵向）感觉乳突线。吻短钝，宽圆，平扁。眼小，上侧位，稍突出，在头的前半部。眼间隔宽平或稍圆突，无细锯齿。鼻孔每侧2个，分离。口大，前上位，斜裂。舌大，游离，前端圆形。鳃孔宽大，向前向下伸达前鳃盖骨后缘的下方。鳃盖上方具5个感觉管孔，前鳃盖骨后缘具5个感觉管孔。鳃盖膜与峡部相连。具假鳃。鳃耙尖短，侧扁，内侧缘有细刺突。头部及体均被小圆鳞。无侧线。纵列鳞120～140。背鳍2个，分离，相距较远。第一背鳍的起点在胸鳍基部后上方，具6枚鳍棘；第二背鳍高于第一背鳍，基部较长，平放时不伸达尾鳍基。臀鳍和第二背鳍相对、同形，平放时不伸达尾鳍基。胸鳍宽圆，扇形。腹鳍短，起点在胸鳍基部下方，内侧鳍条长于外侧鳍条，左、右腹鳍相互靠近，不愈合成吸盘，末端远不达肛门。尾鳍长圆形。体呈褐色或有暗褐色斑纹，腹面浅褐色，尾鳍基底上端有带白边的黑色睛斑，背鳍和尾鳍有褐色带纹。

分布范围：我国上海、江苏、浙江、福建、广东、广西、海南、台湾海域，江苏赣榆为分布的北限；印度洋北部沿岸至太平洋中部法属波利尼西亚，北至日本，南至澳大利亚。

生态习性：为近岸暖水性小型底层鱼类，最大体长22 cm。栖息于浅海、内湾和河口咸淡水水域的中低潮区及红树林区的潮沟里，退潮时会躲藏在泥滩的孔隙或石缝中。对盐度变化的耐受力很强。夜行性鱼类。也进入淡水，喜欢在石缝中营穴居生活和繁殖。性凶猛，摄食小鱼、虾蟹类、水生昆虫和贝类。冬季潜伏在泥沙底中越冬。

线粒体 DNA COI 片段序列：

AAGCTTGCTTATCCGGGCAGAACTAAGTCAACCAGGGGCTCTTCTTGGAGATGACCAAATTTACAACGTTAT
CGTTACAGCACACGCTTTCGTAATAATCTTCTTTATAGTAATACCAATTATGATTGGAGGCTTTGGCAACTGAT
TAGTCCCCCTAATAATCGGGGCCCCCGACATAGCATTCCCTCGAATAAACAACATAAGCTTCTGACTTCTCCC
TCCTCCTTCCTTCTCCTCCTAGCTTCTTCAGGCGTTGAAGCAGGGGCCGGAACCGGCTGGACGGTCTATCC
CCCTTTGGCAGGCAACCTGGCCCACGCCGGGGCATCTGTAGACCTTACCATCTTTTCACTGCACTTGGCAGG
AGTCTCCTCAATTTTAGGGGCCATTAACTTCATCACAACAATCCTTAACATGAAACCTCCAGCCATCTCGCAA
TACCAAACGCCCCTCTTTGTCTGGGCTGTCCTCATCACAGCGGTTCTTCTTCTCCTCTCCCTCCCGGTCCTTG
CCGCCGGCATTACAATGCTTCTAACAGACCGAAACCTCAACACAACATTCTTTGACCCAGCAGGGGGAGGG
GACCCAATCCTGTACCAACACCTT

线粒体 DNA 12S rRNA 片段序列：

CACCGCGGTTATACGAGAGGCCCAAGTTGATAGCCGCCGGCGTAAAGAGTGGTTAATAAATACCAAAACTAA
AGCCGAACATCTTCAAGGCTGTTATACGCACCCGAAGACAGGAAGCCCTTCCACGAAAGTGGCTTTAAACT
TTATGACCCCACGAAAGCTAAGACA

锯嵴塘鳢

Butis koilomatodon (Bleeker，1849)

分　　类：塘鳢科 Eleotridae；嵴塘鳢属 *Butis*

英 文 名：mud sleeper

别　　名：锯塘鳢，花锥脊塘鳢

形态特征：体延长，前部亚圆筒形，后部侧扁；背缘弧形隆起，腹缘浅弧形隆起；尾柄较长而略高。头中大，粗壮，短而圆钝，前部钝尖，略平扁，后部高而侧扁。吻短而圆钝，背面圆突，吻侧各具2行骨质嵴。眼中大，上侧位，稍突出，在头的前半部，上缘临近头的背缘。眼甚窄，微凹。眼的上缘和后缘具半环形锯齿状骨嵴。体被大型栉鳞，颊的上部、鳃盖部及眼后头部均被大型弱栉鳞。胸部与腹部被圆鳞。吻部和头的腹面无鳞。无侧线。背鳍2个，分离，相距较远。第一背鳍起点在胸鳍基部稍后上方，具6枚弱棘，平放时后端不伸达第二背鳍起点；第二背鳍高于第一背鳍，基部较长，平放时不伸达尾鳍基。臀鳍和第二背鳍相对、同形，起点在第二背鳍第一至第二鳍条的下方，最后面的鳍条末端几乎伸达尾鳍基。胸鳍宽圆，扇形，向后伸达第二背鳍起点的下方。腹鳍小，起点在胸鳍基部下方，左、右腹鳍相互靠近，不愈合成吸盘。尾鳍长圆形。体呈棕褐色，体侧有6条横带纹，有时不明显。眼下方常有2～3条辐射状条纹。

分布范围：我国东海、台湾海域和南海；红海、印度洋北部沿岸至太平洋中部各岛屿，南至澳大利亚。

生态习性：为暖水性近岸小型底层鱼类，多半栖息于河口、红树林湿地或沙岸沿海的泥沙底质的栖地中，也栖于海滨礁石或退潮后残存的小水洼中。摄食小鱼、甲壳类。产量少，不常见，且个体小，无食用价值。体长60～70 mm。

线粒体 DNA COI 片段序列：

CCTTTATCTCGTATTTGGTGCCTGAGCCGGAATAGTGGGAACAGCCCTAAGCCTTTTAATTCGAGCCGAGCTA
AGCCAGCCCGGCGCCCTATTAGGAGACGATCAAATTTATAACGTTATCGTTACGGCCCACGCCTTCGTAATAA
TCTTCTTTATAGTAATACCAATCATAATTGGGGGATTCGGTAATTGACTCATTCCCCTAATAATCGGCGCCCCA
GACATAGCATTCCCCCGAATAAATAACATAAGCTTCTGACTATTGCCCCCATCCTTTTTACTTCTATTAGCCTCA
TCCGGAGTTGAAGCCGGGGCCGGAACAGGGTGAACAGTATACCCTCCCCTCGCAGGAAATCTCGCCCACGC
AGGAGCTTCCGTTGACTTAACAATTTTCTCCCTCCATTTAGCAGGAATTTCCTCTATTTTAGGCGCAATTAACT
TCATTACCACAATTCTTAATATGAAGCCCCCAGCTATAACACAGTACCAAACACCTCTCTTTGTGTGAGCCGT
ACTAATTACAGCTGTGCTTCTACTCTTATCCCTCCCCGTACTTGCCGCTGGCATTACTATGCTCCTGACAGACC
GAAACCTAAACACAACTTTCTTTGACCCTGCAGGGGGAGGAGACCCAATTCTGTACCAACATCTATTT

线粒体 DNA 12S rRNA 片段序列：

CACCGCGGTTATACGAGAGGGCCCAAGTTGATAGCCATCGGCGTAAAGAGTGGTTAATAAACATAAATACTAA
AGCCGAACATCTTCAGAGCTGTTATACGTAATTGAAGACAGGAAGACCCTCCACGAAAGTGGCTTTAAAATA
TATGACCCCACGAAAGCTAGGGCC

黄鳍刺虾虎鱼

Acanthogobius flavimanus (Temminck & Schlegel，1845)

分　　类：虾虎鱼科 Gobiidae；刺虾虎鱼属 *Acanthogobius*

英 文 名：yellowfin goby

别　　名：雅氏刺虾虎鱼

形态特征：体延长，前部圆筒形，后部侧扁；背缘浅弧形，腹缘稍平直；尾柄颇长，大于体高。头中大，圆钝，略平扁，背部稍隆起。头部具 3 个感觉管孔。颊部稍隆起，眼下缘有 1 条斜向前下方的感觉乳突线，颊部下方自上颌后部至前鳃盖骨具 3 条感觉乳突线。吻圆钝，颇长，吻长大于眼径。眼背侧位，位于头的前半部，眼上缘突出于头部背缘。眼间隔狭窄，稍内凹。口小，前下位，斜裂，下颌长于上颌，稍突出。上颌骨后端不达眼前缘下方。鳃孔大，侧位，向头部腹面延伸，止于鳃盖骨中部下方。前鳃盖骨及鳃盖骨边缘光滑。鳃盖骨上方有 3 个感觉管孔，前鳃盖骨后缘具 2 个感觉管孔。体被弱栉鳞，吻部无鳞，项部、颊部及鳃盖上方均具小圆鳞。胸部及腹部被小圆鳞；项部的圆鳞向前延伸至眼后方。无侧线。背鳍 2 个，分离。第一背鳍高，有 8 枚鳍棘，平放时不伸达第二背鳍起点；第二背鳍略高于第一背鳍，基部较长，平放时不伸达尾鳍基。臀鳍与第二背鳍相对、同形，起点位于第二背鳍的第二、第三鳍条下方，后部鳍条较长，平放时不伸达尾鳍基。胸鳍宽圆，扇形，下侧位。腹鳍略短于胸鳍，圆形，基部长小于腹鳍全长的一半，左、右腹鳍愈合成一圆形大吸盘，其膜盖边缘内凹，呈细锯齿状。尾鳍长圆形，短于头长。肛门与第二背鳍起点相对。体呈灰褐色，体侧有 1 列不规则的黑褐色斑块。尾柄前无黑斑。各鳍黄色；第一背鳍中部无黑斑，2 个背鳍各有 3 ~ 4 纵行黑色小点。

分布范围：我国黄海、渤海、东海沿岸各河口区；朝鲜半岛、日本沿海。

生态习性：为冷温性底层小型鱼类，栖息于河口、港湾及沙质或泥质的浅水区。摄食小型无脊椎动物和幼鱼等。常见体长 10 ~ 12 cm。

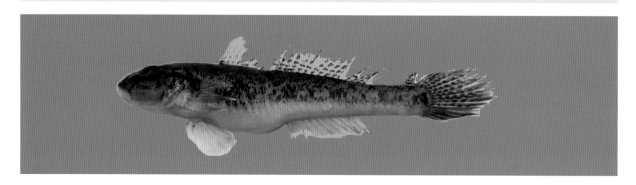

线粒体 DNA COI 片段序列：

GAGCCTCTTAATTCGGGCTGAGCTAAGCCAGCCTGGGGCTCTTTTGGGAGATGACCAGATTTACAATGTTATC
GTAACCGCACATGCATTTGTAATAATCTTCTTTATAGTAATACCAATTATAATTGGGGGATTTGGGAACTGACTT
ATTCCGCTAATGATCGGCGCCCCCGACATGGCTTTCCCCCGAATAAACAACATGAGCTTTTGACTTCTACCAC
CGTCATTCCTCCTTCTCCTGGCATCCTCTGGTGTCGAAGCCGGGGCAGGAACGGGATGGACTGTGTACCCCC
CGCTCGCCAGCAACCTCGCCCATGCTGGGGCATCCGTAGACCTAACAATCTTCTCTCTTCACCTGGCAGGAA
TTTCATCCATTCTAGGTGCCATTAATTTTATTACTACAATCCTAAATATGAAACCCCCAGCAATTTCTCAGTACC
AAACACCTCTATTTGTATGGGCAGTTTTAATTACAGCCGTACTACTTCTCCTATCCCTCCCAGTACTTGCCGCC
GGCATTACAATGCTTCTAACAGACCGCAACTTAAACACATCATTCTTTGACT

线粒体 DNA 12S rRNA 片段序列：

CACCGCGGTTATACGAGGGGCCCAAGTTGATAGACACCGGCACAAAATGTGGTAAGTACAAAAAGATACTA
AAGCCGAACGCCTTCAAGACTGTTATAAGTTTTCGAAAATAGGAAGCTACCCACGAAAGTGGCTTTAAGAT
ATATGATCCACGAAAGCTAGGGTA

斑尾刺虾虎鱼

Acanthogobius ommaturus (Richardson，1845)

分　　类：虾虎鱼科 Gobiidae；刺虾虎鱼属 *Acanthogobius*

英 文 名：Asian freshwater goby

别　　名：矛尾复虾虎鱼，斑尾复虾虎鱼

形态特征：体延长，前部呈圆筒形，后部侧扁而细；尾柄粗短。头宽大，稍平扁，头部具 3 个感觉管孔。颊部有 3 条感觉乳突线。吻较长，圆钝。眼小，上侧位，眼下具 1 条斜向上唇的感觉乳突线。眼间隔平坦，等于或稍小于眼径。口大，前位，斜裂。上颌稍长于下颌。上颌骨后端向后伸达眼前缘下方或稍后。鳃盖膜与峡部相连。具假鳃。鳃耙短。背鳍 2 个，分离。第一背鳍的起点在胸鳍基底后上方，基底短，后端不伸达第二背鳍起点；第二背鳍无鳍棘，鳍条 18 ～ 22，后部鳍条平放时不伸达尾鳍基。臀鳍起点在第二背鳍第四、第五鳍条基的下方，有 1 枚鳍棘、15 ～ 18 枚鳍条，平放时不伸达尾鳍基。胸鳍尖圆形，等于或小于吻后头长。腹鳍小，左、右腹鳍愈合成一圆形吸盘。尾鳍尖长。无侧线，纵列鳞 57 ～ 67；背鳍前鳞 27 ～ 30。体呈淡黄褐色，中小个体体侧常具数个黑色斑块。背侧淡褐色。头部有不规则暗色斑纹。颊部下缘淡色；第一背鳍淡黄色，上缘橘黄色；第二背鳍有 3 ～ 5 纵行黑色点纹。臀鳍浅色，下缘橘黄色。胸鳍和腹鳍淡黄色，前下缘橘黄色，基部有 1 个暗色斑块，后方有白色半月形条纹。较大个体暗斑不明显。

分布范围：我国沿海；朝鲜半岛、日本沿海。

生态习性：为暖温性近岸底层中大型虾虎鱼类，体长可达 22 ～ 25 cm。生活于沿海、港湾及河口咸、淡水交混处，也进入淡水。喜栖息于底质为淤泥或泥沙的水域。多穴居。性凶猛，摄食各种幼鱼、虾、蟹和小型软体动物。1 龄鱼可达性成熟，每年 3—4 月在管状洞穴中产卵。卵沉性，黏附于洞壁或泥沙上。产卵后亲鱼大部分死亡。

线粒体 DNA COI 片段序列：

TGGGGCTCTTTTAGGGGATGACCAGATTTACAATGTCATCGTGACAGCACATGCATTTGTAATAATTTTCTTTA
TAGTAATACCAATCATAATTGGAGGGTTTGGGAACTGACTAATCCCCCTAATGATTGGTGCCCCTGATATAGCC
TTTCCCCGAATAAACAACATAAGCTTTTGACTCTTACCACCATCTTTCCTACTTCTACTTGCATCCTCTGGCGT
TGAAGCTGGAGCTGGTACCGGGTGGACTGTTTACCCACCGCTTGCTAGCAACCTAGCACACGCTGGGGCAT
CTGTAGACCTAACTATTTTCTCCCTCCACCTAGCAGGTATTTCGTCCATCCTAGGTGCTATCAATTTTATTACCA
CTATTCTAAATATGAAGCCCCCAGCAATTTCTCAATACCAGACGCCCCTATTTGTATGAGCAGTACTAATTACA
GCCGTGCTTCTTCTTCTATCACTCCCTGTGCTTGCCGCTGGCATCACTATGCTTCTAACAGATCGCAACCTAA
ACACATCCTTCTTTGACTGGG

线粒体 DNA 12S rRNA 片段序列：

CACCGCGGTTATACGAGGGGCCCAAGTTGACGGACACCGGCATAAAATGTGGTAAGTACTAAAATATACTAA
AGCCGAACACCTTCAAGACTGTTATAAGTTTTCGAAAATAGGAAGCCTACCCACGAAAGTGGCTTTAAACTA
TATGATCCACGAAAGCTAGGATA

小头副孔虾虎鱼

Paratrypauchen microcephalus (Bleeker，1860)

分　　类：虾虎鱼科 Gobiidae；副孔虾虎鱼属 *Paratrypauchen*

英 文 名：comb goby

别　　名：小头栉孔虾虎鱼，栉赤鲨，小头栉赤鲨

形态特征：体颇延长，侧扁；背缘、腹缘几乎平直，至尾端渐收敛。头短而高，侧扁，头后中央具一纵顶嵴，嵴边缘或具细弱的锯齿。头侧有许多分散的感觉乳突。吻短而钝，背缘斜向后上方。眼甚小，上侧位，在头的前半部。眼间隔狭窄，稍突起。口小，前位，斜裂。下颌突出。上颌骨后端向后伸达眼后缘稍后方。唇较薄。舌游离，前端圆形。具假鳃。体被细弱圆鳞，头部、项部、胸部及腹部均裸露无鳞。无背鳍前鳞。无侧线。背鳍连续，鳍棘部与鳍条部相连，起点位于体的前半部、胸鳍基部后上方，鳍棘较硬，鳍条部稍高于鳍棘部，后部鳍条与尾鳍相连。臀鳍起点在背鳍第六、第七鳍条基下方，约与背鳍鳍条部等高，后部鳍条与尾鳍相连。胸鳍短小，上部鳍条较长。腹鳍小，左、右腹鳍愈合成一吸盘，后缘具一缺刻。尾鳍尖圆。肛门与背鳍第五鳍条基相对。体略呈淡紫红色，幼体呈红色。

分布范围：我国沿海；朝鲜半岛、日本、菲律宾、印度尼西亚、泰国、印度沿海。

生态习性：为近岸底层小型鱼类，常栖息于浅海和河口附近。体长 9～12 cm，大的可达 16 cm。可在泥底筑穴，以等足类、桡足类、多毛类、小鱼和小虾为食。生长快，1 龄鱼可达性成熟，产卵期 7—8 月。

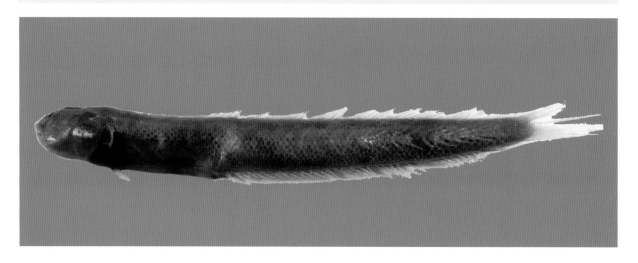

线粒体 DNA COI 片段序列：

CCTTTATCTTGTATTTGGTGCCTGAGCCGGAATAGTGGGAACAGCTTTAAGCCTACTAATTCGTGCTGAATTA
AGCCAACCGGGGGCCCTCCTGGGGGATGATCAAATTTACAATGTAATTGTAACAGCTCATGCCTTTGTAATAA
TTTTCTTTATGGTTATACCTGTTATAATTGGGGGCTTTGGAAATTGACTGGTTCCCTTAATGATTGGAGCCCCA
GACATGGCCTTTCCTCGAATAAACAACATAAGCTTTTGACTTCTTCCCCCCTCTTTCCTGCTCCTCCTTGCATC
TTCAGGAGTAGAAGCAGGGGCTGGCACTGGCTGAACAGTCTATCCACCCCTTGCAGGGAATCTAGCCCATG
CTGGTGCCTCTGTTGACTTAACAATCTTCTCATTACATTTAGCTGGGGTGTCTTCAATTCTGGGGGCCATTAAC
TTTATTACAACAATTCTAAACATAAAACCTCCTGCAATTTCACAGTACCAAACCCCTTTATTTGTGTGATCTGT
ACTTATTACAGCTGTTTTACTTCTGCTTTCCCTACCAGTACTAGCTGCTGGCATCACAATACTTTTAACAGACC
GAAATTTAAATACAACATTCTTTGATCCTGCAGGGGGTGGGGACCCTATTCTTTACCAGCATCTATTT

线粒体 DNA 12S rRNA 片段序列：

CACCGCGGTTATACGAGAAGCCCAAGTTGACAAGCCAACGGCATAAAAAGTGGTTAGTATCTTATTTAACTA
AAGCCAAACACCTTCAAAGTCGTTATACACTACTGAAGGAGGGAAGTTCCCCCACGAAAGTGGCTTTAAAC
TATACAACCCCACGAAAGCTAGGAAA

拉氏狼牙虾虎鱼

Odontamblyopus lacepedii (Temminck & Schlegel，1845)

分　　类：虾虎鱼科 Gobiidae；狼牙虾虎鱼属 *Odontamblyopus*

英 文 名：rubicundus eelgoby

别　　名：红狼牙虾虎鱼，盲条鱼，红尾虾虎鱼

形态特征：体颇延长，略呈带状，前部亚圆筒形，后部侧扁而渐细。头中等大，侧扁，略呈长方形。头部及鳃盖部无感觉管孔；头侧散布许多感觉乳突，呈不规则排列。吻短，宽而圆钝，中央稍突出。眼极小，退化，埋于皮下；眼间隔甚宽，圆突。鼻孔每侧 2 个，分离。口小，前位，斜裂。下颌突出，稍长于上颌，下颌及颏部向前、向下突出；上颌骨后端向后伸达眼后缘后方。上颌齿尖锐，弯曲，犬齿状，外行齿每侧 4～6 个，排列稀疏，露出唇外；内侧有 1～2 行短小锥形齿；下颌缝合部内侧有犬齿 1 对。鳃孔中大，侧位。鳃盖上方无凹陷。峡部较宽。鳞片退化，体裸露而光滑。无侧线。脊椎骨 34。背鳍连续，起点在胸鳍基部后上方，鳍棘均细弱，第六鳍棘分别与第五鳍棘、第一鳍条之间有较大距离；背鳍后端有膜与尾鳍相连。臀鳍与背鳍鳍条部相对、同形，起点在背鳍第三、第四鳍条基的下方，后部鳍条与尾鳍相连。胸鳍尖形，基部较宽，伸达腹鳍末端，约为头长的 3/5。腹鳍大，略大于胸鳍，左、右腹鳍愈合成为尖长吸盘。尾鳍长而尖形，其长大于头长。体腔小，腹膜灰黑色，胃直管状。体呈淡红色或灰紫色，背鳍、臀鳍和尾鳍黑褐色。

分布范围：我国沿海；日本、朝鲜半岛、印度尼西亚、马来西亚、印度沿海。

生态习性：暖温性底栖鱼类，成鱼体长 20～25 cm，大的体长可达 30 cm。栖息于河口及沿海浅水滩涂区域，也生活于咸淡水交汇、水深 2～8 m 的泥或泥沙底质海区。偶尔进入江河下游的咸淡水区。冬季营底栖穴居生活。游泳能力弱，行动迟缓。生命力强，不易死亡。以浮游植物为饵，也摄食沙蚕。每年产卵 2 次，2—4 月为春季产卵期，7 月下旬至 9 月为秋季产卵期，在咸淡水水域内产卵。

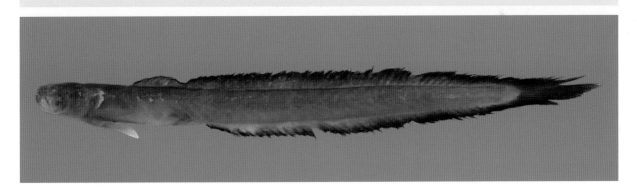

线粒体 DNA COI 片段序列：

CCTCTATTTTGTATTTGGTGGTTGAGCAGGAATAGTAGGCACAGCTTTGAGCCTTCTAATTCGAGCTGAACTA
GGCCAACCAGGGGCTCTCCTGGGTGATGATCAAATTTACAATGTGATCGTCACAGCACATGCCTTTGTAATAA
TTTTCTTTATAGTTATACCTGTTATAATTGGGGGCTTTGGAAACTGGTTGGTACCTCTAATGATTGGGGCCCCA
GATATGGCCTTCCCACGAATGAATAACATAAGCTTTTGACTTCTTCCCCCATCCTTCCTTCTACTACTAGCATC
TTCAGGAGTAGAAGCTGGAGCAGGAACTGGGTGGACAGTATATCCCCCCCTTGCAGGCAATCTAGCTCATGC
TGGAGCCTCTGTAGATCTTACTATTTTTTCCCTTCACCTGGCCGGGATCTCCTCAATTCTGGGGGCTATTAACT
TCATCACAACAATTTTAAATATGAAACCTCCAGCCATCTCACAGTATCAAACACCACTGTTTGTATGAGCTGT
CCTTATCACAGCTGTACTACTTCTTCTATCCCTCCCAGTACTAGCAGCTGGTATCACAATACTTCTCACTGATC
GAAATTTAAATACAACCTTCTTTGACCCCGCAGGCGGAGGCGACCCCATTCTCTACCAACACCTATTC

线粒体 DNA 12S rRNA 片段序列：

CACCGCGGTTATACGAGGGGCCCAAGTTGACAAGCTAACGGCGTAAAAAGTGGGTCGTATGACATAAAAAC
TAAAGCCAAACACCTTCAAAGTTGTTATACACTATCGAAGGCAGGAAGTACTTCCACGAAAGTGACTTTAAA
CCTTACAACCCCACGAAAGCTAGGGAA

丽贝卡狼牙虾虎鱼

Odontamblyopus rebecca Murdy & Shibukawa，2003

分　　类：虾虎鱼科 Gobiidae；狼牙虾虎鱼属 *Odontamblyopus*

英 文 名：Rebecca's eelgoby

别　　名：无

形态特征：体延长，体表和头部具有极小圆鳞，呈非覆瓦状排列，眼睛难以观察；头部鳞片较多，颊部和鳃盖鳞片较少。下颌突出，长于上颌；上下颌各具 2 行齿，有的多于 2 行，外行齿较内行齿大且尖，下颌齿较上颌齿大；内行齿具有许多锥形齿；下颌缝合处内侧具有 1 对犬齿。背鳍和臀鳍基部长，向后延伸，与尾鳍相连，背鳍基部至尾柄淡褐色。胸鳍末端游离，呈丝状且不分枝，前端圆，胸鳍长度大约等于腹鳍。腹鳍基膜相连，左右腹鳍愈合成一尖长吸盘。尾鳍中后端呈黑色，其他鳍条透明状。体部和头背部淡褐色。颊部具有弥散状黑色突起。

分布范围：我国沿海；越南沿海。

生态习性：栖息于河口地区及沿海浅水滩涂区域。最大体长 14.1 cm。

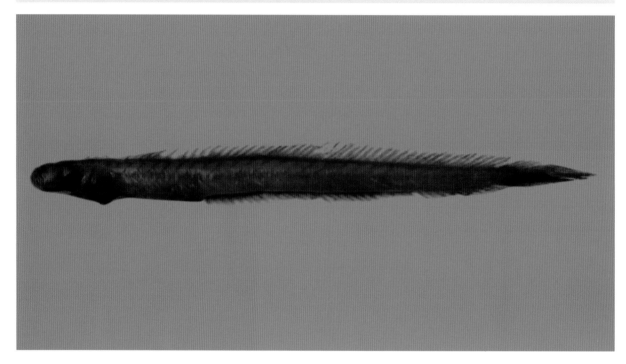

线粒体 DNA COI 片段序列：

CCTCTATCTCGTATTTGGTGCTTGAGCAGGAATAGTAGGCACAGCTTTGAGCCTTCTAATTCGAGCTGAACTA
GGCCAACCAGGAGCCCTCCTGGGTGATGATCAAATTTACAATGTGATCGTTACAGCACATGCCTTTGTAATAA
TTTTCTTTATAGTTATGCCTGTTATAATTGGGGGCTTTGGAAACTGGCTAGTGCCCCTAATGATTGGGGCCCCA
GATATGGCCTTCCCACGAATAAATAACATAAGCTTCTGACTTCTTCCCCCATCCTTCCTTCTACTATTAGCATCT
TCAGGGGTAGAAGCTGGAGCAGGAACTGGGTGGACAGTGTACCCTCCCCTTGCAGGCAATCTAGCTCATGC
TGGAGCCTCTGTAGATCTCACTATTTTCTCCCTCCATCTGGCTGGTATCTCCTCAATTCTAGGGGCTATTAATTT
CATCACAACAATCCTAAATATGAAACCTCCAGCCATCTCACAGTACCAAACACCACTGTTTGTATGAGCTGTT
CTTATTACAGCTGTACTACTTCTTCTGTCCCTCCCCGTCCTAGCAGCCGGTATTACAATACTTCTTACTGATCG
AAATTTAAATACAACCTTCTTTGACCCCGCAGGTGGAGGTGACCCCATTCTCTACCAACATCTA

线粒体 DNA 12S rRNA 片段序列：

CACCGCGGTTATACGAGGGGCCCAAGTTGACAAGCTAACGGCGTAAAAAGTGGGTCGTATGACATAGAAAC
TAAAGCCAAACACCTTCAAAGTTGTTATACACTATCGAAGGCAGGAAGTACCTCCACGAAAGTGACTTTAAA
CACTACAACCCCACGAAAGCTAGGGAGA

大弹涂鱼

Boleophthalmus pectinirostris (Linnaeus，1758)

分　　类：虾虎鱼科 Gobiidae；大弹涂鱼属 *Boleophthalmus*

英 文 名：great blue spotted mudskipper

别　　名：跳鱼，花跳鱼，跳跳鱼，泥猴

形态特征：体延长，前部亚圆筒形，后部侧扁；背腹缘平直；尾柄高而短。头大，稍侧扁。头部具 2 个感觉管孔。吻圆钝，大于眼径，前倾斜。眼小，背侧位，互相靠近，突出于头顶之上。眼间隔狭，小于眼径。口大，前位，平裂。上、下颌约等长。唇厚。舌大，圆形，前端不游离。鳃孔大。体及头部被圆鳞，前部鳞细小，后部鳞较大。胸鳍基部亦被细圆鳞。体表皮肤较厚。无侧线。背鳍 2 个，分离。第一背鳍高，鳍棘丝状延长，平放时伸越第二背鳍起点，第三鳍棘最长，大于头长；第二背鳍基底长，其长约为头长的 1.7 倍，鳍条较高，最后面的鳍条平放时伸达尾鳍基。臀鳍基底长，与第二背鳍同形，起点在第二背鳍第四鳍条基的下方，最后面的鳍条平放时伸越尾鳍基。胸鳍尖圆，基部具臂状肌柄。左、右腹鳍愈合成一吸盘，后缘完整。尾鳍尖圆，下缘斜截形。体背侧青褐色，腹侧浅色。第一背鳍深蓝色，具不规则白色小点；第二背鳍蓝色，具 4 纵行小白斑。臀鳍、胸鳍和腹鳍浅灰色。尾鳍青黑色，有时具白色小点。

分布范围：我国沿海；朝鲜半岛、日本沿海。

生态习性：为暖水性近岸小型鱼类，大鱼体长可达 14 cm。生活于近海沿岸及河口的低潮区滩涂，适温、适盐性广，水陆两栖，洞穴定居。视觉和听觉灵敏，通常在退潮时白天出洞，夜间穴居。冬季在洞内越冬。植食性，主食底栖硅藻、蓝绿藻类及泥中的有机质，也食少量的桡足类和圆虫等。1 龄鱼可达性成熟，产卵期为 5—9 月。雄鱼有护巢习性。卵黏性，沉性。

线粒体 DNA COI 片段序列：

GAGCCTTCTAATTCGTGCTGAATTAAGCCAACCTGGCGCCCTTCTTGGGGACGATCAAATTTATAATGTAATTGTAACAGCTCATGCTTTTGTAATAATTTTCTTTATAGTAATACCAATTATGATTGGAGGGTTTGGGAACTGACTTATTCCCTTAATAATTGGCGCCCCCGACATGGCCTTTCCTCGAATAAATAACATAAGCTTTTGACTCCTCCCCCCTTCTTTCCTTCTTCTCTTGGCATCTTCAGGCGTTGAAGCAGGGGCAGGGACAGGCTGAACAGTTTATCCCCCACTAGCAGGCAACCTCGCCCATGCAGGGGCCTCTGTTGATCTCACAATCTTTTCTCTTCACCTGGCCGGGATTTCTTCAATTCTGGGGGCCATTAACTTCATTACAACTATTTTAAATATAAAACCACCTGCAATTTCACAATATCAAACCCCCCTCTTTGTGTGAGCAGTCCTAATTACAGCTGTTCTTCTGCTTCTCTCCCTCCCAGTACTGGCTGCTGGTATTACAATACTCCTTACAGACCGAAATTTAAACACAACATTCTTTGACCCTGCAGGAGGAGGGGACCCAATTCTCTACCAACACCTT

线粒体 DNA 12S rRNA 片段序列：

CACCGCGGTTATACGAGGGGCCCAAGTTGACAAACACCGGCGTAAAAAGTGGTTAGTATATAAATCAACTAAAGCCAAACACCTTCAAAGCTGTCATATGCTCTCGAAGAAAGGAAGCCCTCCCACGAAAGTGGCTTTAACTATTACAAACCCACGAAAGCTAGGAAA

髭缟虾虎鱼

Tridentiger barbatus (Günther，1861)

分　　类：虾虎鱼科 Gobiidae；缟虾虎鱼属 *Tridentiger*

英 文 名：shokihaze goby

别　　名：钟馗虾虎鱼，小鳞钟馗虾虎鱼，髭虾虎鱼

形态特征：体延长、粗壮，前部圆筒形，后部略侧扁；背缘、腹缘浅弧形隆起；尾柄颇高。头大，略平扁，宽大于高。头部具 3 个感觉管孔。吻宽短，前端广弧形，吻长约为眼径的 1.5 倍。眼小，圆形，上侧位，位于头的前半部。眼间隔平坦，为眼径的 2 倍多，稍宽。口宽大，前位，稍斜裂，上、下颌约等长。上颌骨后端伸达眼后缘下方。上、下唇发达，颇厚。舌游离，前端圆形。头部具许多触须，穗状排列：吻缘具须 1 行，向后延伸至颊部，其下方具触须 1 行，向后亦伸达上颌后方，延伸至颊部；下颌腹面具须 2 行，一行延伸至前鳃盖骨边缘，另一行伸达鳃盖骨边缘；眼后至鳃盖上方具 2 群小须。体被中大栉鳞，前部鳞较小，后部鳞较大。头部及胸部无鳞，项部及腹部被小圆鳞。无侧线。纵列鳞 36～37。背鳍 2 个，分离，相距较远。第一背鳍起点位于胸鳍基部后上方，鳍棘短弱，第二及第三鳍棘最长，平放时，几乎伸达第二背鳍起点；第二背鳍与第一背鳍等高或稍大，后部鳍条较长，约为头长的 1/2，平放时不伸达尾鳍基。臀鳍与第二背鳍相对、同形、等高，起点位于第二背鳍第三鳍条的下方，最后面的鳍条平放时不伸达尾鳍基。胸鳍宽圆，下侧位，第一鳍条不游离。腹鳍中大，膜盖发达，边缘内凹，左、右腹鳍愈合成一吸盘。尾鳍后缘圆形。肛门与第二背鳍起点相对。体呈黄褐色，体侧通常有 5 条宽阔的黑色横带。

分布范围：我国沿海；朝鲜半岛、日本、菲律宾沿海。

生态习性：为近岸暖温性底层小型鱼类，栖息于河口咸淡水水域及近岸浅水处，也进入江、河下游淡水中。体长 9～11 cm，大的可达 12 cm。摄食小鱼、幼虾、枝角类、桡足类和其他水生昆虫。1 龄可达性成熟，产沉性、黏性卵，产卵后亲体死亡。

线粒体 DNA COI 片段序列：

CGGAACCCTTCTCGGGGATGACCAGATTTATAATGTAATTGTAACAGCACATGCCTTTGTAATAATTTTCTTTA
TAGTAATACCAATCATGATCGGGGGCTTTGGGAACTGACTAATCCCCCTAATGATTGGAGCCCCTGACATAGC
TTTCCCACGAATGAACAACATAAGCTTTTGACTCCTCCCCCCATCATTCCTACTGCTCCTCACCTCTTCAAGT
GTTGAGGCAGGGGCAGGAACTGGGTGAACTGTTTACCCCCCACTAGCAGGTAACCTTGCGCATGCTGGTGC
CTCTGTCGACCTTACAATTTTTTCCCTCCACTTAGCAGGAATTTCATCTATCCTTGGGGCAATTAACTTCATCA
CAACAATCCTTAACATAAAACCCCCTGCCATCTCACAATATCAAACCCCATTATTGTGTGAGCAGTCCTAATT
ACAGCTGTCTTACTGCTCCTCTCCCTCCCCGTCCTTGCTGCCGGCATTACAATGCTTTTAACAGACCGAAACT
TAAACACAACATTCTTTGACCCTGCTGGAGGGGGAGACCCCATCCTTTACCAACACCTTTTT

线粒体 DNA 12S rRNA 片段序列：

CACCGCGGTTATACGAGAGGCCCAAGTTGACAAACACCGGCATAAAATGTGGTTTATATAGTATTGCACTAA
AGCTAAACTTCTTCAAGGCCGTTATACGCATTCGAAGAAAAGAGAATCTTCCACGAAAGTGGCTTTAAATAA
TATTACCCACGAAAGCTAGGAGA

纹缟虾虎鱼

Tridentiger trigonocephalus (Gill，1859)

分　　类：虾虎鱼科 Gobiidae；缟虾虎鱼属 *Tridentiger*
英 文 名：chameleon goby
别　　名：条纹三叉虾虎鱼，甘仔鱼，狗甘仔
形态特征：体延长。头部无小须，头背具 6 个感觉管孔，颊部具 3～4 条水平感觉乳突线。吻前端圆突，吻长稍大于眼径。口中等大，前位。上、下颌各有 2 行齿。体被栉鳞，头部无鳞。无侧线。胸鳍第一鳍条与第二鳍条间有缺凹，游离。体浅褐色，背部色深。体侧常具 2 条黑褐色纵带，分别自吻端和眼后缘贯穿鱼体直抵尾鳍基。亦有仅具横带或云状斑的个体。头侧散具白色圆点。臀鳍具 2 条红棕色纵带。胸鳍基有一小黑斑。尾鳍具 4～5 条暗横纹。

分布范围：我国沿海；日本海域、朝鲜半岛海域。
生态习性：为暖温性近岸底层小型鱼类。栖息于河口咸淡水及近岸浅水海域，也进入江河下游淡水水体中。体长 8～11 cm，大的可达 13 cm。摄食小仔鱼、钩虾、桡足类、枝角类及其他水生昆虫。1 龄鱼可达性成熟，产卵期为 4—5 月，产卵后多数亲体死亡。卵沉性、黏性。

线粒体 DNA COI 片段序列：
CCTGTATCTTGTATTTGGTGCCTGGGCTGGCATAGTGGGAACAGCCTTGAGCCTGCTAATTCGTGCCGAGCTC
TGCCAACCCGGGGGCCCTGTTGGGAGACGACCAAATCTACAACGTTATCGTAACAGCCCATGCTTTTGTAATA
ATTTTCTTTATAGTAATACCAGTTATGATTGGAGGCTTCGGAAACTGGCTTATCCCCCTAATGATTGGAGCCCC
TGACATGGCTTTTCCCCGGATGAATAACATAAGCTTTTGGCTCTTACCCCCATCATTTCTACTTCTTCTTGCTT
CTTCAGGTGTTGAGGCAGGGCAGGAACCGGATGAACAGTCTACCCCCCACTAGCAGGGAATCTCGCACAC
TCAGGTGCCTCTGTTGATCTAACAATTTTCTCCCTCCACTTGGCAGGTATTTCATCTATTCTTGGGGCAATTAA
CTTTATCACAACAATCCTAAACATGAAACCTGCTGCTATTTCACAGTACCAAACCCCACTATTCGTATGAGCC
GTTCTAATTACCGCCGTCCTACTTCTCCTCTCACTCCCTGTCCTTGCTGCTGGTATTACAATACTTTTAACAGA
CCGCAACCTAAACACAAGTTTTTTTGACCCTGCTGGAGGAGGAGACCCAATTCTTTACCAACACCTATTC
线粒体 DNA 12S rRNA 片段序列：
CACCGCGGTTATACGGGGAGACCCAAGTTGACAAACGTCGGCGTAAAATGTGGTTTATACAGTATTGCACTAA
AGCTAAACTTCTTCAACGCTGTTATACGCATTCGAAAGAAAGAGAATCTTCAACGAAAGTGGCTTTAAATATT
ATGAACCCACGAAAGCTAGGAAA

鲈形目 Perciformes

Actinopterygii 辐鳍鱼纲 | **115**

六丝钝尾虾虎鱼

Amblychaeturichthys hexanema (Bleeker，1853)

分　　类：虾虎鱼科 Gobiidae；钝尾虾虎鱼属 *Amblychaeturichthys*

英 文 名：pinkgray goby

别　　名：六丝矛尾虾虎鱼，钝尖尾虾虎鱼，甘仔鱼

形态特征：体延长，前部亚圆筒形，后部稍侧扁。头部较大，宽而平扁，具 2 个感觉管孔。吻中长，圆钝。眼大，上侧位，眼径等于或稍大于吻长。眼间隔狭，中间稍凹入。口大，斜裂。下颌稍突出。上颌骨后端向后伸达眼中部下方。具假鳃。体被栉鳞，头部鳞小，颊部、鳃盖及项部均被鳞，吻部及下颌无鳞。背鳍 2 个，分离。第一背鳍起点在胸鳍基底后上方，平放时接近或伸达第二背鳍起点；第二背鳍后部的鳍条平放时几乎伸达尾鳍基。臀鳍基底长，与第二背鳍相对、同形，起点在第二背鳍第五鳍条基的下方。胸鳍尖圆，稍长于腹鳍，后端不伸达肛门。肩带内缘无长指状肉质皮瓣，但隐具 2 个颗粒状肉质皮突。左、右腹鳍愈合成一吸盘。尾鳍尖长，等于或稍大于头长。体呈黄褐色，体侧有 4～5 个暗色斑块；第一背鳍前部边缘黑色，其余各鳍为灰色。

分布范围：我国沿海；朝鲜半岛、日本沿海。

生态习性：为暖温性近岸小型鱼类，栖息于浅海及河口附近水域。以多毛类、小鱼、小虾、钩虾、糠虾等为食。生长快，当年鱼体长可达 67～113 mm。1 龄鱼体长可达 135 mm，2 龄鱼体长可达 155 mm。1 龄鱼可达性成熟，产卵期为 4—5 月。卵沉性、黏性。

线粒体 **DNA COI** 片段序列：

CTCTATCTTGTATTTGGTGCATGAGCCGGTATAGTAGGCACAGCTTTAAGCCTTCTTATCCGAGCTGAACTTAG
CCAACCCGGCGCCCTTTTGGGGGACGACCAGATTTATAATGTTATCGTGACAGCCCATGCCTTTGTAATAATC
TTTTTTATAGTCATGCCTATCATAATTGGAGGCTTCGGAAACTGACTGGTTCCTTTAATAATTGGCGCCCCAGA
TATAGCCTTCCCACGAATAAATAACATGAGTTTTTTGACTCCTTCCCCCTTCTTTTCTTCTTTTTACTCTCTTCCTC
AGGCGTTGAAGCCGGGGCCGGAACCGGGTGAACTGTTTACCCACCCCTAGCAGGAAACCTCGCCCATGCCG
GAGCTTCTGTTGACTTAACCATCTTTTCTCTCCACCTTGCAGGTATTTCTTCTATCCTAGGAGCTATCAATTTTA
TTACAACCATTTTAAACATAAAACCCCAGCAATAACACAATATCAAACGCCCCTTTTTGTGTGATCTGTGCT
AATTACAGCGGTTCTTCTACTCTTATCCCTTCCAGTACTTGCTGCTGGCATTACTATGCTTCTTACAGACCGAA
ATCTAAATACAACCTTTTTTGATCCTGCAGGAGGGGGAGACCCCATCTTGTACCAACACTTTTTC

线粒体 **DNA 12S rRNA** 片段序列：

CACCGCGGTTATACGAGAGACCCAAGTTGACAAACGCCGGCGTAAAATGTGGCCAGTATAATATTTTACTAA
AGCCAAACATCTTCAAGGCTGTTATACGTTTTTCGAAGACAAGAGGCCCTACCACGAAAGTGGCTTTAAATAA
TACCCCCCACGAAAGCTAGGAAA

矛尾虾虎鱼

Chaeturichthys stigmatias Richardson，1844

分　　类：虾虎鱼科 Gobiidae；矛尾虾虎鱼属 Chaeturichthys

英 文 名：branded goby

别　　名：尖尾虾虎鱼，矛尾鱼

形态特征：体颇延长，前部亚圆筒形，后部侧扁；背缘、腹缘较平直。头宽扁。头部具 3 个感觉管孔。吻圆钝。眼较小，上侧位。眼间隔平坦，等于眼径。口大，前位，稍斜裂。下颌稍突出，长于上颌。上颌骨后端向后伸达眼中部下方或稍前。唇发达。舌宽大，游离，前端圆形。颏部有短小触须 3 ~ 4 对。鳃孔大，向前伸达眼后缘。具假鳃。体被圆鳞，后部鳞较大；头部仅吻部无鳞，其余部分被小圆鳞。背鳍 2 个，分离。第一背鳍起点在胸鳍基底的后上方，鳍棘较短，平放时不伸达第二背鳍起点；第二背鳍后部鳍条较长，平放时不伸达尾鳍基。臀鳍基底长，其起点在第二背鳍第三鳍条基的下方，平放时不伸达尾鳍基。胸鳍宽圆，等于或稍短于头长，不伸达肛门。位于鳃盖内的肩带内缘有 2 个长舌形（或长指状）的肉质皮瓣。腹鳍中大，左、右腹鳍愈合成一吸盘。尾鳍尖长，大于头长。

分布范围：我国沿海；朝鲜半岛、日本沿海。

生态习性：为暖温性近岸小型底栖鱼类，栖息于河口咸淡水滩涂淤泥底质水域，以及水深 60 ~ 90 m 的沙泥底质海区，也进入江、河下游淡水水体中。体长 18 ~ 22 cm。摄食桡足类、多毛类和虾类等。

线粒体 **DNA COI** 片段序列：

CCTCTATTATGTATTTGGTGCATCAGCCGGCATAGTAGGCACAACTTTAAGCCTTCTTATCCGAGCTGAACTTA
GCCAACCCGGCGCCCTTTTGGGGGACGACCAGATTTATAATGTTATCGTGACAGCCCATGCCTTTGTAATAAT
CTTTTTTATAGTCATGCCTATCATAATTGGAGGCTTCGGAAACTGACTGGTTCCTTTAATAATTGGCGCCCCAG
ATATAGCCTTCCCACGAATAAATAACATGAGTTTTTTGACTCCTTCCCCCTTCTTTTCTTCTTTTACTCTCTTCCT
CAGGCGTCGAAGCCGGGGCCGGAACCGGGTGAACTGTTTACCCACCCCTAGCAGGAAACCTCGCCCATGCC
GGAGCTTCTGTTGACTTAACCATCTTTTCTCTCCACCTTGCAGGTATTTCTTCTATCCTAGGAGCTATCAATTTT
ATTACAACCATTTTAAACATAAAACCCCAGCAATAACACAATATCAAACGCCCCTTTTTGTGTGATCTGTGC
TAATTACAGCGGTTCTTCTACTCTTATCCCTTCCAGTACTTGCTGCTGGCATTACTATGCTTCTTACAGACCGA
AATCTAAATACAACCTTTTTTGATCCTGCAGGAGGGGGAGACCCCATCTTGTACCAACACCTTTTC

线粒体 **DNA 12S rRNA** 片段序列：

CACCGCGGTTATACGAGAGACCCAAGTTGACAAACGCCGGCGTAAAATGTGGCCAGTATAATATTTTACTAA
AGCCAAACATCTTCAAGGCTGTTATACGTTTTCGAAGACAAGAGGCCCTACCACGAAAGTGGCTTTAAATAA
TACCCCCCACGAAAGCTAGGAAA

普氏细棘虾虎鱼

Acentrogobius pflaumii (Bleeker，1853)

分　　类：虾虎鱼科 Gobiidae；细棘虾虎鱼属 *Acentrogobius*

英 文 名：striped sandgoby

别　　名：普氏缰虾虎鱼

形态特征：体延长，前部圆筒形，后部侧扁，背缘稍平直，腹缘浅弧形，尾柄较长。头较大，背面圆突，吻圆钝。眼中大，上侧位，位于头的前半部，眼背缘略突出于头部背缘。眼间隔狭窄，略凹。鼻孔每侧 2 个，分离。口中大，前位，斜裂，下颌稍突出，上颌骨后端伸达眼前缘下方。上、下颌齿细尖，多行，前部齿呈狭带状，外行齿扩大，后部 2 行齿，下颌外行最后齿扩大成弯向后方的犬齿。唇厚。舌游离，前端截形。鳃孔中大，约与胸鳍基等高，前鳃盖骨后缘无棘，峡部宽大。鳃盖膜与峡部相连。鳃盖条 5。具假鳃。鳃耙短钝。体被大型栉鳞，头部的颊部、鳃盖部裸露无鳞。项部仅在背鳍前方有 1 ~ 2 枚圆鳞或无鳞，胸鳍基部、胸部被小圆鳞。无侧线。头部具 6 个感觉管孔，颊部有 4 条纵行感觉乳突线。背鳍 2 个，分离。第一背鳍始于胸鳍基部稍后上方，鳍棘柔软；第二背鳍与第一背鳍等高，基部较长。臀鳍与第二背鳍同形，起点在第二背鳍第二、第三鳍条下方，后部鳍条较长。胸鳍尖圆，下侧位，上部鳍条不游离。左右腹鳍愈合成一吸盘，起点在胸鳍基部下方。尾鳍尖圆。肛门与第二背鳍起点相对。头、体灰褐色，体背部及体侧鳞片具暗色边缘。体侧具 2 ~ 3 条褐色点线状纵带，并夹杂 4 ~ 5 个黑斑。鳃盖部下部具 1 个小黑斑。峡部黑色。第一背鳍近基部具 1 行黑色纵带，在第五与第六鳍棘之间具一黑色圆斑；第二背鳍具 4 ~ 5 行褐色纵行点线。臀鳍外缘色深，基部色浅。胸鳍与腹鳍灰色。尾鳍具数条不规则横带，尾鳍基部有一暗色圆斑。

分布范围：我国黄海、东海、台湾海域和南海；朝鲜半岛、日本及印度尼科巴群岛等沿海。

生态习性：暖温性沿岸小型鱼类，生活于河口咸淡水水域、沙岸、红树林及沿海沙泥底的环境，常见体长 60 ~ 70 mm。

线粒体 DNA COI 片段序列：

TTTGGTGCCTGAGCCGGCATAGTAGGCACGGCCTTAAGCCTCCTCATCCGAGCAGAACTTAGCCAACCCGGG
GCGCTTTTAGGAGACGACCAAATTTATAATGTAATCGTAACCGCTCACGCCTTTGTAATAATTTTTTTTATGGT
GATACCAATTATGATTGGAGGATTCGGCAACTGACTGATCCCCCTAATGATTGGGGCCCCTGACATGGCCTTC
CCCCGAATGAACAACATGAGCTTCTGACTACTCCCTCCCTCCTTCCTTCTACTCCTTGCCTCTTCCGGAGTAG
AGGCGGGAGCGGGCACAGGATGGACAGTATACCCCCCACTAGCAGGAAACCTAGCCCACGCCGGGGCATCT
GTGGACTTAACAATTTTTTCCCTCCATCTGGCCGGAATCTCCTCTATTCTAGGGGCCATTAATTTTATTACTACT
ATTTTAAATATGAAACCTCCCGCCATCTCTCAGTACCAAACCCCCTTATTTGTTTGGGCTGTCCTAATCACTGC
CGTCCTTCTTTTACTTTCCTTGCCCGTGCTTGCCGCAGGCATCACAATGTTACTAACGGACCGAAACTTAAAC
ACAACCTTCTTTGACCCAGCAGGAGGAGGAGACCCCATCTTATACCAGCCCTTT

线粒体 DNA 12S rRNA 片段序列：

CACCGCGGTTATACGAGGGGCCCAAGTTGACAGAATTCGGCGTAAAGAGTGGTTAATGAATATTATACTAAA
GCCGAACACCCTCAAGACTGTTATACGTGTTCGAGGGCAGGAAGCCCTCAACGAAAGTGGCTTTAATAAG
CATGAACCCACGAAAGCTAGGGCA

油䲐

Sphyraena pinguis Günther，1874

分　　类：䲐科 Sphyraenidae；䲐属 *Sphyraena*

英 文 名：red barracuda

别　　名：舒氏䲐，梭子鱼

形态特征：体延长，呈圆筒形。头长，背视呈三角形。头顶自吻向后至眼间隔处有 2 对纵嵴。吻尖长。眼大，高位；眼间隔宽度约等于眼径。口端位，口裂大，略倾斜，下颌突出，稍长于上颌。两颌、腭骨和舌上均有齿。鳃孔宽大；鳃盖膜分离，不连于峡部；鳃盖条 7；假鳃发达；前鳃盖骨后下角略呈直角，鳃盖骨后上方有 5 枚扁棘。鳃耙为棒状。体被小圆鳞；侧线平直，完整，侧线鳞 84 ~ 94。背鳍 2 个。第一背鳍的位置稍后于腹鳍，有 5 枚鳍棘；第二背鳍有 1 枚鳍棘、9 枚鳍条。臀鳍有 2 枚鳍棘、9 枚鳍条。胸鳍末端伸达背鳍起始处。腹鳍亚胸位，起点位于第一背鳍起点前下方。尾鳍叉形。体侧上部黑褐色，下部灰白色；体侧具褐色纵带。各鳍浅灰色，尾鳍后缘淡黑色。

分布范围：我国渤海、黄海、东海、南海；日本南部海域、朝鲜半岛海域。

生态习性：暖温性中下层鱼类，栖息于近岸沙泥底质海区。最大体长约 40 cm。性凶猛，喜群游，但不集成大群；肉食性，摄食虾类和幼鱼。1 龄性成熟，产卵期为 6—8 月。

线粒体 DNA COI 片段序列：
CCTTTACTTACTATTTGGTGCCTGAGCAGGGATGGTAGGCACCGCCCCTTAGCCTACTCATTCGTGCCGAATTA
AGCCAACCTGGCTCTCTCCTAGGGGATGACCAAATCTATAACGTCATCGTCACAGCCCACGCCTTCGTGATAA
TCTTCTTCATAGTCATGCCCATTATGATTGGAGGCTTCGGTAACTGACTCATCCCCCTAATAATCGGAGCCCCA
GACATAGCATTCCCTCGAATGAACAATATAAGCTTCTGACTTCTACCACCCTCATTCCTTCTCCTCCTTGCCTC
TTCGGCCGTAGAAGCAGGAGCAGGAACGGGCTGAACTGTTTACCCCCCTTTAGCCGGCAACTTAGCTCACG
CAGGGGCATCAGTTGACCTAACCATCTTCTCCCTTCATCTTGCGGGCATCTCCTCTATTCTTGGGGCAATTAA
CTTTATTACCACCATTATTAATATAAAACCACCATCCACAACCATGTATCAAATCCCACTATTTGTGTGGGCAG
TACTAATCACTGCTGTGCTTCTACTGCTTTCTCTGCCTGTGCTGGCTGCGGGGATTACAATACTATTGACAGAT
CGAAACCTAAACACAGCCTTCTTTGACCCCGCTGGCGGAGGGGACCCCATTCTTTACCAGCATTTA

线粒体 DNA 12S rRNA 片段序列：
CACCGCGGTTATACGAGAGGCCCAAGTTGACAACCGACGGCGTAAAGCGTGGTTAGGGGAAATATAAACTA
AAGCCGAACGCCCCCAATGCTGTCTAATGCTTCGAGGGTATGAAGAACATCGACGAAAGTGGCTTTATGACA
CCTGAACCCACGAAAGCTGGGAAA

沙带鱼

Lepturacanthus savala (Cuvier，1829)

分　　类：带鱼科 Trichiuridae；沙带鱼属 *Lepturacanthus*

英 文 名：savalai hairtail，smallhead hairtail

别　　名：带鱼

形态特征：体甚延长，侧扁，呈带状；尾极长，向后渐细，末端呈细长鞭状。头窄长，头背面斜直或略突起，前端尖锐，吻尖长；左右额骨分开。眼中大，虹彩白色。口大，平直；下颌长于上颌；齿发达锐利，侧扁而尖，排列稀疏，上颌前端具倒钩状大犬齿 2 对；下颌倒钩状齿少于尖形齿。鳞退化；侧线在胸鳍上方显著向下弯，而后沿腹缘至尾端。背鳍起始于后头部、延伸至尾端，肛门前背鳍鳍条 34 ～ 35。臀鳍完全退化且棘状化，通常不埋没，可直接观察到。胸鳍短，末端可达侧线上方。无尾鳍与腹鳍。体银白色；背鳍及胸鳍浅灰色，新鲜鱼体具宽黑缘，较大型者不显著；尾端呈黑色。

分布范围：我国东海、台湾海域和南海；印度洋—西太平洋海域，西起印度和斯里兰卡，东至菲律宾，北至日本南部，南至澳大利亚。

生态习性：暖水性凶猛中上层鱼类，栖息于水深 30 ～ 100 m 的近海水域。游泳能力强。贪食，以小鱼和头足类为食。一般体长 35 ～ 60 cm，最大可达 1 m。

线粒体 DNA COI 片段序列：

CCTTTACTTAGTATTTGGTGCATGAGCCGGAATAGTAGGCACAGCTTTAAGCCTTCTTATCCGAGCAGAACTG
AGCCAACCAGGCTCCCTCCTGGGAGACGACCAAATTTATAATGTAATTGTTACAGCTCATGCTTTCGTAATAA
TTTTCTTTATAGTCATGCCAGTCATGATTGGAGGGTTTGGAAACTGACTCATCCCCTTAATGATTGGGGCCCC
TGACATAGCCTTCCCACGAATAAACAACATAAGCTTCTGACTTCTACCCCCCTCTTTTCTTCTTCTGCTAGCCT
CCTCTGGGGTTGAAGCAGGCGCCGGAACTGGCTGAACAGTGTACCCCCCACTAGCCGGCAACCTGGCTCAC
GCAGGAGCATCAGTTGACCTGACCATTTTTTCACTCCACTTAGCAGGAATTTCCTCCATTCTAGGGGCCATTA
ATTTTATTACAACTATTCTTAATATAAAACCTGCAGCCATCACCCAATTCCAAACCCCCCTGTTTGTCTGATCA
GTCTTAATTACAGCCGTCCTTCTACTTCTATCCCTCCCAGTTCTAGCGGCTGGTATTACGATACTCCTGACCGA
CCGCAATTTGAATACCACATTCTTTGACCCCGCAGGAGGAGGAGACCCTATTCTATACCAACACTTATTC

线粒体 DNA 12S rRNA 片段序列：

CACCGCGGTGATACGAAAGGCTCAAGCTGACAGCCCCCGGCGTAAAGCGTGGTTAGGGCACATTTAAATTA
AAGCCGAACACCCCTTAGGCAGTTAAAAGCTTATAGAGGGATGAAGCCCACTTACGAAAGTAGCTTTATTTT
TCCTGAACCCACGAAAGCTAAGAAA

带鱼

Trichiurus japonicus Temminck & Schlegel，1844

分　　类：带鱼科 Trichiuridae；带鱼属 *Trichiurus*

英 文 名：Japanese hairtail

别　　名：日本带鱼，牙带，刀鱼，白带，瘦带

形态特征：体甚延长，侧扁，呈带状；尾极长，向后渐变细，末端呈细长鞭状，尾柄长与肛前长之比达 52% 左右。头窄长，头背面斜直或略突起，前端尖锐，吻尖长；左右额骨分开。眼中大，虹彩白色。眼间隔平坦。口大，平直；下颌长于上颌。颌齿发达锐利，侧扁而尖，排列稀疏，上颌前端具倒钩状大犬齿 2 对；下颌倒钩状齿少于尖形齿。鳞退化；侧线在胸鳍上方显著向下弯，而后沿腹缘至尾端。背鳍起始于后头部，延伸至尾端，具 125 ~ 145 枚鳍条，肛门前背鳍鳍条 40 ~ 42。臀鳍完全退化，起始于背鳍第四十三至四十五鳍条的下方，棘状化，但通常埋于皮下。胸鳍短，末端可达侧线上方。无尾鳍与腹鳍。体银白色；背鳍及胸鳍浅灰色，活体鱼体具宽黑缘，较大型者不显著；尾端呈黑色。与高鳍带鱼极为相似，可由尾极长、尾柄长与肛前长之比达 52% 左右，多种同功异构酶之比例及大多分布于大陆架沿岸等差异来分辨，但彼此特征差异极小而有重叠现象，因此二者分类地位争议仍大。

分布范围：我国黄海、东海、南海与台湾海域；西北太平洋海域。

生态习性：暖温水域中底层洄游性鱼类，一般栖息于近泥沙或泥质的大陆架沿岸水域，活动水深 20 ~ 50 m，亦常游至水深 150 m 海域，甚至更深的水域，产卵时则洄游至浅海水域。喜弱光，有明显的日夜垂直分布习性，白天至深水层，黄昏、夜间及清晨则上游至表层。具群游性，性极贪食，以小鱼及甲壳类为食。

线粒体 DNA COI 片段序列：

CCTCTACTTAGTATTTGGTGCATGAGCCGGAATGGTCGGCACAGCCCTAAGCCTTCTAATCCGAGCAGAACT
AAGTCAACCAGGCTCCCTCCTAGGAGATGACCAAATTTATAATGTCATCGTTACAGCCCATGCCTTCGTAATA
ATCTTCTTTATAGTAATGCCAATTATGATTGGAGGATTTGGAAACTGGCTTATCCCCCTAATGATCGGGGCCCC
CGACATGGCCTTCCCCCGAATAAATAATATGAGCTTCTGACTTCTACCCCCCTCCTTTCTCCTTCTCCTAGCCT
CCTCCGCAGTTGAGGCAGGGGCCGGAACTGGTTGAACGGTTTATCCCCCACTAGCTGGGAATCTAGCACAC
GCAGGCGCATCAGTTGACTTAACCATTTTTTCCCTCCACTTGGCAGGAATCTCTTCCATCTTGGGCGCCATTA
ACTTTATTACAACCATTCTAAACATGAAACCTGCGGCCATCACCCAGTTTCAAACCCCTCTGTTCGTCTGATC
TGTTCTAATTACAGCTGTCCTCCTACTTCTCTCCCTCCCAGTTCTTGCAGCTGGAATTACAATACTCCTAACTG
ACCGAAATCTTAACACCACCTTCTTTGACCCCGCAGGAGGAGGAGACCCAATCCTGTACCAACACTTATTT

线粒体 DNA 12S rRNA 片段序列：

CACCGCGGTGATACGAAAGACTCAAGCTGACAGCCCACGGCGTAAAGCGTGGTTAGGGTAAATAAAAATTA
AAGCCGAACGCCCCTTAGGCCGTCAAAAGCATATGGGGGCATGAAGCCCACTTACGAAAGTAGCTTTATACT
TCCTGAACCCACGAAAGCTAAGAAA

日本鲭

Scomber japonicus Houttuyn，1782

分　　类：鲭科 Scombridae；鲭属 *Scomber*

英 文 名：chub mackerel

别　　名：鲐，鲐鱼，青占鱼，花飞，清辉，飞威，白肚花飞，花仙，花鲹

形态特征：体呈纺锤形，稍侧扁；背缘和腹缘浅弧形；尾柄细短，尾鳍基部两侧各具 2 条小隆起脊。头中等大，稍侧扁。吻钝尖，稍大于眼径。眼中大，位近头的背缘，具发达的脂性眼睑。口大，端位，斜裂；上、下颌等长，各具细齿 1 列，上颌齿有时不明显；犁骨、腭骨具齿；舌上无齿。体及颊部被圆鳞；侧线完全，沿背侧延伸，伸达尾鳍基。第一背鳍有 4 ~ 5 枚鳍棘，与第二背鳍起点距离远，第二背鳍后具 5 个小鳍。臀鳍与第二背鳍同形。尾鳍深叉形。体背侧蓝黑色，具深蓝色不规则斑纹，斑纹仅延伸至侧线上下，侧线下方无斑点；腹部银白而微带黄色。

分布范围：我国各海区；菲律宾、朝鲜、日本和俄罗斯远东广大太平洋西部水域，太平洋东部的阿拉斯加湾和墨西哥湾、加利福尼亚湾沿岸水域，大西洋的巴西沿岸、加勒比海、非洲西南岸、地中海等水域。

生态习性：近沿海中上层的洄游鱼类。好群游，幼鱼时，常与其他种的鲭科鱼类或鲱科小沙丁鱼类形成群体。具趋光性，有垂直移动现象，白天成鱼常栖息在近底层的水域；晚上则往上群游至可以捕食到桡足类、其他浮游性甲壳类、小鱼或乌贼的水层。冬季会群体栖息于较深水域，且活动力会降至最低。栖息深度 0 ~ 300 m，一般 50 ~ 200 m。最大体长可达 64 cm。

线粒体 DNA COI 片段序列：

CCTCTACCTAGTATTTGGTGCATGAGCTGGAATAGTTGGCACGGCCTTAAGCTTGCTTATCCGAGCTGAACTA
AGTCAACCAGGGTCCCTTCTCGGCGACGACCAAATCTACAACGTAATTGTTACGGCCCACGCCTTCGTTATA
ATCTTCTTTTTAGTAATGCCAGTTATGATTGGAGGGTTCGGAAACTGACTGATCCCCCTAATGATCGGAGCCC
CCGACATGGCATTTCCCCGAATAAATAACATAAGCTTCTGACTTCTGCCCCCCTCTCTCCTGCTGCTCCTGTC
TTCTTCGGCAGTTGAAGCCGGTGCCGGAACTGGCTGAACAGTTTATCCTCCCCTCGCTGGGAACCTGGCAC
ACGCCGGGGCATCAGTTGATTTGACCATCTTCTCACTCCACCTAGCAGGTGTTTCCTCAATCCTTGGGGCCAT
TAACTTCATCACAACAATCATTAACATAAAACCTGCAGGTGTGTCCCAATACCAAACCCCTCTGTTCGTCTGA
GCAGTCTAATTACAGCTGTCCTTCTCCTTCTATCCCTACCAGTTCTTGCTGCCGGCATTACAATGCTCCTAACAG
ACCGAAATCTAAATACTACCTTCTTCGACCCTGGAGGAGGGGGAGACCCCATTCTTTACCAACACCTCTTC

线粒体 DNA 12S rRNA 片段序列：

CACCGCGGTTATACGATAGGCCCAAGTTGACAGACCCCGGCGTAAAGCGTGGTTAGGGAAAACTCAAAACT
AAAGCCGAATATCTTCAGGGCAGTTATACGCTTCCGAAGACACGAAGCCCTTCCACGAAAGTGACTTTATTA
CCCCCGACCCCACGAAAGCTAGGACA

蓝点马鲛

Scomberomorus niphonius (Cuvier，1832)

分　　类：鲭科 Scombridae；马鲛属 *Scomberomorus*

英 文 名：Japanese Spanish mackerel

别　　名：蓝点鲛，鲅鱼，条燕，板鲅，竹鲛，尖头马加，马鲛，青箭

形态特征：体修长，呈纺锤形，体高小于头长。尾柄细，每侧有 3 条隆起嵴。头中等大，背面圆突。吻长，前端稍尖。眼较小，眼间隔宽突。口裂大。齿强大，颌齿三角形，尖锐，侧扁，齿缘不呈锯齿状，排列稀疏。犁骨、腭骨具绒毛状齿。鳃孔大，鳃盖膜分离，不与峡部相连。鳃耙较长，排列稀疏。体被细小圆鳞。侧线位高，在背鳍下方不急剧下弯。背鳍 2 个，间距小；有 19 ～ 20 枚鳍棘、15 ～ 16 枚鳍条；第一背鳍起点在胸鳍基上方，鳍棘细弱，可折叠藏于背沟中。第二背鳍与臀鳍之后各有 8 ～ 9 个小鳍。胸鳍短尖。腹鳍间突小，分两叶。尾鳍大，深分叉。体背侧蓝绿色，腹侧银白色，体侧有 7 ～ 8 列褐色斑点。

分布范围：我国渤海、黄海、东海、台湾海域；日本北海道以南海域、朝鲜半岛海域，西北太平洋暖温水域。

生态习性：为暖水性近海洄游性鱼类。栖息于近海中上层，栖息水深 200 m 以浅。游泳敏捷，性凶猛，以上层结群的小鱼为主要饵料。体长可达 1.6 m。是我国近海流刺网的主要捕捞种类。

成鱼

幼鱼

线粒体 DNA COI 片段序列：

AAGCCTGCTTATCCGAGCTGAACTAAGCCAACCAGGTGCCCTTCTTGGAGACGACCAGATTTATAACGTAAT
CGTTACAGCCCATGCCTTCGTCATGATTTTCTTTATAGTAATACCAATCATGATTGGAGGTTTTGGAAACTGAC
TTATCCCCCTAATGATCGGAGCCCCCGACATAGCATTCCCTCGAATGAATAACATAAGCTTTTGACTTCTACCC
CCTTCCTTCCTCCTACTCCTCGCCTCTTCCGGCGTTGAAGCCGGGGCTGGGACTGGTTGAACAGTCTATCCTC
CCCTTGCCGGCAATCTGGCCCACGCTGGAGCATCCGTCGACTTAACTATTTTCTCTCTTCACCTGGCAGGGAT
TTCTTCAATCCTTGGGGCAATCAACTTCATTACAACAATCATTAATATGAAACCCCAGCTATTTCCCAATACC
AAACACCCTTATTTGTGTGGGCTGTCCTAATTACAGCTGTCCTTCTTCTATTATCACTTCCAGTTCTTGCCGCT
GGTATTACAATACTTCTTACAGACCGTAACCTAAATACAACCTTCTTCGACCCGGCAGGCGGAGGAGACCCA
ATCCTTTACCAACACTTATTC

线粒体 DNA 12S rRNA 片段序列：

CACCGCGGTTATACGAGAGGCCCAAGTTGACAACCCACCGGCGTAAAGCGTGGTTAAGATATAATCAAAACTA
AAGCCGAATGTCTTCAAGGCAGTCATACGCTTCCGAAGACACGAAGCCCCACCACGAAAGTGGCTTTAACA
ATCCCTGAACCCACGAAAGCTAGGACA

镰鲳

Pampus echinogaster (Basilewsky，1855)

分　　类：鲳科 Stromateidae；鲳属 *Pampus*
英 文 名：Korean pomfret
别　　名：暗鲳，黑鲳

形态特征：体呈卵圆形，侧扁，背面与腹面狭窄，背缘和腹缘弧形隆起，体以背鳍起点前为最高。头较小，侧扁而高。吻短而钝，稍突出，等于或略短于眼径。口小，亚前位，上颌骨后端达瞳孔前缘下方，上颌不能活动，下颌稍短于上颌。眼小，侧位，靠近头部前端。上下颌具细小齿 1 行，排列紧密，犁骨、腭骨及舌上无齿。鳃孔小，前鳃盖骨边缘不游离，鳃盖膜与峡部相连；第一鳃耙细弱，排列较紧密，3 ~ 4+12 ~ 16，成鱼鳃耙长 2.6 ~ 4.5 mm。背鳍Ⅷ ~ Ⅺ - 43 ~ 51，鳍棘较小；前部鳍条隆起呈镰刀状，不伸达尾鳍。臀鳍Ⅴ ~ Ⅷ - 43 ~ 49，鳍棘短小，小戟状，幼鱼时明显，成鱼时退化，埋于皮下；前方鳍条稍延长，镰刀状，起始于胸鳍基后部。胸鳍 22 ~ 27，延长，几达背鳍中部。尾鳍 19 ~ 22，深叉形，长度适中，下叶长于上叶。无腹鳍。脊椎骨 39 ~ 41。体被细小圆鳞，易脱落，头部除吻和两颊裸露外，大部分被鳞。侧线完整，上侧位，沿胸鳍基部到尾鳍的方向，弧形，几与背缘平行。头部后上方侧线管的横枕管丛和背分支丛后缘呈浅弧形，略短；背部横枕管丛末端未达胸鳍上部基点；腹部横枕管丛稀少，明显短于背部横枕管丛。体背侧青灰色，腹侧银白色。背鳍和臀鳍前部深灰色，后部浅灰色。尾鳍浅灰色。胸鳍灰色并带有些许黑色小斑点。

分布范围：我国渤海、黄海、东海和南海北部海域；俄罗斯海域、日本南部海域、朝鲜半岛海域。

生态习性：主要栖息于沿岸沙泥底水域，独游或成小群。以水母、浮游动物或底栖小动物等为食。

线粒体 DNA COI 片段序列：
CCTTTACCTAGTATTTGGTGCATGAGCTGGTATAGTGGGCACAGCCTTAAGCTTGCTTATTCGAGCTGAATTA
AACCAACCAGGCGCTCTACTTGGGGATGACCAAATTTATAATGTTATTGTGACAGCACACGCTTTCGTAATAA
TTTTCTTTATAGTAATGCCAGTTATAATTGGAGGGTTTGGTAATTGACTTGTCCCTATAATAATTGGGGCCCCTG
ACATAGCATTTCCTCGAATGAATAACATAAGCTTTTGACTCTTACCCCCATCTTTCTTACTTCTACTAGCCTCTT
CAGGAGTCGAAGCTGGTGCCGGAACCGGATGAACAGTCTACCCACCATTGGCTGGTAACCTTGCCCATGCT
GGGGCATCCGTTGACTTAACTATTTTTTCCCTACATTTGGCAGGGGTATCTTCAATTCTCGGAGCTATTAATTT
CATTACAACCATCATTAATATAAAACCCCCAGGCACCACCCAATACCAAACACCTCTCTTTGTCTGAGCCGTA
TTAATTACAGCCGTTCTTCTTCTTTATCCCTACCAGTTCTTGCTGCTGGTATTACTATACTTCTCACAGACCGA
AATTTAAATACAACTTTCTTTGACCCCGCCGGAGGTGGAGATCCAATTCTATACCAGCACTTATTC

线粒体 DNA 12S rRNA 片段序列：
CACCGCGGTTATACGAGAGGCTCAAGTTGATAAACCTCGGCGTAAAGTGTGGTTAAGGAAATTTTTTAACTA
AAGCCGAACGCCTGTAGAAGCAGTAGCACGCTTATTAAGGTATGAAGCTCACCCACGAAAGTGGCTTTACA
AAACCCGACTCCACGAAAGCTAAGAAA

中国鲳

Pampus chinensis (Euphrasen，1788)

分　　类：鲳科 Stromateidae；鲳属 *Pampus*

英 文 名：Chinese silver pomfret

别　　名：斗鲳

形态特征：体几近菱形，侧扁，背面与腹面较窄，背腹缘弧度弯曲大，体高以背鳍起点前为最高，由此向吻端倾斜坡度大。尾柄短。头较小，侧扁而高，背面隆突，两侧平坦，吻短而钝，约与眼径相等。眼较小，侧位，靠近头的前端。眼间隔宽，隆突，约为眼径或吻长的 2 倍。口小，端位，微倾斜。上、下颌几相等，上颌骨后缘伸达眼前缘下方。上、下颌各具 1 行小齿，紧密排列，成鱼时齿渐消失或不明显。鳃孔小，前鳃盖骨边缘不游离，鳃盖膜与峡部相连，无假鳃。鳃耙较短，排列稀疏，2 ～ 3+9 ～ 10，成鱼鳃耙长 1.1 ～ 2.3 mm。背鳍Ⅴ～Ⅵ - 41 ～ 46，鳍棘小戟状，幼鱼时较明显，成鱼时埋于皮下；鳍条部的前方鳍条最长，其余鳍条依次向后渐短。臀鳍Ⅳ～Ⅵ - 40 ～ 41，与背鳍相对，几同形；鳍棘小戟状，幼鱼时较明显，成鱼时埋于皮下；鳍条部的前方鳍条最长，其余鳍条依次向后渐短。胸鳍20 ～ 22，宽大，伸达背鳍基底中部下方。尾鳍22 ～ 24，较短，浅分叉，上、下叶几等长。无腹鳍。脊椎骨32 ～ 33。体被细小鳞片，易脱落，头部除吻和两颊裸露外，大部分被鳞。侧线完整，上侧位，几与背缘平行。头部后上方侧线管的横枕管丛和背分支丛后缘呈截形，腹部横枕管丛狭长，向后延伸未达背鳍起点下方。体背暗灰色，腹部灰色，各鳍灰褐色。

分布范围：我国东海、南海北部海域；孟加拉湾、阿拉伯海、马来西亚海域。

生态习性：主要栖息于沿岸沙泥底水域，独游或成小群。以水母、浮游动物或底栖小动物等为食。

线粒体 DNA COI 片段序列：

AGGTGCCCTCCTTGGGGACGACCAAATTTATAATGTAATCGTAACAGCACATGCTTTCGTAATAATTTTCTTTA
TAGTAATACCAGTTATAATTGGAGGTTTTGGAAACTGACTTGTTCCTATAATAATTGGAGCCCCGGATATAGCA
TTCCCCCGGATAAATAACATAAGCTTTTGACTCCTTCCCCCATCTTTCCTACTACTACTAGCTTCTTCTGGGGT
TGAAGCTGGTGCTGGAACCGGGTGAACAGTCTACCCACCCCTGGCTGGTAACCTGGCCCACGCTGGAGCAT
CCGTTGATTTAACTATCTTTTCCCTACATTTAGCGGGAGTATCCTCAATTCTTGGGGCTATTAATTTTATTACAA
CCATTATTAATATAAAACCCCCCGGTATCTCCCAATACCAAACACCCCTTTTCGTTTGAGCTGTACTAATTACG
GCCGTCCTTCTCCTCTTATCCCTACCAGTCCTTGCCGCTGGAATCACCATACTTCTAACAGATCGAAACCTCA
ATACAACCTTTTTTGACCCTGCTGGGGGTGGAGACCCAATTCTCTATCAACATTTATTC

线粒体 DNA 12S rRNA 片段序列：

CACCGCGGTTATACGAGAGGCTCAAGTTGATAAATCTCGGCGTAAAGTGTGGTTAAGGAAATTTTAAACTAA
AGCCGAACGCCTATAAAAGCAGTGATACGCTTATTAAGGTATGAAGCCCCCCTACGAAAGTGGCTTTATAAA
CCCTGACTCCACGAAAGCTATGAAA

翎鲳

Pampus punctatissimus (Temminck & Schlegel，1845)

分　　类：鲳科 Stromateidae；鲳属 _Pampus_

英 文 名：butterfish

别　　名：燕尾鲳

形态特征：体卵圆形，侧扁，背面与腹面狭窄，背缘与腹缘弧形隆起，体高以背鳍起点前为最高点，由此向吻部倾斜。头较小，侧扁而高，背面隆起，两侧平坦。吻短而钝，小于眼径。眼较小，侧位，靠近头部前端，距吻端较距鳃盖后上角近。口小，亚前位，稍倾斜，上下颌约等长。上下颌各具细小齿1行，紧密排列；犁骨、腭骨及舌上无齿。鳃孔小，前鳃盖骨边缘不游离，鳃盖膜与峡部相连，无假鳃。鳃耙较短，排列稀疏，2～3+9～10，成鱼鳃耙长2.3～3.3 mm。背鳍Ⅴ～Ⅶ-39～48，鳍棘较小，小戟状，幼鱼时较明显，成鱼时退化，埋于皮下；鳍条部呈镰刀状，前部鳍条显著延长。臀鳍Ⅴ～Ⅵ-32～42，与背鳍相对，几同形；鳍棘小戟状，幼鱼时较明显，成鱼时埋于皮下；前部鳍条常延伸。胸鳍22～25。尾鳍23～26，深叉形，下叶有丝状延长，长于上叶。无腹鳍。脊椎骨33～35。体被细小鳞片，易脱落；头部除吻和两颊裸露外，大部分被鳞。侧线完整，上侧位，几与背缘平行。头部后上方侧线管的横枕管丛和背分支丛后缘呈楔形；腹分支丛呈纤细蛾眉状，较背分支长，几达背鳍起点下方、胸鳍2/3处。体背部青灰色，腹部呈银白色。多数鳞片上有微小黑点。各鳍具有色素沉淀，某些时期各鳍边缘黑色。

分布范围：我国黄海、东海、南海；俄罗斯海域、日本海域、朝鲜半岛海域，也可能向南分布到印度尼西亚。

生态习性：主要栖息于沿岸沙泥底水域，独游或成小群。以水母、浮游动物或底栖小动物等为食。

线粒体 DNA COI 片段序列：

AAGCTTACTTATTCGAGCTGAATTAAACCAACCAGGTGCCCTCCTTGGGGATGACCAAATTTACAATGTAATC
GTAACAGCACATGCCTTCGTAATAATTTTCTTTATAGTAATGCCAGTCATAATTGGAGGTTTTGGAAACTGACT
TGTTCCTATAATGATTGGGGCCCCAGATATAGCATTTCCCCGGATAAATAACATAAGCTTTTGACTACTTCCCC
CATCTTTCCTACTACTATTAGCTTCTTCTGGAGTTGAAGCTGGTGCTGGAACCGGATGAACAGTCTATCCACC
CCTGGCTGGTAACTTAGCCCATGCTGGAGCATCCGTTGACTTAACTATTTTTTCTCTACATTTGGCAGGAGTT
TCCTCAATTCTTGGGGCTATCAATTTTATTACAACCATTGTTAATATAAAACCCCCTGGTATCTCCCAATACCAA
ACACCCCTTTTCGTTTGAGCTGTATTAATTACAGCCGTTCTTCTCCTCTTATCCCTACCAGTCCTTGCCGCCGG
GATTACCATACTTCTAACAGACCGAAACCTCAATACAACCTTTTTTGACCCTGCTGGAGGTGGAGACCCAAT
TCTCTATCAACATTTATTC

线粒体 DNA 12S rRNA 片段序列：

CACCGCGGTTATACGAGAGGCTCAAGTTGATAAATCTCGGCGTAAAGTGTGGTTAAGGAAATTCTAAACTAA
AGCCGAACGCCTATAAAAGCTGTGATACGCTTATTAAGGTATGAAGCCCCCCTACGAAAGTGGCTTTATAAAC
CCTGACTCCACGAAAGCTATGAAA

刺鲳

Psenopsis anomala (Temminck & Schlegel，1844)

分　　类：长鲳科 Centrolophidae；刺鲳属 *Psenopsis*
英 文 名：Pacific rudderfish
别　　名：肉鱼，肉鲫仔，土肉

形态特征：体短而高，极侧扁，呈椭圆形，头稍呈圆形。吻钝。眼中大。口裂中大；上颌末端延伸至眼前缘的下方；下颌略短于上颌，齿细小，单列；犁骨、腭骨及舌上无齿。眼间隔宽，突起，其宽约为眼径的 1.5 倍。鼻孔 2 个，紧相邻，前鼻孔小，圆形；后鼻孔裂缝状，位于吻与眼前缘之间。体被薄圆鳞，极易脱落，头部裸露无鳞，体表面分泌有黏液。背鳍、臀鳍及尾鳍基底被细鳞。鳃盖骨边缘平滑，无棘。鳃孔大，具假鳃。侧线完全，略呈弧形，与背缘平行，侧线鳞55 ~ 63。背鳍 2 个，紧相连。鳍棘部只有 6 ~ 9 枚独立短小的棘；鳍条部发达，以第五鳍条最长，由此向后渐短。臀鳍与背鳍鳍条部同形，其起点在背鳍鳍条部起点稍后，有 3 枚鳍棘、24 ~ 28 枚鳍条。胸鳍中等大。腹鳍甚小，位于胸鳍基下方，可折叠于腹部凹陷内。尾鳍分叉。体浅灰蓝色，外罩以银白色光泽，幼鱼则呈淡褐色或黑褐色。鳃盖上方有 1 个模糊黑斑。

分布范围：我国黄海、东海、南海及台湾海域；西太平洋区。

生态习性：主要栖息于沙泥底质海域。幼鱼成群漂流在表层，有时还躲在水母的触须里，靠水母保护，长成成鱼后生活在底层，只有晚上才到表层觅食。最大体长约 30 cm。以浮游性生物及小鱼、甲壳类动物为食。

线粒体 DNA COI 片段序列：
CCTATACCTAGTGTTTGGGGCATGAGCAGGAATGGTGGGTACGGCTCTAAGCCTACTCATCCGAGCTGAACT
AAGCCAACCAGGTGCCCTCCTTGGGGACGATCAAATCTATAATGTAATTGTTACAGCCCATGCCTTTGTAATG
ATTTTCTTTATAGTCATACCCATCATAATTGGAGGCTTCGGGAATTGACTCATTCCCCTAATACTTGGGGCCCC
TGATATAGCATTCCCTCGTATAAATAACATAAGCTTTTGGCTATTACCCCCCTCCTTCCTCCTACTTCTGGCTTC
TTCTGGGGTGGAGGCAGGGGCCGGAACTGGTTGAACAGTGTACCCCCCTCTAGCCGGAAACCTAGCCCACG
CCGGAGCATCCGTTGACTTAACTATTTTTTCTTTACATTTAGCAGGGATCTCCTCAATTCTTGGGGCTATTAAT
TTTATCACAACAATTATTAATATGAAGCCTGCAGCCGTTTCCCAATACCAAACACCACTATTCGTTTGAGCTGT
GTTAATTACAGCCGTGCTACTTCTATTGTCTTTACCCGTTCTTGCTGCTGGAATTACAATACTACTGACAGATC
GAAACCTAAACACAACTTTCTTTGACCCTGCAGGGGGTGGCGATCCAATTCTCTACCAACACCTTTTC

线粒体 DNA 12S rRNA 片段序列：
TACCGCGGTTACACGAGAGGCTCGAGTTGACAGACATCGGCGTAAAGGGTGGTTAGGGGGTAATTCTCAAA
CTAAAGCCAAACGCCTTCAAAGCAGTCCGAATGCATTCGAAGGTATGAAGCCCGACCACGAAAGTGGCTTT
ATGACTCCTGAATCCACGAAAGCTAAGAAA

褐牙鲆

Paralichthys olivaceus (Temminck & Schlegel，1846)

分　　类：牙鲆科 Paralichthyidae；牙鲆属 _Paralichthys_

英 文 名：bastard halibut

别　　名：牙片，扁鱼，皇帝鱼，半边鱼，比目鱼

形态特征：体呈长椭圆形，很侧扁。两眼位于头左侧，眼间隔较宽坦。口大，前位，斜裂。上颌骨长约等于头长的 1/2。两颌齿各 1 行，较大，犬齿。犁骨、腭骨无齿。无眼侧被小圆鳞，有眼侧有小栉鳞，眼前部无鳞。左、右侧线同等发达，无明显的颞上枝。背鳍、臀鳍后部鳍条分枝。无眼侧胸鳍中部鳍条分枝。尾鳍后缘双截形。头、体左侧灰褐色，在侧线中央及前端上、下各有一个和瞳孔约等大的亮黑斑，体盘上散布暗环纹或斑点。体右侧白色。各鳍淡黄色。

分布范围：我国渤海、黄海、东海、南海；日本北海道以南海域、朝鲜半岛海域，西北太平洋暖温水域。

生态习性：为暖温性底层鱼类。栖息于水深 10～200 m 的沙泥底质海区。大鱼体长可达 1 m 以上。性凶猛，以甲壳类和小鱼等为食。有洄游习性。在我国东部海域有两大群体，南方群体 1—2 月在浙江南部水深 40～80 m 的海区越冬，3—4 月在浙江和福建近海产卵。

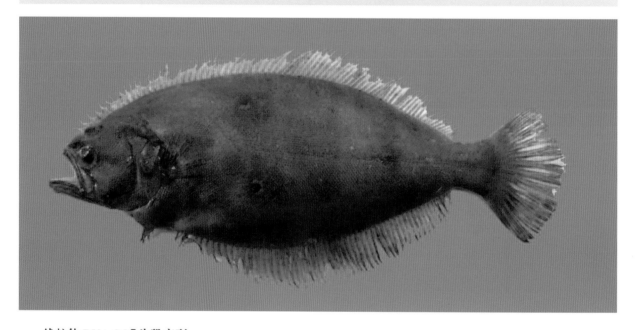

线粒体 DNA COI 片段序列：

CCTCTATCTCGTATTTGGTGCCTGAGCCGGAATAGTGGGGACAGCCCTAAGCCTCCTCATTCGGGCAGAACT
CAGCCAACCTGGTGCTCTCCTAGGGGACGACCAGATTTATAACGTAATCGTTACCGCACACGCCTTTGTAATA
ATCTTTTTCATAGTTATACCAATTATGATTGGAGGCTTTGGCAACTGACTTATCCCCCTGATAATCGGTGCCCC
AGACATAGCATTCCCTCGAATAAATAATATAAGCTTCTGACTTCTACCCCCTTCATTCCTTCTTCTCCTGGCTT
CTTCAGGTGTCGAAGCTGGTGCCGGTACCGGGTGGACTGTCTACCCTCCCCTAGCTAGCAACCTCGCCCATG
CTGGAGCCTCAGTAGATCTAACCATCTTTTCACTACACCTTGCAGGTATTTCATCAATTCTGGGAGCTATCAA
CTTCATTACTACCATTATTAACATGAAACCACAACTGTCACAATATACCAAATTCCCCTGTTTGTCTGGGCCG
TCCTAATTACGGCTGTCCTGCTGCTCCTCTCGCTGCCAGTTTTAGCCGCCGGTATTACAATACTGCTTACAGA
CCGAAACCTTAATACAACATTCTTTGACCCTGCAGGAGGAGGGGATCCAATCCTCTACCAACACCTGTTT

线粒体 DNA 12S rRNA 片段序列：

CACCGCGGTTATACGAGAGGCCCGAGTTGACAGACAGCGGCGTAAAGGGTGGTTAGGGGGTTGACCAAACT
AAGGCCGAACGCTCCCAAAGCTGTTATAAGCACCCGGGGAGTATGAAACCCAATTACGAAAGTAGCCTTATTC
ACCCTGAACCCACCAAAGCTAAGGAA

柠檬斑鲆

Pseudorhombus cinnamoneus (Temminck & Schlegel，1846)

分　　类：牙鲆科 Paralichthyidae；斑鲆属 *Pseudorhombus*

英 文 名：cinnamon flounder

别　　名：桂皮斑鲆，花点鲆

形态特征：体呈长椭圆形，很侧扁，尾柄短而高。双眼位于头左侧，眼间隔窄嵴状。吻钝。口前位。两颌齿小，右下颌齿 22 ~ 26 枚。鳃耙矛状，内缘有小刺。头、体左侧被栉鳞，右侧被圆鳞。两侧侧线发达，在胸鳍后上方呈高弧状。背鳍始于吻中部偏右侧。尾鳍后缘双截形。体左侧黄褐色。侧线直线前部和中央稍后各有 1 个黑褐色斑。前面的黑褐色斑约与瞳孔等大，周缘有不规则乳白色小点；后面的黑褐色斑较小。沿侧线另有 2 ~ 3 个更小的斑点。体左侧侧线上、下各有 4 ~ 6 个褐色弧状纹。各鳍淡黄色。头、体右侧乳白色，无斑纹。

分布范围：我国渤海、黄海、东海、南海；日本南部海域、朝鲜半岛海域，西北太平洋温水域。

生态习性：为暖温性底层鱼类。栖息于水深 20 ~ 160 m 的黏泥底质海区。大鱼体长可达 35 cm。以双斑蟳、梭子蟹、小虾、虾蛄等甲壳类和小鱼为食。卵浮性。有洄游习性。

线粒体 DNA COI 片段序列：

CCTTTACCTAGTATTTGGGGCTGAGCCGGAATGGTGGGCACAGCCCTCAGCCTACTCATTCGCGCTGAACTG
AACCAGCCCGGCACCCTTCTCGGCGACGACCAAATTTATAACGTAATCGTCACCGCACACGCCTTCGTCATA
ATCTTTTTTATGGTCATGCCTATCATAATTGGGGGTTTTGGAAATTGACTAATTCCCCTTATAATTGGTGCACCA
GATATGGCATTCCCTCGAATGAATAACATGAGCTTTTGACTCCTCCCTCCATCCTTCTTCCTACTTCTTGCCTC
CTCAGGCATTGAGGCGGGGGCAGGCACTGGATGAACTGTTTACCCTCCCTTGGCTGGCAATTTAGCCCATGC
AGGAGCCTCCGTTGACCTAACCATCTTCTCCCTCCATCTTGCAGGGATTTCTTCAATCTTGGGGGCAATTAAT
TTCATTACTACTATCCTCAATATGAAACCCCCAACCATAACCATGTACCACATTCCACTCTTCGTGTGAGCTGT
CCTAATCACAGCTGTCCTACTCCTCCTATCCCTCCCAGTACTAGCTGCAGGAATCACGATGCTGCTCACAGAC
CGCAACCTAAATACTACTTTCTTTGACCCCGCTGGGGGAGGAGACCCCATCCTGTACCAACACCTTTTC

线粒体 DNA 12S rRNA 片段序列：

CACCGCGGTTATACGAGAGGCCCAAGTTGATAGACAACGGCACAAAGGGTGGTTAGGGAAACAACATAAAC
TAAAGCAAAACTCTTTCCGGGCTGTTATACGCGCACCGAAAGTCTGAGACCCAATTACGAAAGTAGCTTTAC
TTACCCTGATTCCACGAAAGCTAAGGAA

角木叶鲽

Pleuronichthys cornutus (Temminck & Schlegel，1846)

分　　类：鲽科 Pleuronectidae；木叶鲽属 *Pleuronichthys*

英 文 名：ridged-eye flounder

别　　名：扁鱼，偏口，比目鱼，鼓眼

形态特征：体卵圆形，侧扁而高；尾柄短而高。头短小。吻短，前端略圆钝。眼大，两眼均位于头部右侧。口小，前位，斜裂。眼间隔窄，脊状，前后端各具 1 枚强棘。仅无眼侧的上、下颌具齿，齿尖细，呈窄带状排列，有眼侧无齿。鳃孔短狭。鳃盖膜不与峡部相连。鳃耙短。体两侧均被小圆鳞，头部除吻、两颌与眼间隔裸露外，其余均被鳞。两侧侧线均发达，不在胸鳍上方弯曲。侧线鳞 98 ~ 110。奇鳍被小鳞。背鳍起点偏向无眼侧，位于鼻孔后方头背缘凹处。臀鳍与背鳍相对，起点约在胸鳍基底后下方，两鳍鳍条均不分枝。胸鳍不等大，有眼侧略长。腹鳍短小，略对称。尾鳍后缘圆形。有眼侧红褐色，头部、躯干部及各奇鳍下方均密布深褐色圆点或不规则点，胸鳍及尾鳍后半部黑褐色。无眼侧乳白色。

分布范围：我国各沿海，从珠江口到鸭绿江口等江河入海口；朝鲜半岛、日本等沿海，西北太平洋海域。

生态习性：近海暖温性底层鱼类，多栖息于泥沙底质海域，水深 2 ~ 170 m。个体较小，体长一般 11 ~ 22 cm，大鱼可达 30 cm。主要以端足类、多毛类、海蛇尾等为食。有洄游习性。

线粒体 DNA COI 片段序列：

AAGCCTGCTTATTCGAGCAGAACTAAGCCAACCCGGAGCCCTCCTTGGGGACGATCAGATTTATAATGTTATC
GTTACTGCACACGCCTTTGTAATAATCTTCTTTATAGTAATACCAATTATGATTGGAGGGTTTGGAAACTGACT
TATTCCTCTAATGATCGGGGCCCCTGATATAGCCTTCCCCCGAATGAACAACATGAGCTTCTGGCTCCTTCCC
CCATCCTTCCTCCTCCTTCTTGCCTCCTCAGGTGTTGAAGCTGGTGCCGGGACAGGATGAACTGTGTATCCCC
CTCTAGCCGGTAACCTGGCGCATGCAGGGGCATCCGTAGACCTCACAATTTTCTCACTTCACCTCGCAGGAA
TCTCCTCAATTCTAGGAGCCATTAACTTCATCACTACTATTATTAATATAAAACCTACGGCTATAACTATGTACC
AGATCCCACTATTGTCTGAGCCGTACTAATTACAGCTGTCCTACTCCTTCTCTCTCTCCCAGTTTTAGCCGCT
GGCATCACAATGCTACTAACAGATCGAAACCTCAACACAACTTTCTTTGACCCTGCTGGAGGGGGTGATCCC
ATTCTTTATCAACACTTGTTC

线粒体 DNA 12S rRNA 片段序列：

CACCGCGGTTATACGAGAGGCCCAAGTTGACAGACAACGGCGTAAAGGGTGGTTAGGGGAAGGACTAAAC
TAGAGCTAAACGCTTTCAAAGCTGTTATACGCACCCGAAAGTATGAAACCCAATCACGAAAGTAGCCCTATT
AACCCTGAATCCACGAAAGCTAAGAAA

长木叶鲽

Pleuronichthys japonicus Suzuki，Kawashima & Nakabo，2009

分　　类：鲽科 Pleuronectidae；木叶鲽属 *Pleuronichthys*

英 文 名：Japanese frog flounder

别　　名：偏口

形态特征：体近卵圆形，很侧扁。头短高，背缘在上眼前半部呈深凹刻状。吻很短小，两眼前缘各有一短骨质突起。两眼位于头右侧，位置前后相似，很高突。眼间隔窄，前后缘各有一尖骨棘。口小，前位。两颌仅左侧有尖锥状齿 2 ～ 3 行。唇厚，内缘有横褶。体两侧被小圆鳞，左右侧线直线形，无弧状弯曲，颞上枝很长，沿体背缘约达体中部或后部，前部自然弯曲，前侧有短小分支。背鳍始于上眼中央稍后左下方，较左鼻孔低，而较左口角稍高；臀鳍始于右胸鳍基稍后左下方，形似背鳍，鳍条不分枝。右胸鳍侧位稍低，较长。腹鳍基短，始于胸鳍前方，有眼侧腹鳍位较近体腹缘。尾鳍后端圆形。体呈棕褐色，散布有黑色小斑点。

分布范围：我国东海、南海；日本仙台湾以南（太平洋一侧），北起鸟取县、直至东海的狭长海域（日本海一侧）。

生态习性：为暖水性底层鱼类。栖息于水深小于 150 m 的泥沙底质海域。

线粒体 DNA COI 片段序列：

CCTCTATCTTGTATTTGGTGCCTGAGCCGGAATAGTGGGAACAGCCCTAAGTCTACTCATTCGAGCAGAACTA
AGCCAACCCGGAGCCCTTCTTGGGGACGATCAGATTTATAATGTTATCGTCACTGCACACGCCTTTGTAATAA
TCTTCTTTATAGTAATACCAATCATGATTGGAGGATTTGGAAACTGGCTTATCCCCCTAATGATTGGGGCGCCT
GATATAGCCTTCCCTCGAATAAATAACATGAGCTTCTGGCTTCTACCACCATCTTTCCTCCTTCTCCTCGCTTC
TTCAGGAGTTGAAGCCGGCGCCGGTACAGGGTGGACAGTGTATCCCCCTCTGGCTGGTAACCTGGCACATG
CCGGAGCATCCGTAGACCTTACAATCTTTTCACTCCACCTCGCAGGAATTTCGTCAATTCTAGGGGCCATCAA
CTTCATTACTACTATTATTAATATAAAACCCACGGCTATAACTATATACCAAATCCCACTATTTGTTTGAGCCGT
ACTAATTACAGCTGTTCTACTGCTTCTTTCTCTCCCAGTTTTAGCCGCTGGTATCACAATGCTTCTAACGGATC
GTAACCTCAACACAACTTTCTTTGACCCTGCTGGAGGGGGTGATCCCATTCTTTACCAACATTTATTC

线粒体 DNA 12S rRNA 片段序列：

CACCGCGGTTATACGAGAGGCCCAAGTTGACAGACAACGGCGTAAAGGGTGGTTAGGGGAAAAATTAAACT
AGAGCCAAACGCTTTCAAAGCTGTTATACGCACCCGAAAGTATGAAACCCAATCACGAAAGTAGCCCTATTA
ACCCTGAATCCACGAAAGCTAAGGAA

短吻三线舌鳎

Cynoglossus abbreviatus (Gray，1834)

分　　类：舌鳎科 Cynoglossidae；舌鳎属 *Cynoglossus*

英 文 名：three-lined tongue sole

别　　名：短吻舌鳎，短舌鳎

形态特征：体呈长舌状，体长为体高的 3.3 ～ 3.8 倍，为头长的 4.9 ～ 5.5 倍。头很短。吻短。吻长等于上眼到背鳍基之间的距离。吻钩不伸过左侧前鼻孔下方。双眼位于头左侧中央稍前方。眼小；眼间隔宽约等于眼径，有鳞。口歪，下位，口角不达眼后缘下方。生殖突附连于臀鳍第一鳍条左侧，不游离。体两侧被强栉鳞。体左侧有 3 条侧线，上、中侧线间鳞最多 19 ～ 20 行。体右侧无侧线。背鳍始于吻端稍后上方，完全连于尾鳍。体左侧黑褐色或灰褐色，鳃和腹部色稍暗。背鳍、臀鳍色稍浅，带黄边。尾鳍色深。体右侧白色。

分布范围：我国渤海、黄海、东海；日本静冈以南海域。

生态习性：为暖温性底层鱼类。栖息于水深 20 ～ 85 m 的沙泥底质海区。体长可达 38 cm。以小虾、小蟹为食。

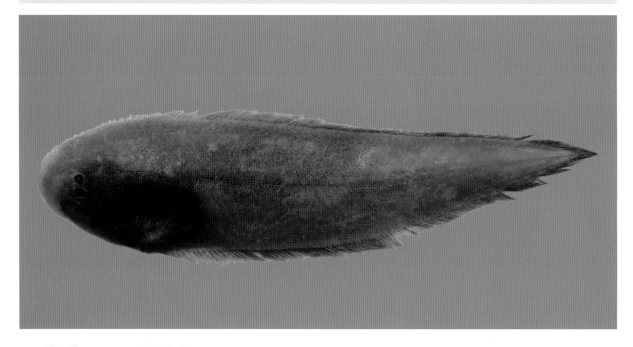

线粒体 DNA COI 片段序列：

CCTATATATAGTATTTGGCGCTTGGGCCGGAATAGTAGGAACTGCTCTCAGCCTACTAATTCGAGCAGAACTA
AGCCAACCCGGCAGCCTGCTTGGCGACGACCAGATCTATAATGTAATTGTAACCGCCCATGCATTTGTCATAA
TTTTTTTTATAGTTATGCCTATTATAATTGGAGGCTTTGGTAATTGATTAATCCCCTTAATAATTGGAGCCCCCGA
TATAGCATTTCCTCGAATAAATAACATAAGCTTCTGACTTCTACCCCCCCTCATTCCTCCTATTGTTGGCCTCATC
TGCAGTAGAAGCTGGGGCTGGTACAGGATGAACCGTTTACCCCCCCCTTGCAGGAAATCTTGCCCATGCCGG
AGCATCTGTAGACCTTACAATCTTCTCCCTTCATCTGGCTGGAATTTCCTCTATCTTGGGGGCTATCAACTTTA
TTACAACAGTTCTAAACATAAAACCTAAAGGGATATCAATATATCAAGTACCCCTGTTCGTCTGAGCAGTTTT
TATTACAGCAATCCTCTTACTTCTCTCCTTACCTGTCTTAGCTGCTGGGATTACCATACTTCTCACGGATCGAA
ACTTAAACACAACCTTTTTTGACCCTGCTGGGGGAGGAGATCCTATTCTTTACCAACACCTATTC

线粒体 DNA 12S rRNA 片段序列：

AACCGCGGTTATACGAAAGGCCTAAGTAGATGGGTTACGGCATAAAGAGTGGTTAAAATATTAACCCTACTA
AAGTTAAATTCTCTCCTAGTCATTTATAAACCTACGAGACCCAGAAACACAATTACGAAAGTAACTTTATCCC
TTTGACTCCACGAAAGCCAGGACA

短吻红舌鳎

Cynoglossus joyneri Günther，1878

分　　类：舌鳎科 Cynoglossidae；舌鳎属 *Cynoglossus*

英 文 名：red tongue sole

别　　名：焦氏舌鳎

形态特征：体呈长舌状，体长为体高的 3.6 ～ 4.4 倍。头稍钝短，体长为头长的 4.2 ～ 4.9 倍，头长等于或小于头高。吻钝短，较眼后头长短。吻钩几乎达眼前缘下方。口歪，下位，口角达下眼后下方。双眼位于头左侧，眼小，头长为眼径的 9.8 ～ 15.2 倍。眼间隔宽等于瞳孔长，稍凹，有鳞。头、体两侧被栉鳞。有眼侧侧线 3 条，无眼前支；上、下侧线外侧鳞各 4 ～ 5 行，上、中侧线间鳞 12 ～ 13 纵行。无眼侧无侧线。背鳍始于吻端稍后上方，完全连于尾鳍。体左侧淡红褐色，各纵列鳞中央具暗纵纹。腹鳍黄色。背鳍、臀鳍前半部黄色，向后渐变成褐色。体右侧及鳍白色。

分布范围：我国渤海、黄海、东海、南海；日本新潟以南海域、朝鲜半岛海域，西北太平洋暖温带、亚热带水域。

生态习性：为暖温性底层鱼类。栖息于水深 20 ～ 70 m 的沙泥底质海区。大鱼体长可达约 24 cm。主要以多毛类、端足类和小型蟹类为食。

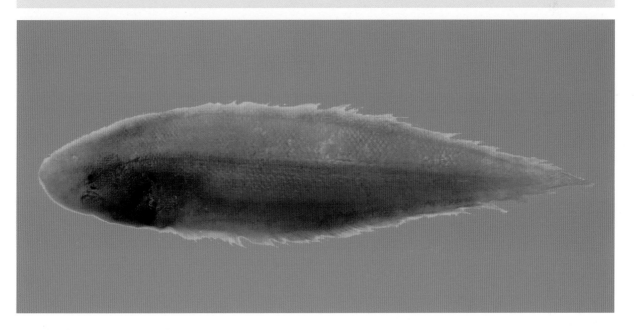

线粒体 DNA COI 片段序列：

CTTATATATAGTATTTGGGGCCTGAGCCGGAATAGTAGGAACTGCCCTAAGCCTACTCATTCGAGCAGAACTA
AGCCAACCCGGCAGCCTACTTGGCGACGACCAAATCTATAAWGTAATCGTTACCGCACATGCATTCGTAATG
ATTTTCTTTATAGTAATGCCTATTATGATCGGAGGCTTCGGAAATTGATTAATTCCACTAATAATCGGAGCCCCA
GACATAGCATTTCCACGAATAAATAATATAAGCTTCTGACTTCTCCCTCCTTCTTTCCTCCTTCTTCTTGCTTCC
TCTGCTGTAGAGGCCGGAGCTGGTACAGGTTGAACTGTTTACCCACCTCTTGCAGGCAACCTAGCCCATGCT
GGTGCATCCGTAGATCTTACCATCTTCTCGCTCCATCTAGCAGGGGTGTCCTCAATTTTAGGGGCAATCAATTT
TATTACCACAGTTCTTAATATAAAACCTGAAGGTATAACAATATACCAAGTACCTCTATTTGTATGAGCAGTAC
TTATTACAGCAGTTCTTTTACTTCTCTCCCTCCCTGTTCTAGCTGCTGGAATTACTATACTACTCACAGATCGA
AATCTAAACACCACTTTCTTTGACCCCGCTGGAGGAGGAGATCCAATCCTATACCAGCACCTATTC

线粒体 DNA 12S rRNA 片段序列：

AACCGCGGTTATACGAAAGGCCTAAGTTGATGAATAGCGGCGTAAAGCGTGGTTAGGGAACCTCTACACTAA
AGTTGAACCCCTTCCTAGTCGTTTAAAACTTATGAAGGTGAGAAATACACCTACGAAAGTGACTTTATACCC
CTGACCCCACGAAAGCTAGGATA

斑头舌鳎

Cynoglossus puncticeps (Richardson，1846)

分　　类：舌鳎科 Cynoglossidae；舌鳎属 *Cynoglossus*

英 文 名：speckled tongue sole

别　　名：黑斑鞋底鱼

形态特征：体呈长舌状，很侧扁，体长为体高的 3.1 ～ 3.7 倍。头短钝，体长为头长的 4.4 ～ 5.4 倍。吻短，吻钩不达左侧前鼻孔下方。口下位。唇光滑。双眼位于头左侧中部，上眼较下眼略前。眼小；眼间隔窄，凹形，有鳞。头、体两侧被小栉鳞。体左侧有上、中侧线，侧线间鳞 15 ～ 19 纵行。体右侧无侧线。背鳍始于吻端稍后上方。仅有左腹鳍。体左侧淡黄褐色，头、体有许多不规则的黑褐色横斑，奇鳍每 2 ～ 6 枚鳍条间即有一黑褐色细纹。体右侧色淡。

分布范围：我国南海、东海、台湾海域；菲律宾海域、印度尼西亚海域，印度洋—西太平洋暖水域。

生态习性：为暖水性底层鱼类。栖息于近海内湾，栖息水深小于 150 m，也可生活于淡水。个体较小，大鱼体长可达 17 cm。

线粒体 DNA COI 片段序列：

ACTATATATAGTATTTGGTGCTTGAGCCGGAATAGTGGGAACTGCCCTTAGTTTACTCATTCGAGCAGAACTA
AGCCAACCAGGAAGCCTACTTGGCGATGACCAAATTTATAATGTAATCGTGACCGCACATGCCTTCGTAATGA
TTTTCTTCATAGTTATACCTATTATAATTGGGGGATTCGGAAACTGACTTATTCCATTAATGATTGGAGCCCCTG
ATATAGCATTCCCACGAATAAATAATATGAGTTTTTGACTCCTCCCTCCTTCCTTCCTTCTTCTCCTTGCTTCTT
CTACTGTAGAGGCTGGGGCCGGAACAGGATGAACCGTTTACCCTCCTCTTGCAGGAAACCTCGCCCACGCC
GGAGCATCCGTCGATTTAACAATCTTCTCACTACACCTGGCAGGTGTTTCCTCTATCCTAGGGGCTATTAATTT
TATTACAACAGTCCTTAATATAAAACCAGAGGGTGTAACAATATACCAAGTTCCTTTATTTGTATGAGCTGTGT
TTATTACAGCAATCCTTCTTCTCCTATCCCTCCCTGTCCTAGCTGCAGGAATTACTATACTCCTTACGGATCGA
AACCTAAATACAACCTTCTTTGACCCTGCTGGAGGAGGAGACCCTATTCTTTATCAGCACTTATTT

线粒体 DNA 12S rRNA 片段序列：

AACCGCGGTTATACGAAAGGCCTAAGTTGATGAACTACGGCGTAAAGAGTGGTTAGGGTAACATATTACTAA
AGTTAAACCTCCTCTCAGCCGTTTCAAGCTTATGAGGATGAGAGATACGTCCACGAAAGTGACTTTACAAAC
CTGATTCCACGAAAGCTAGGATA

黄鳍马面鲀

***Thamnaconus hypargyreus* (Cope，1871)**

分　　类：单角鲀科 Monacanthidae；马面鲀属 *Thamnaconus*

英 文 名：lesser-spotted leatherjacket

别　　名：面鲀，皮匠鱼，扒皮鱼

形态特征：体呈长椭圆形，侧扁。尾柄短而侧扁。头中等大，侧视三角形，背腹缘微突或斜直。吻长而尖，雄鱼背缘微突。眼中等大，侧位而高；眼间隔圆突，眼间隔宽约等于或稍大于眼径。鼻孔小，每侧 2 个，位于眼前方附近。口小，前位。上下颌齿楔状。唇较薄。鳃孔中侧位，斜裂，鳃孔长约等于眼径，鳃孔位于眼后半部下方，上端不超过眼后缘，前下端在眼中央下方。鳞细小，每一鳞的基板上长有少数鳞棘。无侧线。背鳍 2 个，第一背鳍具 2 枚鳍棘，第一鳍棘长大，位于眼中央的上方或稍后方，鳍棘前缘及后侧缘共具 4 行小的倒棘。胸鳍短圆形，侧中位。腹鳍合为 1 枚鳍棘，由 2 对特化鳞组成，连于腰带骨后端，不能活动。尾鳍圆形，上下缘第一至第二鳍条略突出，致使上下端附近各有一浅凹。雌雄鱼体色有差异。新鲜雄鱼标本淡灰色，头体密布小型黄色圆点，体侧有 4 ～ 5 纵行不规则的云状暗褐色斑；腹部有时有波状黄纹；头侧在吻部及眼下方有 5 ～ 7 条波状黄纹；各鳍淡黄色，尾鳍边缘黑色，尾鳍中部有 1 条暗色横纹。雌鱼头体上黄色圆斑不及雄鱼明显，具暗色斑纹多行，尾鳍边缘及中央的暗色斑纹色较浅。

分布范围：我国东海、南海及台湾沿海；日本、朝鲜半岛、越南及澳大利亚沿海。

生态习性：属暖温性底层鱼类，喜集群栖息，季节洄游性较明显，主要分布于 50 ～ 100 m 深的海区。在南海和东海是重要经济鱼类之一，高产年份产量可达 20 万 t 左右。产卵期一般为 12 月至翌年 5 月，1—3 月为盛期，卵黏性，卵子受精后便附着在水草、藻类、岩礁和沙石上。一般体长 13 ～ 15 cm，大的可达 17.8 cm。

线粒体 DNA COI 片段序列：

ACGACCAGATTTATAACGTAATTGTAACAGCTCACGCTTTTGTAATGATTTTCTTTATAGTAATGCCAATTATG
ATTGGAGGTTTCGGAAACCGACTTATTCCTCTAATAATCGGCGCCCCTGATATAGCATTCCCTTGAATGAACA
ATATGAGCTTCCGATTACTTCCCCCCTCCTTCCTCCTTCTCCTCGCCTCTTCAGGAGTTGAAGCTGGGGCCGG
AACCGGGTGGACCGTCTACCCCCCTCTAGCAGGAAACCTCGCCCACGCTGGGGCATCCGTAGACCTAACAA
TCTTCTCCTTCCACTTAGCAGGTATTTCTTCAATTCTTGGTGCAATTAATTTTATCACAACTATCATCAACATGA
AACCTCCCGCCATTTCCCAATACCAAACACCCCTATTTGTTCGAGCTGTACTGATTACGGCCGTACTTCTCCT
TCTCTCCCTACCTGTACTTGCTGCAGGAATTACAATACTCCTGACTGACCGTAATTTAAA

线粒体 DNA 12S rRNA 片段序列：

CACCGCGGTTATACGAGAGGCCCAAGCTGATAGACACCGGCGTAAAGCGTGGTTAGGAGAATTAACACGAT
TAAAGCCGAATGCTTTCAAAGCTGTTATACGCATACGAAAGCTAGAAGTACAACAACGAAGGTGGCTTTACA
ATTTCTGAACCCACGAAAGCTAAGGCA

绿鳍马面鲀

Thamnaconus modestus (Günther，1877)

分　　类：单角鲀科 Monacanthidae；马面鲀属 _Thamnaconus_

英 文 名：leatherjacket

别　　名：马面鱼，象皮鱼

形态特征：体呈长椭圆形，稍延长，体长为体高的 2.7 ～ 3.4 倍。头较长，背缘斜直或稍凹入。吻长大，尖突。眼中等大，上侧位。口小，前位。颌齿楔形，上颌齿 2 行，下颌齿 1 行。鳃孔稍大，斜裂，位于眼后半部下方；其位低，大部分或几乎全部处于口裂水平线之下。鳞细小，基板上有较多细长鳞棘。背鳍 2 个。第一背鳍第一鳍棘较粗大，位于眼后半部上方，前、后缘分别有 2 行和 1 行倒棘；第二背鳍延长，与臀鳍同形、相对。胸鳍短。尾鳍后缘圆弧形。体蓝灰色，成鱼体上斑纹不明显。各鳍绿色。

分布范围：我国渤海、黄海、东海、台湾海域；日本小笠原海域，印度洋—西太平洋温热带水域。

生态习性：为外海暖温性底层洄游鱼类。栖息于水深 50 ～ 120 m 的沙泥底质海区。喜集群，在越冬及产卵期间有明显的昼夜垂直移动习性。杂食性。在春季 4 月下旬至 5 月下旬产黏性卵。一般体长在 18 ～ 28 cm。曾是我国底拖网的最主要渔获对象之一，但其渔业资源已严重衰退。

线粒体 DNA COI 片段序列：

CCTCTATATGATTTTCGGTGCCTGAGCTGGAATAGTAGGAACTGCTTTGAGCCTACTGATTCGAGCAGAACTA
AGCCAACCCGGCGCCCTCCTTGGAGATGACCAGATTTATAACGTAATCGTAACAGCTCACGCTTTTGTAATGA
TTTTCTTTATAGTAATGCCAATTATAATTGGAGGTTTCGGAAACTGACTTATCCCTCTAATGATCGGTGCCCCT
GATATAGCATTCCCTCGAATGAACAATATGAGCTTCTGATTACTTCCCCCTTCCTTCCTCCTTCTCCTCGCGTC
TTCAGGGGTTGAAGCTGGGGCCGGAACCGGATGGACCGTTTACCCCCCTCTGGCAGGAAACCTAGCCCACG
CTGGGGCATCCGTAGACCTCACAATTTTCTCCCTCCACTTAGCAGGTATTTCTTCAATTCTTGGTGCAATTAAT
TTTATCACAACTATCATCAACATGAAACCTCCCGCCATTTCCCAATACCAAACGCCCCTATTTGTTTGAGCTGT
ACTAATTACAGCCGTACTTCTTCTTCTCTCCCTGCCTGTACTTGCTGCAGGAATCACGATGCTCCTGACTGAC
CGTAAATTTAAACACCACCTTCTTCGACCCAGCTGGAGGGGGAGACCCAATCCTGTACCAACACTTATTC

线粒体 DNA 12S rRNA 片段序列：

CACCGCGGTTATACGAGAGGCCCAAGCTGATAGACACCGGCGTAAAGCGTGGTTAGGAGAATTAACACGAT
TAAAGCCGAATGCTTTCAAAGCTGTTATACGCATACGAAAGCTAGAAGTACAACAACGAAGGTGGCTTTACA
ATTTCTGAACCCACGAAAGCTAAGGCA

密斑马面鲀

Thamnaconus tessellatus (Günther，1880)

分　　类：单角鲀科 Monacanthidae；马面鲀属 *Thamnaconus*

英 文 名：tessellated leatherjacket

别　　名：古鹿，剥皮

形态特征：体呈长椭圆形，侧扁。尾柄短而高，侧扁。头中等大，背、腹缘均稍隆突，或背缘较斜直，侧视近三角形。吻长，尖突。眼中大，上侧位。鼻孔小，每侧2个。口小，前位。上下颌齿楔状。上颌齿2行，外行每侧3枚，内行每侧2枚；下颌齿单行，每侧3枚。唇较薄。鳃孔侧中位，鳃孔长约等于或大于眼径，斜裂，下端与眼前缘相对，上端与眼中央偏后的位置相对，鳃孔大部分或全部在口裂水平线之下。鳞细小，基板长椭圆形。头部鳞棘2行，棘数少；躯干背部鳞棘2行以上，棘稍短，但棘数多；躯干腹部鳞棘多为2行，紧靠在鳞的一侧，棘数少；尾部鳞棘多行，棘细长。背鳍2个。第一背鳍具2枚鳍棘，第一鳍棘较粗大，起点在眼中央的上方或后方，前缘有2行小倒棘，后侧缘各有1行、22～26枚小倒刺；第二背鳍延长。臀鳍与第二背鳍相似，前部鳍条也稍高起。胸鳍短，圆形，侧中位偏下。腹鳍合为1枚鳍棘，由2对特化鳞组成，连于腰带骨后端，不能活动，短棘每侧有4～5枚小刺，鳍棘后方的鳍膜不发达。尾鳍圆截形。头、体灰褐色，两侧有许多约与瞳孔等大的黑褐色斑点。小鱼的斑点较大，每侧有7～10纵行；大型鱼的斑点较小，但数量较多，每侧有13～16纵行。体腹侧灰色，斑点少或无斑点。第一背鳍灰褐色至黑褐色，第二背鳍、臀鳍、胸鳍淡褐色，尾鳍深色，无黑色边缘。

分布范围：我国东海、南海；日本、菲律宾海域，西太平洋。

生态习性：为暖水性底层鱼类。个体中等大小，大的可达28 cm。幼鱼栖息于近海沙质底水域；成鱼生活在深水海域，栖息水深230～600 m。

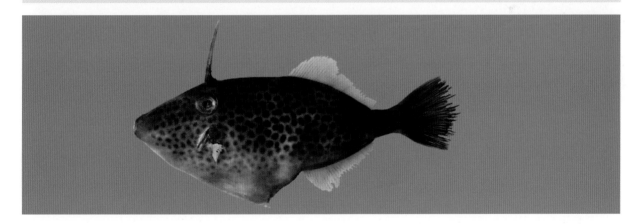

线粒体 DNA COI 片段序列：

ATGACCAGATTTATAACGTAATTGTAACAGCTCACGCTTTTGTAATAATTTTCTTTATAGTAATGCCAATTATGATTGGAGGTTTCGGAAACTGACTTATTCCTCTAATAATCGGCGCCCCTGATATAGCATTCCCTCGAATGAACAATATGAGCTTCTGATTACTTCCCCCCTCCTTCCTCCTCCTCGCCTCTTCAGGAGTTGAAGCTGGGGCCGGAACCGGGTGAACCGTCTACCCCCCTCTAGCAGGAAACCTCGCCCACGCTGGGGCATCCGTAGACCTAACAATCTTCTCCCTCCACTTAGCAGGTATTTCTTCAATTCTTGGTGCAATTAATCTTATCACAACTATCATCAACATGAAACCTCCCGCCATTTCCCAATACCAAACACCCCTATTTGTTTGAGCTGTACTAATTACAGCCGTACTTCTCCTTCTCTCCCTACCTGTACTTGCTGCAGGAATCACAATACTCCTGACTGATCGTAATTTAAA

线粒体 DNA 12S rRNA 片段序列：

CACCGCGGTTATACGAGAGGCCCAAGCTGATAGACACCGGCGTAAAGCGTGGTTAGGAGAATTAACACGATTAAAGCCGAATGCTTTCAAAGCTGTTATACGCATACGAAAGCTAGAAGTACAACAACGAAGGTGGCTTTACAATTTCTGAACCCACGAAAGCTAAGGCA

丝背细鳞鲀

Stephanolepis cirrhifer (Temminck & Schlegel，1850)

分　　类：单角鲀科 Monacanthidae；细鳞鲀属 *Stephanolepis*

英 文 名：threadsail filefish

别　　名：剥皮鱼，鹿角鱼，沙猛鱼，曳丝单棘鲀

形态特征：体短菱形，侧扁而高，背缘第一、第二背鳍间近平直或稍凹入。尾柄短而高，侧扁，尾柄长等于或稍小于尾柄高。头中等大，短而高，侧视近三角形。吻高大，背缘近斜直形。眼中大，上侧位，眼间隔宽等于或稍大于眼径。口小，前位。鳃孔侧中位。头体均被细鳞，每一鳞的基板上的鳞棘愈合成柄状，其外端有许多小棘，整个鳞棘呈蘑菇状。头部唇后鳞的鳞棘较少，有的排列成行；躯干背部鳞较大；躯干腹部鳞与背部的相似；尾部鳞稍小，尾柄中部有部分鳞的鳞棘稍延长。背鳍2个。第一背鳍具2枚鳍棘，第一鳍棘较粗壮，稍短，位于眼后半部上方，鳍棘前缘有粒状突起，后缘具倒棘，第二鳍棘短小，紧贴在第一鳍棘后方，常隐于皮下；第二背鳍延长，起点在肛门的背侧或稍前的上方，前部鳍条稍长，雄鱼的第二鳍条特别延长呈丝状。臀鳍与第二背鳍同形。胸鳍短圆形。腹鳍合为1枚鳍棘，由3对特化鳞组成，连于腰带骨后端，能活动，鳍棘后的鳍膜较小。尾鳍圆截形。体黄褐色，体侧有黑色斑纹，连成6～8条断续的纵行斑纹。第一背鳍鳍棘上有3～4个深色横斑，鳍膜灰褐色，第二背鳍及臀鳍的下半部具褐色宽纹。尾鳍基部及外缘具灰褐色横带。

分布范围：我国东海、南海及台湾沿海；印度洋—西太平洋，西至非洲东海岸，东至印度尼西亚，北至日本，南至澳大利亚。

生态习性：近海底栖小型鱼类。个体不大，一般体长 10～16 cm，最大个体可达 30 cm。主要摄食底栖生物，如端足类、瓣鳃类、海胆类等，此外还摄食介形类、桡足类等。

线粒体 DNA COI 片段序列：
CGGCGCCCTTCTTGGGGACGACCAAATGTATAATGTAGTCGTTACAGCTCATGCCTTTGTAATAATTTTCTTTA
TAGTTATACCCATCATAATTGGGGGCTTTGGAAACTGACTTATTCCTCTTATGATCGGAGCTCCCGATATAGCA
TTCCCGCGTATGAATAACATGAGCTTTTGACTTCTGCCCCCTTCCTTCCTGCTTCTCCTTGCATCATCTGGGGT
CGAGGCAGGAGCTGGTACCGGTTGGACTGTTTACCCCCCTCTTGCAGGTAACCTTGCCCACGCGGGAGCTT
CTGTAGACTTAACTATCTTTTCTCTTCACCTGGCTGGTATCTCTTCAATTCTTGGAGCTATTAATTTTATCACTA
CAATTATAAATATGAAACCCCCTGCAATGACACAATATCAGATGCCCCTATTTGTATGAGCTGTTCTCGTTACT
GCTGTCCTCCTACTTCTTTCATTACCCGTCCTGGCCGCAGGAATTACCATGCTCTTAACAGATCGAAATTTAA
ACACCACCTTTTTTGACCCTGCAGGAGGTGGAGACCCTATCTTATACCAACATCTCTTT

线粒体 DNA 12S rRNA 片段序列：
CACCGCGGTTATACGGGGGGGCCCAAGCTGATAGACACCGGCGTAAAGCGTGGTTAGGAATATTTAATACAAT
TAAAGCCGAATGCTTTCAAGGCTGTTATACGCATCCGAAAGCTAGAAGTACAACTACGAAGGTGGCTTTATA
ACTTCTGAACCCACGAAAGCTAAGAAA

星点东方鲀

Takifugu niphobles (Jordan & Snyder，1901)

分　　类：鲀科 Tetraodontidae；东方鲀属 *Takifugu*

英 文 名：grass puffer

别　　名：河鲀，艇巴，龟鱼，蜡头，花龟鱼

形态特征：体呈亚圆筒锥形，稍细长，后部渐狭细，尾柄圆锥状，体两侧下缘各有 1 个纵行皮褶。头稍细长、钝圆，吻部钝圆，稍细长，吻长稍长于眼后头长。眼小，侧上位；眼间隔宽，稍圆突。鼻瓣呈卵圆形突起，位于吻中部上方，鼻孔每侧 2 个，紧位于鼻瓣内外侧。口小，前位，上、下颌各有 2 枚喙状齿，齿与上下颌骨愈合，形成 4 个齿板，中央缝明显。唇稍厚，下唇两端向上弯曲。鳃孔中大，侧中位，斜弧形，位于胸鳍基底前方。体背面自鼻孔后缘上方至背鳍起点稍前方和腹面自鼻孔前缘下方至肛门稍前方均被细小刺，细小刺沿体背侧支侧线分布到尾柄上方，小刺基底均有 1 个白色微小细点状突起。侧线发达，背侧支侧上位。背鳍 12 ~ 14；臀鳍 10 ~ 11；胸鳍 14 ~ 16。背鳍位于体后部、肛门稍后方，近似镰刀形，上部鳍条稍长。臀鳍稍小，与背鳍几同形，基底稍后于背鳍基底起点。无腹鳍。胸鳍侧下位，短宽，近方形，后缘呈稍圆形或半截形。尾鳍稍大，后缘稍圆形，或平截形。体腔较大，腹腔淡色。鳔大。有气囊。体背面暗绿色或红褐色，有许多淡色小圆点，体侧下方皮褶呈浅黄色，腹面乳白色，胸斑黑色，大而横扁，胸斑上方有 1 条模糊暗色横带。背鳍基部有一黑色大斑块，胸鳍和背鳍均黄色，臀鳍浅黄色，尾鳍黄色，后缘橙黄色。

分布范围：我国黄海、渤海、东海近海；朝鲜、日本沿海。

生态习性：近海底层小型鱼类，喜栖于沿海岩礁海藻丛生的浅海海域和河口附近。摄食贝类、甲壳类和鱼类等。一般体长 7 ~ 15 cm，产卵期为 3—4 月，成熟的雌鱼乘大潮潮水，成群结队地聚集在岸边藻丛、小砾石中产卵，成倍的雄鱼参与并释放精子，受精由此完成，受精卵随潮水流入海中孵化。肝和卵巢有剧毒，皮和精巢有毒，肌肉无毒。

线粒体 DNA COI 片段序列：

CCTATACCTAGTTTTTGGTGCCTGAGCCGGAATAGTAGGCACAGCACTAAGTCTTCTTATTCGGGCCGAACTC
AGTCAACCCGGTGCACTCTTGGGCGATGACCAGATCTACAATGTAATCGTTACAGCCCATGCATTCGTAATGA
TTTTCTTTATAGTAATACCAATCATGATTGGAGGCTTTGGGAACTGATTAATTCCCCTTATAATCGGAGCCCCA
GACATGGCCTTCCCCCGAATAAACAACATAAGCTTCTGACTGCTTCCCCCATCCTTCCTCCTTCTGCTCGCAT
CCTCTGGAGTAGAAGCCGGAGCGGGTACAGGCTGAACCGTTTACCCACCCCTAGCAGGAAATCTTGCCCAC
GCAGGAGCTTCTGTAGACCTTACCATCTTCTCTCTTCATCTTGCAGGGGTCTCCTCTATTCTAGGGGCAATCA
ACTTCATCACAACTATCATTAACATGAAACCCCCAGCAATCTCACAATACCAAACACCTCTTTTCGTATGAGC
CGTTTTAATTACTGCTGTACTTCTCCTGCTCTCCCTTCCTGTCCTTGCAGCAGGAATTACAATGCTTCTCACTG
ACCGAAACTTAAATACAACCTTCTTTGACCCAGCAGGAGGAGGAGACCCCATCCTGTACCAACACTTATTC

线粒体 DNA 12S rRNA 片段序列：

CACCGCGGTTATACGAGAGACCCAAGTTGTTAGCCAACGGCGTAAAGGGTGGTTAGAATTACAAACAACAA
ACTGAGACCGAACACCTTCAAGGCTGTTATACGCTTCCGAAGCAACGAAGAACAATAACGAAAGTAGCCTC
ACTAACTCGAACCCACGAAAGCTAGGGCA

黄鳍东方鲀

Takifugu xanthopterus (Temminck & Schlegel，1850)

分　　类：鲀科 Tetraodontidae；东方鲀属 *Takifugu*
英 文 名：yellowfin pufferfish
别　　名：黄鳍多纪鲀，条圆鲀，乖鱼，花河鲀，花龟鱼
形态特征：体呈亚圆柱形，头胸部粗圆。尾柄圆锥状，后部渐侧扁。体侧下缘有发达的纵行皮褶。头大，钝圆。吻短，钝圆。眼侧上位。眼间隔宽，稍圆突。鼻孔每侧2个。口前位。上、下颌齿呈喙状，齿与上、下颌骨愈合，形成4个大的齿板，中央缝显著。鳃孔侧中位，呈浅弧形，位于胸鳍基底前方。体被皮刺，粗而强。侧线发达。背鳍1个，位于体后部、肛门稍前方，中部鳍条延长。无腹鳍。尾鳍宽大，后缘呈截形或浅凹形。体背部浅蓝色，具多条暗蓝色波状斜带。体侧无胸斑，也无暗带和其他斑点。各鳍鲜黄色。

分布范围：我国渤海、黄海、东海、南海、台湾海域；日本相模湾以南海域、朝鲜半岛海域。
生态习性：为暖温性底层鱼类。栖息于近岸中下层水域。幼鱼可进入河口，栖息于咸淡水中。个体较大，体长20～50 cm，大的体长可达60 cm。冬末开始性成熟，春季产卵。每年2月从外海游向近岸，10月由近岸向外海洄游越冬。主要摄食贝类、甲壳类、棘皮动物和鱼类等。卵巢、肝有剧毒，肠有毒，皮、肉、精巢无毒。

线粒体 DNA COI 片段序列：
AAGTCTTCTTATTCGGGCCGAACTCAGTCAACCCGGCGCACTCTTGGGCGATGACCAGATTTACAATGTAAT
CGTTACAGCCCATGCATTCGTAATGATTTTCTTTATAGTAATACCAATCATGATTGGAGGCTTTGGGAACTGAT
TAGTTCCCCTTATAATCGGAGCCCCAGACATGGCCTTCCCTCGAATAAACAACATAAGCTTCTGACTGCTTCC
CCCATCCTTCCTCCTTCTGCTCGCATCCTCTGGAGTAGAAGCCGGAGCGGGTACGGGCTGAACCGTTTACCC
ACCCCTAGCAGGAAATCTTGCCCACGCAGGAGCTTCTGTAGACCTTACCATCTTCTCTCTTCATCTTGCAGG
GGTCTCCTCTATTCTAGGGGCAATCAACTTCATCACAACTATCATTAACATAAAACCCCCAGCAATCTCACAA
TACCAAACACCTCTTTTCGTGTGAGCCGTTTTAATTACTGCTGTACTTCTCCTGCTCTCCCTTCCAGTCCTTGC
AGCAGGGATTACAATACTTCTCACTGACCGAAACCTAAATACAACCTTCTTTGACCCAGCAGGAGGAGGAG
ACCCCATCCTGTACCAACACTTATTC
线粒体 DNA 12S rRNA 片段序列：
CACCGCGGTTATACGAGAGACCCAAGTTGTTAGCCAACGGCGTAAAGGGTGGTTAGAACTAAACAACAAAC
TGAGACCGAACACCTTCAAGGCTGTTATACGCTTCCGAAGCAACGAAGAACAATAACGAAAGTAGCCTCAC
TAACTCGAACCCACGAAAGCTAGGACA

横纹东方鲀

Takifugu oblongus (Bloch，1786)

分　　类：鲀科 Tetraodontidae；东方鲀属 *Takifugu*

英 文 名：lattice blaasop

别　　名：横纹多纪鲀

形态特征：体呈亚圆筒锥形，稍长，前部粗圆，后部渐细小，尾柄圆锥状，后端渐侧扁。体两侧下缘各有 1 个纵行皮褶。头中等大、钝圆，头长较鳃孔至背鳍起点距离短。吻长与眼后头长约相等。眼小，侧上位；眼间隔宽，稍圆突，为眼径的 2.1 ~ 3.9 倍。鼻瓣呈卵圆形突起，位于眼前缘上方；鼻孔每侧 2 个，紧位于鼻瓣内外侧。口小，前位。上、下颌各有 2 枚喙状齿，齿与上、下颌骨愈合，形成 4 个齿板，中央缝明显。唇发达，有细纹，下唇较长，其两侧向上弯曲。鳃孔中大，侧中位，位于胸鳍基底前方。鳃盖膜外露，淡色。体背面自鼻孔后方至背鳍起点，腹面自眼前缘下方至肛门前方，以及侧面在鳃孔前方和胸鳍基底稍后方均有密集小刺，吻部和背鳍起点后方光滑无刺。侧线发达。背鳍 12 ~ 14，臀鳍 10 ~ 12，胸鳍 15 ~ 17。背鳍位于体后部、肛门稍后方。臀鳍与背鳍几同形，基底与背鳍基底几相对。无腹鳍。胸鳍侧中位。尾鳍宽大，后缘稍圆形。体腔大，腹膜淡色。鳔大。有气囊。体背面黄褐色，背面和侧面自头部至尾柄有十几条白色横带，头部横带细，排列紧密，体和尾柄横带宽，排列疏松。头和体背部有许多白色小圆斑。腹面乳白色，皮褶呈黄色纵带状。各鳍黄色，背鳍和尾鳍黄色较深。

分布范围：我国南海、东海南部和台湾沿海；印度洋—西太平洋，西至南非，东至菲律宾，南至大洋洲，北至日本南部沿海。

生态习性：为热带、亚热带暖水性近海底层小型鱼类。本种在东方鲀属中分布最广，常见于海南、广东、广西、福建、台湾沿海，可进入大小河口咸淡水水域。春季由外海游向沿岸产卵，冬季移向外海深处。主要摄食软体动物、甲壳类和鱼类。一般体长 6 ~ 18 cm，大的可达 40 cm。肝、卵巢有剧毒，皮、精巢和肌肉亦有毒。

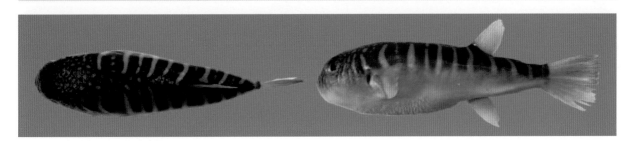

线粒体 **DNA COI** 片段序列：

AAGTCTTCTTATTCGGGCCGAACTCAGTCAACCCGGCGCACTCTTGGGTGATGACCAGATCTACAATGTAAT
CGTTACAGCCCATGCATTCGTAATAATTTTCTTTATAGTAATACCAATCATGATTGGAGGCTTTGGGAACTGAT
TAGTTCCCCTTATAATCGGAGCCCCAGACATGGCCTTTCCCCGAATAAACAACATAAGCTTTTGACTGCTTCC
CCCATCCTTCCTCCTTCTGCTCGCATCCTCTGGAGTAGAAGCCGGAGCGGGTACGGGCTGAACAGTTTACCC
ACCCCTAGCAGGAAATCTTGCCCACGCAGGAGCTTCTGTAGACCTCACCATCTTCTCCCTTCATCTTGCAGG
GGTCTCCTCTATTCTAGGAGCAATCAACTTCATCACAACTATTATTAACATGAAACCCCCAGCAATCTCACAA
TACCAAACACCTCTTTTCGTGTGAGCAGTTTTAATTACTGCTGTACTTCTCCTGCTCTCCCTTCCAGTCCTTGC
AGCAGGGATCACTATACTTCTCACTGACCGAAATCTGAATACAACCTTCTTTGACCCAGCAGGAGGAGGAG
ACCCCATCCTGTACCAACATTTATTC

线粒体 **DNA 12S rRNA** 片段序列：

CACCGCGGTTATACGAGAGACCCAAGTTGTTAGCCAACGGCGTAAAGGGTGGTTAGAACTATAAACAACAA
ACTGAGACCGAACACCTTCAAGGCTGTTATACGCTTCCGAAGCAACGAAGAACAATAACGAAAGTAGCCTC
ACTAACTCGAACCCACGAAAGCTAGGACA

双棘三刺鲀

Triacanthus biaculeatus (Bloch，1786)

分　　类：三刺鲀科 Triacanthidae；三刺鲀属 *Triacanthus*

英 文 名：short-nosed tripodfish

别　　名：三刺鲀，短吻三刺鲀

形态特征：体延长，呈椭圆形。尾柄细长，后部平扁状。吻较短钝。眼小，上侧位；眼间隔稍突起，中央具一隆起嵴。口小，前位。上、下颌齿各 2 行，外行齿楔状。唇肥厚，上唇后面有绒毛状鳞。头、体被粗糙小鳞，鳞面具"十"字形低嵴棱，棱上布有绒毛状小刺。侧线显著。背鳍 2 个，第一背鳍基底长明显短于第二背鳍基底长，第一鳍棘粗大，其长度大于吻长。左右腹鳍各有 1 枚大鳍棘，无鳍条。尾鳍叉形。腰带骨宽，末端圆钝，前、后段约等宽。体浅灰色，腹部银白色。第一背鳍黑色，体背具一黑斑。胸鳍基有黑色腋斑，其他鳍黄色。

分布范围：我国黄海、东海、南海、台湾海域；日本静冈以南海域、朝鲜半岛海域，印度洋—西太平洋暖水域。

生态习性：为暖水性底层鱼类。栖息于浅海底层，栖息水深小于 60 m。体长可达 30 cm。内脏有弱毒。

线粒体 DNA COI 片段序列：

CCTCTATTTAGTATTTGGTGCTTGAGCAGGCATAGTGGGCACTGCCCTCAGCCTTCTTATTCGAGCAGAGCTT
AGCCAGCCCGGCGCTCTTCTGGGCGATGATCAGATTTACAATGTAATCGTCACAGCACATGCATTTGTAATAA
TTTTCTTCATGGTCATACCTATCATAATTGGAGGGTTTGGAAACTGACTGATCCCACTAATGATTGGGGCCCCC
GATATGGCCTTCCCCCGAATAAATAATATGAGTTTTTGACTACTTCCTCCCTCTTTCCTTCTCTTACTCGCCTCC
TCAGGCGTAGAAGCGGGGGCCGGAACTGGCTGAACAGTATATCCACCTTTAGCAGGAAACCTGGCACATGC
GGGGGCCTCTGTAGATCTGACCATCTTCTCCCTGCATTTAGCAGGGGTGTCCTCAATTCTTGGGGCTATTAAT
TTTATTACAACCATCATTAACATGAAACCCCCGCCATTTCGCAATATCAAACGCCCCTATTTGTGTGGGCAGT
TCTAATCACGGCAGTTCTGCTTCTTCTATCCCTCCCAGTTCTGGCCGCCGGTATTACAATGCTCCTCACAGAC
CGAAATCTTAACACAACCTTCTTTGACCCGGCTGGGGGAGGAGATCCTATTCTATATCAACACTTATTC

线粒体 DNA 12S rRNA 片段序列：

CACCGCGGTTATACGAGGGACCCAAGTTGATATTCGCCGGCGTAAAGAGTGGTTAAGACATACAATGAAACT
AAGGCGGAATTTCTTCACAGTCGTCATACGCTTTTGGAGATAAGAAACCCAATAACGAAAGTAGCCTTATGA
TATCCGAACCCACGAAAGCTAGGGCA

参考文献 REFERENCES

陈大刚，张美昭，2016. 中国海洋鱼类（上、中、下卷）[M]. 青岛：中国海洋大学出版社 .

陈马康，童合一，俞泰济，等，1990. 钱塘江鱼类资源 [M]. 上海：上海科学技术文献出版社 .

陈素芝，2002. 中国动物志 硬骨鱼纲 灯笼鱼目 鲸口鱼目 骨舌鱼目 [M]. 北京：科学出版社 .

成庆泰，郑葆珊，1987. 中国鱼类系统检索（上、下册）[M]. 北京：科学出版社 .

褚新洛，郑葆珊，戴定远，等，1999. 中国动物志 硬骨鱼纲 鲇形目 [M]. 北京：科学出版社 .

单斌斌，高天翔，孙典荣，等，2020. 南海鱼类图鉴及条形码（第一册）[M]. 北京：中国农业出版社

东海水产研究所《东海深海鱼类》编写组，1988. 东海深海鱼类 [M]. 上海：学林出版社 .

高天翔，韩刚，马国强，等，2013. 黑鳃梅童鱼和棘头梅童鱼的形态学比较研究 [J]. 中国海洋大学学报（自然科学版），43（1）：27-33.

贾程豪，高天翔，徐胜勇，等，2020. 中国大陆近海菖鲉属鱼类新记录种——三色菖鲉（*Sebastiscus tertius*）的形态特征与 DNA 条形码研究 [J]. 海洋与湖沼，51（5）：1214-1221.

金鑫波，2006. 中国动物志 硬骨鱼纲 鲉形目 [M]. 北京：科学出版社 .

李思忠，王惠民，1995. 中国动物志 硬骨鱼纲 鲽形目 [M]. 北京：科学出版社 .

李思忠，张春光，2010. 中国动物志 硬骨鱼纲 银汉鱼目 鳉形目 颌针鱼目 蛇鳗目 鳕形目 [M]. 北京：科学出版社 .

刘静，2008. 脊椎动物亚门（盲鳗纲 头甲鱼纲 软骨鱼纲 硬骨鱼纲）[M] // 刘瑞玉 . 中国海洋生物名录 . 北京：科学出版社：886-1066.

刘静，2016. 中国动物志 硬骨鱼纲 鲈形目（四）[M]. 北京：科学出版社 .

刘璐，高天翔，韩志强，等，2016. 中国近海棱鲹拉丁名的更正 [J]. 中国水产科学，23（5）：1108-1116.

刘子莎，2017. 三种狼牙虾虎鱼属鱼类遗传学研究 [D]. 青岛：中国海洋大学 .

马国强，2010. 棘头梅童鱼和黑鳃梅童鱼的形态学、遗传学研究 [D]. 青岛：中国海洋大学 .

孟庆闻，苏锦祥，缪学祖，1995. 鱼类分类学 [M]. 北京：中国农业出版社 .

秦岩，2014. 褐斑鲬分类地位及其形态学、遗传学研究 [D]. 青岛：中国海洋大学 .

任米佳，俞正森，徐胜勇，等，2020. 舟山近海 3 种鰧科鱼类及其 DNA 条形码研究 [J]. 浙江海洋大学学报（自然科学版），39（5）：379-387.

邵广昭，2021. 台湾鱼类资料库 网络电子版 [DB/OL]. [2022-03-04]. http://fishdb.sinica.edu.tw.

苏锦祥，李春生，2002. 中国动物志 硬骨鱼纲 鲀形目 海蛾鱼目 喉盘鱼目 鮟鱇目 [M]. 北京：科学出版社 .

王业辉，高天翔，李伟业，2020. 舟山近海入侵种——条纹锯鮨的形态特征与 DNA 条形码研究 [J]. 浙江海洋大学学报（自然科学版），39（1）：19-26.

吴仁协，张浩冉，郭刘军，等，2018. 中国近海带鱼 *Trichiurus japonicus* 的命名和分类学地位研究 [J]. 基因组学与应用生物学，37（9）：3782-3791.

伍汉霖，邵广昭，赖春福，等，2017. 拉汉世界鱼类系统名典 [M]. 青岛：中国海洋大学出版社 .

伍汉霖，钟俊生，2008. 中国动物志 硬骨鱼纲 鲈形目（五）虾虎鱼亚目 [M]. 北京：科学出版社．

伍汉霖，钟俊生，2021. 中国海洋及河口鱼类系统检索 [M]. 北京：中国农业出版社．

夏蓉，2014. 鲉形目鱼类的分子系统发育关系和历史生物地理学研究 [D]. 上海：复旦大学．

肖家光，2018. 中国鳀科鱼类分类、系统发育及生物地理学研究 [D]. 青岛：中国海洋大学．

肖家光，张少秋，高天翔，等，2018. 浙江近海鳀属鱼类形态描述及中国鳀属鱼类分子系统发育分析 [J]. 水生生物学报，42（1）：99-105.

俞正森，2017. 中国银口天竺鲷属鱼类分类修订及黄渤海、东海天竺鲷科鱼类的分类整理 [D]. 青岛：中国海洋大学．

俞正森，宋娜，本村浩之，等，2021. 中国银口天竺鲷属鱼类的分类厘定 [J]. 生物多样性，29（7）：971-979.

俞正森，宋娜，韩志强，等，2017. 浙江海域天竺鲷科鱼类新纪录种——黑边银口天竺鲷（*Jaydia truncata*）形态特征与 DNA 条形码研究 [J]. 海洋与湖沼，48（1）：79-85.

张春光，2010. 中国动物志 硬骨鱼纲 鳗鲡目 背棘鱼目 [M]. 北京：科学出版社．

张春霖，成庆泰，郑葆珊，等，1955. 黄渤海鱼类调查报告 [M]. 北京：科学出版社．

张辉，高天翔，徐汉祥，等，2011. 中国木叶鲽属鱼类一新纪录种 [J]. 中国海洋大学学报（自然科学版），41（Z1）：51-54，60.

张静，李渊，宋娜，等，2016. 我国沿海棱鳀属鱼类的物种鉴定与系统发育 [J]. 生物多样性，24（8）：888-895.

张世义，2001. 中国动物志 硬骨鱼纲 鲟形目 海鲢目 鲱形目 鼠鱚目 [M]. 北京：科学出版社．

赵盛龙，2009. 东海区珍稀水生动物图鉴 [M]. 上海：同济大学出版社．

赵盛龙，徐汉祥，钟俊生，等，2016. 浙江海洋鱼类志（上、下册）[M]. 杭州：浙江科学技术出版社．

赵盛龙，钟俊生，2006. 舟山海域鱼类原色图鉴 [M]. 杭州：浙江科学技术出版社．

中国科学院动物研究所，中国科学院海洋研究所，上海水产学院，1962. 南海鱼类志 [M]. 北京：科学出版社．

朱元鼎，孟庆闻．2001. 中国动物志 圆口纲 软骨鱼纲 [M]. 北京：科学出版社．

朱元鼎，张春霖，成庆泰，1963. 东海鱼类志 [M]. 北京：科学出版社．

Chakraborty A, Aranishi F, Iwatsuki Y, 2006. Genetic differentiation of *Trichiurus japonicus* and *T. lepturus* (Perciformes: Trichiuridae) based on mitochondrial DNA analysis [J]. Zoological Studies，45（3）：419-427.

Chen Z, Song N, Zou J, et al., 2020. Identification of species in genus *Platycephalus* from seas of China [J]. Journal of Ocean University of China，19（2）：417-427.

Chen Z, Wang X, Zhang J, et al., 2018. First record of the Chinese fanray, *Platyrhina sinensis* (Elasmobranchii: Myliobatiformes: Platyrhinidae), in the seawaters of Zhujiajian, Zhoushan, China [J]. Acta Ichthyologica et Piscatoria，48（4）：409.

Chen Z, Zhang Y, Han Z, et al., 2018. Morphological characters and DNA barcoding of *Syngnathus schlegeli* in the coastal waters of China [J]. Journal of Oceanology and Limnology，36（2）：537-547.

Fricke R, Eschmeyer W N, Van der Laan R (eds), 2022. Eschmeyer's Catalog of Fishes: Genera, Species, References[DB/OL].（2022-02-28）[2022-03-04]. http://researcharchive.calacademy.org/research/ichthyology/catalog/fishcatmain.asp.

Froese R, Pauly D, 2021. FishBase [DB/OL].Version 2021-06. [2022-03-04]. http://www.fishbase.org.

Gao T, Ji D, Xiao Y, et al., 2011. Description and DNA barcoding of a new *Sillago* species, *Sillago sinica* (Perciformes: Sillaginidae), from coastal waters of China [J]. Zoological Studies，50（2）：254-263.

Iwatsuki Y, Akazaki M, Taniguchi N, 2007. Review of the species of the genus *Dentex* (Perciformes: Sparidae) in the western Pacific defined as the *D. hypselosomus* complex with the description of a new species, *Dentex abei* and a redescription of *Evynnis tumifrons* [J]. Bulletin of the National Museum of Nature and Science (Ser. A), Supplement，1：29-49.

Iwatsuki Y, Miyamoto K, Nakaya K, et al., 2011. A review of the genus *Platyrhina* (Chondrichthys: Platyrhinidae) from the northwestern Pacific, with descriptions of two new species [J]. Zootaxa，2738（14）：26-40.

Iwatsuki Y, Russell B C, 2006. Revision of the genus *Hapalogenys* (Teleostei: Perciformes) with two new species from the Indo-West Pacific [J]. Memoirs of Museum Victoria，63（1）：29-46.

Li Y, Zhou Y, Li P, et al., 2019. Species identification and cryptic diversity in *Pampus* species as inferred from morphological and molecular characteristics [J]. Marine Biodiversity，49（6）：2521-2534.

Liu J, Gao T, Yokogawa K, et al., 2006. Differential population structuring and demographic history of two closely related fish species, Japanese sea bass (*Lateolabrax japonicus*) and spotted sea bass (*Lateolabrax maculatus*) in Northwestern Pacific [J]. Molecular Phylogenetics and Evolution, 39（3）: 799–811.

Nakabo T, 2013. Fishes of Japan with pictorial keys to the species [M]. 3rd ed. Kanagawa: Tokai University Press.

Sasaki K, 1990. *Johnius grypotus* (Richardson, 1846), resurrection of a Chinese sciaenid species [J]. Japanese Journal of Ichthyology, 37（3）: 224–229.

Suzuki S, Kawashima T, Nakabo T, 2009. Taxonomic review of East Asian *Pleuronichthys* (Pleuronectiformes: Pleuronectidae), with description of a new species [J]. Ichthyological Research, 56（3）: 276–291.

Yamada U, Deng J, Kim Y, et al., 2009. Names and illustrations of fishes from the East China Sea and the Yellow Sea [M]. New edition. Tokyo: Overseas Fishery Cooperation Foundation of Japan.

Yamada U, Tokimura M, Horikawa H, et al., 2007. Fishes and fisheries of the East China and Yellow Seas [M]. Kanagawa: Tokai University Press.

索引 INDEX

中 文 名 索 引

拉 丁 名 索 引